都市法入門講義

都市法入門講義

生田 長人 著

信山社

はじめに

　本書は，平成20年度に，学部学生を対象として，東北大学法学部で行った都市法の講義に使用した講義メモ（4単位30回分）に多少の修正を加えたものである。この分野は，学部学生にとって馴染みの少ないものであることから，講義においてはやや基礎的な制度の仕組みに関する解説を多くしており，判例学説の引用，法理論的叙述部分は必要最小限に留め，現行制度が直面する課題，改善の方向等を示すことに努めた。このため，専門的な立場にある方にはもの足らなさを感じるはずである。いわば都市法の入門テキストと考えていただければ幸いである。

　本書の全体の構成は，3部からなっている。
　第1部都市法総論では，都市法の分野の全体像を概観し，第2部都市計画規制では，都市計画法と建築基準法を中心に現行の実定法規の概要を説明した上で，各制度が直面している問題点をできる限り示すように努めた。第1部と第2部は，前期の講義において，初めて都市法に触れる学生に，できる限りやさしく制度の目的，その内容，効果を説明した上で，制度の問題点，改善の方向等を示すことを目指している。
　これに対して，第3部都市法各論は，後期の講義として行われたものであり，都市法に関する基礎的知見を身につけた学生に対して，現実に都市が直面している多くの課題の中から7つを選んで，各課題に法制度がどのように関わっており，現行制度にどのような限界があり，課題の解決のためにどのような方向を目指す必要があるかを簡潔に示したものである。各論に当たる部分は毎年度少しずつ課題を変えて講義を行っているため，ここに取り上げなかった課題が重大なものではないとは考えていない。
　本書はこのような構成をとっているため，都市法の基礎的知見を有している読者は，第2部の制度解説部分は省いて読んでいただいて差し支

はじめに

えない。

　わが国の都市は，戦後の高度成長期に蓄積された負の遺産に加えて，近年の社会の構造的変化に対応しなければならないという課題を抱えているが，現行法制度の多くは，その基本枠組みがわが国社会の成長期に整備されたものであるため，現在の諸課題に十分に対応し難い面を有している。どのような都市，どのような地域社会を目指すのかについての社会的合意の下で，その実現を目指して，都市の土地利用と空間利用のコントロール，これらを支える都市基盤施設の整備管理等が行われるというマネージメントの重要性が指摘されて久しいが，いまだ法制度の面で十分な手段を持ち得ていないのは極めて残念なことである。

　なお，都市法の分野は，その性質上都市計画や建築をはじめとする工学分野，都市経済をはじめとする経済学分野その他広汎な分野に関する専門的知見を必要とする。もとより浅学非才の故に，知見の欠如，誤認識等により，本書においても多くの過ちを犯している可能性は高い。本書に目を通していただいた方々によるご指摘とご叱正をお願いする次第である。

　平成 22 年 3 月

東北大学法学部教授
生田　長人

【目　次】

はじめに

◆◆第1部◆◆　都市法総論 ——————————— 1

◆第1章　都市法の世界 ——————————— 3

　1　都市で行われる多様な活動 ……………………… 3
　2　土地利用のコントロールの必要性 ……………… 3
　3　強制力を持つルールとそうでないルール ……… 4
　4　都市と土地利用規制法制度との関係 …………… 5
　5　都市と地域社会独自のルール …………………… 7
　6　都市的土地利用を規定する都市基盤施設 ……… 8
　7　都市の将来と直面する問題への対応 …………… 9

◆第2章　都市の土地利用コントロールの　　　　　　基本的仕組み ——————————— 11

　第1節　土地利用規制に関する制度の枠組み …………… 11
　　　1　土地利用規制に関する法制度の中核である都市計画法制 (11) ／ 2　国土利用の計画である「国土利用計画」「土地利用基本計画」と都市計画の関係 (11)

　第2節　都市計画法制の仕組み …………………………… 12
　　　1　都市計画の種類 (12) ／ 2　都市計画の決定 (15) ／
　　　3　都市計画の実現の仕組み (16)

目　次

◆◆第2部◆◆　都市計画規制 —————————— 19

◆第1編◆　都市計画規制総論 ———————————— 21

◆第3章　都市としての規制が適用される地域と それ以外の地域 ———————————— 22

第1節　都市として土地利用の制限が及ぶ地域
　　　　——都市計画区域 …………………………………22
　　1　都市としての規制をかける必要がある地域としての都市計画区域 (22) ／ 2　都市計画区域の指定 (22) ／ 3　都市計画区域指定の現状 (23) ／ 4　都市としての規制の必要性と都市計画区域のずれ (24)

第2節　都市計画区域が指定されると
　　　　——その1 都市計画の決定 ……………………24

第3節　都市計画区域が指定されると
　　　　——その2 開発建築規制 ………………………25
　　1　開発行為の制限 (25) ／ 2　建築行為の制限 (26)

第4節　都市計画区域制度の問題点 …………………………27
　　1　どこまでを都市と考えるか (27) ／ 2　準都市計画区域による対処の限界 (28) ／ 3　都市の範囲を定めるのに地域の意向を反映できるか (30)

◆第4章　都市計画のマスタープラン ———————————— 31

第1節　都市計画のマスタープラン ……………………………31
　　1　マスタープランの必要性 (31) ／ 2　一層制都市計画から二層制都市計画へ (32) ／ 3　都市計画法上のマスタープラン (33)

第2節　整備，開発及び保全の方針
　　　　——都市計画区域マスタープラン ……………………33
　　1　都市計画区域マスタープランの目的と内容 (33) ／ 2　都市計画区域マスタープランの効果 (35) ／ 3　都市計

画区域マスタープランの策定手続 (35)／4　都市計画区域マスタープランの課題 (36)

第3節　市町村が定める都市計画に関する基本的な方針
　　　　——市町村マスタープラン………………………………37
　　　1　制度の背景と目的 (37)／2　内　容 (37)／3　市町村マスタープランの効果 (38)／4　市町村マスタープランの策定手続 (39)／5　市町村マスタープランの課題 (39)

◆第2編◆　土地利用のコントロール────────41

◆第5章　区域区分に関する都市計画——線引き ── 42

第1節　線引き制度整備の背景事情と線引き制度の誕生……42
　　　1　無秩序で劣悪な市街化の進行 (42)／2　線引き制度の誕生——昭和43年都市計画法抜本改正 (43)
第2節　線引き制度（区域区分に関する都市計画）の概要 …43
　　　1　市街化区域と市街化調整区域はどのように区分されるのか (44)／2　線引き制度が適用されるのはどのような都市計画区域か (45)
第3節　線引きの効果 ………………………………………46
第4節　線引き制度と開発許可………………………………47
第5節　非線引き都市計画区域………………………………48
第6節　線引き制度が有している構造的問題点 ……………49
　　　1　市街化区域に編入される範囲 (49)／2　市街化区域内の大量の農地の存在 (50)
第7節　市街化区域の果たしてきた役割の評価と
　　　　今後の問題点 ………………………………………52

◆第6章　土地利用計画1——用途地域制度 ─────54

第1節　用途地域の二つの機能………………………………54
　　　1　都市の土地の資源配分計画としての機能 (54)／2　都市空間の管理計画としての機能 (55)

目　次

　　第 2 節　用途地域にはどのような種類があるか ……………55
　　第 3 節　用途規制には,「積極規制」と「消極規制」の
　　　　　　2 つの形がある ………………………………………59
　　　　1　我が国の用途地域制度は，積極規制方式と消極規制
　　　方式の二つの方式を併用している *(59)* ／ 2　消極規制と
　　　建築自由の原則 *(59)*
　　第 4 節　用途地域の純化の方針と
　　　　　　街づくりの手段としての用途地域 ………………61
　　　　1　用途地域の純化方針 *(61)* ／ 2　12のパターンの用途
　　　地域で多様な地域の土地利用コントロールが可能か *(62)*
　　第 5 節　用途地域における形態規制と用途規制との関係……63
　　第 6 節　用途地域に関する課題………………………………64

◆第 7 章　土地利用計画 2 ──用途地域以外の地域地区── 66
　　第 1 節　用途地域以外の地域地区 ……………………………66
　　第 2 節　主な地域地区の概要 …………………………………67
　　　　1　Aのタイプの地域地区 *(67)* ／ 2　Bのタイプの地域
　　　地区 *(71)* ／ 3　Cのタイプの地域地区 *(72)* ／ 4　Dの
　　　タイプの地域地区 *(73)* ／ 5　Eのタイプの地域地区 *(77)*

◆第 3 編◆　都市の空間のコントロール ─────── 79

◆第 8 章　集団規定と道路 ─────────── 80
　　第 1 節　集　団　規　定 ………………………………………80
　　　　1　集団規定と単体規定 *(80)* ／ 2　集団規定の性格と最
　　　低限性 *(81)*
　　第 2 節　道路に関する規制 ……………………………………82
　　　　1　接　道　義　務 *(83)* ／ 2　建築基準法の道路（建基法42
　　　条）*(83)* ／ 3　道路に関する制限 *(86)* ／ 4　建築基準法
　　　の道路に伴う規制の問題点 *(87)* ／ 5　建築物の高さ，容
　　　積率等と道路との関係 *(88)*

目　次

◆第9章　形態規制1（密度規制） ─────── 89

　第1節　集団規制の一つとしての形態規制 ………………89
　第2節　密度に関する規則 ……………………………………90
　　　1　建ぺい率の制限（建基法53条）*(90)*／2　建築物の敷地面積の最低限度規制 *(92)*／3　外壁の後退距離の制限 *(93)*／4　容積率の制限（建基法52条）*(94)*

◆第10章　形態規制2（高さ規制） ─────── 100

　第1節　高さの制限 ……………………………………………100
　　　1　絶対高さの制限1──低層住居専用地域の高さ制限 *(100)*／2　絶対高さの制限2──高度地区における絶対高さ制限 *(101)*／3　斜線制限 *(102)*／4　日影制限（56条の2第1項）*(107)*
　第2節　高さの規制の緩和 ……………………………………109

◆第11章　建築確認と違反建築物等 ─────── 111

　第1節　建築確認制度 …………………………………………111
　　　1　建築確認を受けなければならない場合 *(111)*／2　建築確認の主体 *(112)*／3　建築確認の法的性格 *(114)*／4　建築確認取消訴訟の原告適格等 *(115)*／5　建築工事完了後の建築確認取消の訴えの利益 *(115)*
　第2節　工事完了検査と使用 …………………………………117
　第3節　建築確認制度の基本的問題 …………………………117
　第4節　違反建築物等 …………………………………………118
　第5節　既存不適格建築物 ……………………………………119

◆第4編◆　都市基盤施設の整備 ─────── 123

◆第12章　都市施設1 ─────── 124

　第1節　土地利用とこれを支える基盤施設 ………………124
　　　1　都市施設の種類 *(124)*／2　都市施設に関する都市

目　次

　　　　　計画の決定基準 *(125)*

　　第 2 節　都市計画決定された都市施設の区域内の行為規制
　　　　　　　　　　　　　　　　　　　　　　　　………………*127*

　　　　　1　狭義の都市計画制限 *(128)* ／ 2　都市計画制限と補償 *(128)* ／ 3　長期間放置された計画道路の問題 *(130)* ／ 4　長期間放置された計画道路の問題に関する私見 *(131)*

　　第 3 節　事業予定地内における建築の制限 ………………*134*

◆第13章　都市施設 2 ──────────── *135*

　　第 1 節　都市計画決定された都市施設の実現
　　　　　　──都市計画施設の整備に関する事業 ………*135*

　　　　　1　都市計画事業と事業制限等 *(135)* ／ 2　都市計画事業と収用 *(138)*

　　第 2 節　都市基盤施設の整備主体・整備費用負担・整備手法
　　　　　　　　　　　　　　　　　　　　　　　　………………*139*

　　　　　1　市街地の機能を担うこれらの都市基盤施設は，それぞれ，誰の負担で誰によって整備されるのか *(139)* ／ 2　整 備 手 法 *(140)*

　　第 3 節　都市内の道路に見た都市施設に関する
　　　　　　都市計画の問題点 ………………………………*141*

　　　　　1　量的・質的不足 *(141)* ／ 2　基幹道路と最低限幅員区画道路との間の空白域の存在 *(142)* ／ 3　街づくりと連動した道路等の基盤施設の整備 *(143)* ／ 4　公共空間としての道路の重視 *(143)*

◆第14章　市街地開発事業 ──────────── *145*

　　第 1 節　市街地開発事業総論 ………………………………*145*

　　　　　1　市街地開発事業とは *(145)* ／ 2　市街地開発事業の種類 *(145)*

　　第 2 節　全面買収方式の代表例としての
　　　　　　「新住宅市街地開発事業」………………………*146*

　　　　　1　事業の概要 *(146)* ／ 2　新住宅市街地開発事業の問

題点 *(147)*

第3節　非買収方式の代表例としての「土地区画整理事業」
　　　　………………………………………………………… *148*
　　　1　土地区画整理事業とはどのような事業か *(148)* ／2　事　業　手　法 *(149)* ／3　施　行　者 *(152)* ／4　土地区画整理事業の流れ *(152)* ／5　事業計画決定の処分性 *(157)* ／6　土地区画整理事業の問題点 *(160)*

第4節　再開発事業 …………………………………………*161*
　　　1　市街地再開発事業の種類 *(161)* ／2　市街地再開発事業の施行区域 *(163)* ／3　事業の施行者 *(164)* ／4　市街地再開発事業の流れ *(164)* ／5　市街地再開発事業の事業計画の処分性 *(166)* ／6　市街地再開発事業が直面する問題点 *(166)*

◆第5編◆　詳　細　計　画 ──────────── *169*

◆第15章　地区計画制度1 ──────────── *170*

◇Ⅰ　地区計画制度 ──────────────── *170*

　第1節　地区計画の機能 ………………………………… *170*
　第2節　地区計画の活用状況 …………………………… *171*
　第3節　地区計画同種の計画と地区計画の類型 ……… *172*
　第4節　地区計画の策定 ………………………………… *172*
　　　1　策　定　主　体 *(172)* ／2　策定対象区域 *(173)*
　第5節　計画の内容 ……………………………………… *174*
　　　1　地区計画について都市計画に定められる事項 *(174)* ／2　地区整備計画 *(175)* ／3　再開発等促進区 *(177)* ／4　開発整備促進区（12条の5第4項）*(180)*
　第6節　地区計画の策定手続き ………………………… *181*

目　次

◆第16章　地区計画制度2──地区計画の内容の実現── 183

◇Ⅰ　地区計画に定められた内容は，
　　　どういう形で実現されるか ────────────── 183

第1節　地区計画の内容の実現手段1
　　　　──土地利用・建築規制手法 ……………… 183
　　1　開発許可基準としての地区計画 (183) ／ 2　市町村の条例による制限 (184) ／ 3　届出勧告制度 (185)

第2節　地区計画の内容の実現手段2──地区施設 ………… 186
　　1　道路位置指定に関する特例 (186) ／ 2　予定道路の指定 (186) ／ 3　地区施設の実現のための責任と負担 (187)

第3節　地区計画の内容の実現手段3──誘導的手法 ……… 188
　　1　誘導容積型地区計画制度（都計法12条の6，建基法68条の4）(188) ／ 2　容積率適正配分型地区計画制度（都市計画法12条の7，建築基準法68条の5）(189) ／ 3　高度利用型地区計画制度（都計法12条の8，建基法68条の5の2）(191) ／ 4　用途別容積型地区計画制度（都計法12条の9，建基法68条の3第3項）(191) ／ 5　街並み誘導型地区計画制度（都計法12条の10，建基法68条の3第4項）(192) ／ 6　立体道路型地区計画（都計法12条の11，建基法44条1項3号）(193)

第4節　地区計画の公共性 …………………………………… 194
　　1　規制強化型地区計画に見られる公共性と他の都市計画との関係 (194) ／ 2　規制強化型地区計画における公共性と強制力 (195) ／ 3　最近の緩和型地区計画に見られる公共性の問題 (196)

第5節　地区計画の問題点と検討課題 ……………………… 198
　　1　地区施設の整備費用負担 (198) ／ 2　地区計画制度の変貌 (198) ／ 3　複雑な地区計画制度の再編 (199) ／ 4　地区計画の内容を争う手段 (199)

◆第6編◆ 土地利用転換のコントロール ──────201

◆第17章 開発許可制度 ────────── 202

第1節　開発許可制度の創設の経緯と目的 ……………202
第2節　開発許可制度の基本枠組み …………………202
第3節　開発許可の対象とされている「開発行為」
　　　　──全ての開発行為がコントロールの対象と
　　　　　なっているわけではない ……………………203
　　1　開発行為の定義 (203)／2　小規模開発の適用除外 (205)／3　面積以外の開発許可が要らない開発行為（29条1項2号以下）(207)
第4節　開発許可の基準……………………………………207
　　1　市街化調整区域における開発許可基準 (208)／2　一定の水準の市街地を形成するための許可基準 (210)
第5節　開発許可と公共施設との関係 …………………211
　　1　開発許可を受ける場合の事前協議と同意制(32条) (212)／2　開発行為でできあがった公共施設の管理 (213)／3　開発行為で整備される公共施設の費用負担 (214)
第6節　宅地開発指導要綱 …………………………………214
　　1　各種指導要綱等が果たしている機能はどういうものか (214)／2　要綱の性質と事実上の強制力 (215)
第7節　開発許可から工事完成まで ……………………216
　　1　工事完了公告と建築制限 (216)／2　工事完了公告の効果 (216)
第8節　開発許可制度の問題点 …………………………217
　　1　開発許可制度によってコントロールしなければならないものは何か (217)／2　周辺第三者との調整システムを整備すべきである (218)
第9節　開発許可と訴訟……………………………………218

目　次

◆第7編◆　土地利用規制と補償 ——————————— *221*

◆第18章　都市計画制限と補償 ——————————— *222*
　　第1節　土地利用規制に伴って補償を必要とする考え方 …*222*
　　　　1　補償を必要とする損失 *(222)* ／2　権利に内在的する制約——いわゆる警察制限 *(222)*
　　第2節　受忍の限度内の制限か特別犠牲に当たる制限か
　　　　　　——補償を必要とする損失の程度……………………*223*
　　　　1　補償を必要とする制限かどうかを判断する諸要素 *(224)*
　　第3節　土地利用規制と補償の実態……………………………*228*
　　第4節　都市計画法に基づく規制態様と補償規定の有無 …*229*
　　　　1　市街化区域・市街化調整区域*(230)* ／2　用途地域*(231)* ／3　その他の地域地区 *(231)* ／4　都市施設 *(233)* ／5　都市計画事業 *(235)*

◆◆第3部◆◆　都市法各論 ——————————————— *237*

◆第19章　街づくりと法 ————————————————— *239*
　◇Ⅰ　街づくり総論 ———————————————————— *239*
　　第1節　街づくりとは ………………………………………………*239*
　　第2節　なぜ今街づくりなのか …………………………………*240*
　　第3節　これまで街づくりが進んでこなかった理由 ………*241*
　　　　1　背　景 *(241)* ／2　国家高権としての都市計画の影響 *(242)*
　　第4節　現行法制度は，街づくりに余り適していない ……*242*
　　　　1　大公共と小公共——全国的普遍的公共性と地域に限定された公共性 *(243)* ／2　「小公共」——地域における公共性の実現手段として要綱・条例 *(244)*

◇Ⅱ これまでの対応 ─────────────── 245

第1節 指導要綱行政 ……………………………………245
1 行政側から街づくりにおける小公共を実現する手段 *(245)* ／ 2 指導要綱行政のスタート *(245)* ／ 3 なぜ条例化しないで要綱という手段が使われたのか *(246)* ／ 4 指導要綱の内容 *(247)* ／ 5 指導要綱行政に関する問題 *(247)* ／ 6 指導要綱行政の限界 *(248)* ／ 7 行き過ぎ是正 *(249)* ／ 8 行政手続法の制定 *(250)*

第2節 街づくり条例行政─目的と役割 ……………………251
1 初期（1970年代）の街づくり条例 *(251)* ／ 2 その後の街づくり条例──都市住民の側の意識と対応の変化 *(251)* ／ 3 地区計画制度の誕生と地区まちづくり型条例 *(252)* ／ 4 近年の街づくり条例の特徴と機能 *(253)* ／ 5 街づくり条例の性格 *(254)*

◇Ⅲ 街づくり条例を支える公共性と強制力 ────── 256

第1節 街づくり条例を支える公共性と強制力 ………………256
1 強制力をもって実現しなければならないほどの公共性の存在 *(256)*

第2節 街づくりに見られる公共性の実現に強制力が認められないとされる理由 ………………257

第3節 他の公共性との調整 …………………………………259
1 小公共間の調整 *(260)* ／ 2 大公共との調整 *(260)*

◆第20章 景観と法 ──────────────── 267

◇Ⅰ 景観総論 ───────────────── 267

第1節 景 観 ……………………………………………267
1 良好な景観 *(267)* ／ 2 景観法の対象となる良好な景観 *(267)*

第2節 空間のコントロールとしての景観政策 ………………268
第3節 景観法の基本構造 ……………………………………269
第4節 総合行政としての景観政策と景観法の仕組み ……270

目　次

◇Ⅱ　景観法の概要 ───────────────── 272
　　第1節　景観法の主要な柱 …………………………………… 272
　　第2節　景観政策の実施主体 ………………………………… 273
　　第3節　景観計画・景観計画区域 …………………………… 273
　　　　1　景観計画区域 (273) ／ 2　景 観 計 画 (275) ／ 3　景観計画策定の手続 (277) ／ 4　住民等による景観計画策定等の提案 (277)
　　第4節　景観計画区域内の行為規制 ………………………… 278
　　　　1　届出・勧告制 (278) ／ 2　変 更 命 令 (279) ／ 3　変更命令の対象が限定されている理由 (279)
　　第5節　景観地区等 …………………………………………… 280
　　　　1　景 観 地 区 (280) ／ 2　準景観地区 (285) ／ 3　地区計画等の区域内における建築物等の形態意匠の制限 (286)
　　第6節　良好な景観を形成・維持するための
　　　　　　　　幾つかの補完的仕組み ……………………… 287
　　　　1　景観重要建造物と景観重要樹木 (287) ／ 2　景観重要公共施設 (288) ／ 3　景観農業振興地域整備計画 (289) ／ 4　景 観 協 定 (289) ／ 5　景観整備機構 (291)

◇Ⅲ　景観規制の性質 ───────────────── 291
　　第1節　従来の空間規制の性質 ……………………………… 291
　　第2節　景観法に基づく規制の性質 ………………………… 292
　　第3節　地域合意の多様性と
　　　　　　　　それに対応した実現方法の多様性 …………… 293
　　第4節　景観のコモンズ的性格 ……………………………… 294
　　第5節　強制力を伴う小公共の実現のための前提条件 …… 294
　　第6節　景観法における強制力を伴う規制の性格 ………… 295

◇Ⅳ　今後の展望 ───────────────────── 297

◆第21章　都市の緑と法 ──────────────── 299

　　◇Ⅰ　はじめに ─────────────────── 299

第1節　我々は，都市の中のどこに
　　　　水と緑を見出しているか……………………………299
第2節　都市における緑の減少と緑の保存・創出制度……300

◇Ⅱ　緑の維持・確保，充実のための諸制度─────301
第1節　緑地の確保のための計画制度……………………301
　　1　緑の政策要綱 (301)／2　市町村緑の基本計画 (302)
第2節　地域制緑地制度……………………………………303
　　1　風致地区 (303)／2　緑地保全地域と特別緑地保全地区 (305)／3　生産緑地地区 (308)
第3節　営造物緑地制度……………………………………313
　　1　営造物緑地 (313)／2　都市公園 (313)／3　その他の手段による緑地の確保──公物における緑地等の整備確保 (317)
第4節　その他の緑の保全・確保のための制度…………318
　　1　市民緑地制度 (318)／2　緑地協定 (319)／3　緑化地域 (319)／4　保存樹・保存樹林制度（都市の美観風致を維持するための樹木の保存に関する法律）(321)／5　開発許可に際しての緑地の確保 (321)

◇Ⅲ　都市の緑の確保に関する課題─────────322

◆第22章　大都市の再生と法─────────────324
第1節　大都市の再編問題…………………………………324
第2節　1990年代から2000年代の我が国経済と
　　　　大都市政策の転換…………………………………325
　　1　バブル崩壊に伴う不良債権の処理 (325)／2　規制緩和路線による都市再生策の展開 (326)／3　大都市政策の基本方向の転換 (326)
第3節　現在の大都市の再編施策の状況…………………328
第4節　大都市再生のための空間の高度利用制度の概要…329
　　1　特定街区制度と総合設計制度 (330)／2　高層住居誘導地区制度（都計法8条1項2号の4，第9条16項）(334)

xix

目　次

　　　　／3　都市再生特別地区制度（都市計画法8条1項4号の2）*(335)* ／4　容積移転のための制度 *(340)*

　　第5節　再編が進むゾーンと進まないゾーン ……………………*346*

◆第23章　地方都市の中心市街地の活性化と法 ── *349*

　◇Ⅰ　地方都市の中心市街地の現状と課題 ──────*349*
　　第1節　地方都市の中心市街地の現状 …………………………*349*
　　第2節　中心部商業の状況 …………………………………………*349*
　　　　1　需要側の要因──消費構造，消費傾向の変化 *(350)* ／2　供給側の要因──商業者自身の問題 *(350)*
　　第3節　地方都市の状況……………………………………………*351*
　　　　1　中心市街地の空洞化 *(351)* ／2　周辺地域の購買力の減少 *(352)* ／3　施設計画と土地利用計画の不整合 *(352)* ／4　中心市街地の魅力の喪失 *(353)*

　◇Ⅱ　地方都市の中心市街地の
　　　　活性化のための法制度 ─────────────*354*
　　第1節　街づくり三法の制定 ………………………………………*354*
　　　　1　過去の経緯──中小小売商業保護策の転換 *(354)* ／2　街づくり三法の整備 *(354)* ／3　旧街づくり三法の成果 *(355)*
　　第2節　街づくり三法の改正──平成18年改正 ………………*357*
　　　　1　中心市街地活性化法の改正 *(357)* ／2　新中心市街地活性化法の問題点 *(358)* ／3　都市計画法等の改正 *(360)* ／4　改正都市計画法の問題点 *(362)*
　　第3節　地方都市の中心市街地の
　　　　　　活性化に向けての今後の方向 ………………………*364*
　　　　1　地方都市全体の問題としての認識の確立 *(364)* ／2　持続可能な中心市街地の経済力の回復 *(365)* ／3　地方都市の中心部の魅力の創成 *(365)* ／4　その他──大規模小売店舗の閉店 *(366)* ／5　地方小都市の中心市街地対策 *(366)*

目　次

◆第24章　都市の廃棄物と法 ────────── 368

　第1節　都市と廃棄物 ……………………………………368
　第2節　廃棄物処理の法制度 ……………………………368
　　　1　廃棄物の区分と処理責任 (368) ／ 2　廃棄物処理業 (369) ／ 3　廃棄物処理施設の設置の許可 (370)
　第3節　廃棄物の処理施設の立地問題 …………………371
　　　1　廃棄物処理法によるコントロール (371) ／ 2　都市計画法等によるコントロール (374) ／ 3　地方公共団体による条例等による対応 (375) ／ 4　廃棄物処理施設の立地コントロールのあるべき法制度 (383)
　第4節　住民側からの訴訟 ………………………………384
　　　1　行 政 訴 訟 (384) ／ 2　民 事 訴 訟 (385)
　第5節　不法投棄問題 ……………………………………387

◆第25章　都市の災害と法 ────────── 389

　第1節　都市と災害 ………………………………………389
　第2節　都市における災害予防策 ………………………390
　　　1　被害が予想される区域の明示と開発・利用規制 (390) ／ 2　防災施設の整備等 (395) ／ 3　地震被害が予想される建築物等の耐災化，密集市街地の改善等 (400) ／ 4　地域防災力の向上 (407)
　第3節　災害時の応急対応体制 …………………………409
　　　1　災害応急対策の主体 (409) ／ 2　災害応急対策の種類と改善 (410) ／ 3　災害応急対策の実施体制 (411) ／ 4　災害応急対策段階での地域社会の役割 (412)
　第4節　災 害 復 旧 …………………………………………412
　　　1　災害復旧に対する支援制度の考え方 (412) ／ 2　インフラの復旧 (413) ／ 3　市街地の復旧──建築禁止と復興土地区画整理事業 (414) ／ 4　被災者個人の生活の復旧 (415) ／ 5　地域社会の再建と復旧・復興計画 (419)

xxi

都市法入門講義

第1部

都市法総論

第1章 都市法の世界

1　都市で行われる多様な活動

　都市では，日々様々な主体によって様々な活動が行われているが，都市において行われる諸活動のうち，集積の利益を求めて行われる経済活動は，都市において行われる活動の最も特徴的なもので，基礎的・中核的位置を占めるものの一つである。この活動により，都市では多くのものやサービスが生み出されるが，今日では我が国の総生産の殆どが都市において生み出されるに至っている。都市では，経済活動に関連する人やものが，効率的で，動きやすいことが要請されるとともに，サステナブル（持続可能）な活動環境の実現が期待される。

　他方，このように多くの富を生み出す都市には，現在我が国の国民の大半が住み，生活を営んでいるが，集団で住まい，生活し，活動するという点は，これもまた都市において行われる活動の特徴であり，都市活動において行われる諸活動の中で最も基礎的な位置を占めるものの1つである。都市の生活活動においては，便利で，安全で，快適で，ストレスの少ない，住みやすく，暮らしやすい空間環境の実現が求められている。

2　土地利用のコントロールの必要性

　上記の諸活動は，都市の土地の上の空間において行われるため，都市における様々な活動を適切にコントロールする上では，土地利用をコントロールすることが一つの重要な手段と考えられている。土地利用のコントロールを行う必要があると考えられる理由としては，次のような点が挙げられる。

　第1に，我が国では，土地利用もまた基本的に市場に委ねられているが，経済市場において決まる土地利用が都市にとって適切な土地利用で

ある保証はなく，各諸活動に対して適切な土地利用・空間利用配分が行われないと，都市全体として見た場合に都市活動に支障が生じ，持続可能な状況を維持できなくなるおそれが常に存在する。

第2に，都市の限られたゾーンにおいて行われるこれらの諸活動は，必然的に稠密な形となるため，互いに影響を与えざるを得ない。これらが無秩序に行われた場合，集積の利益を上回る集積の不利益が発生することもある。

第3に，経済活動や生活活動などの都市活動が円滑かつ適切に行われるためには，それぞれの活動を支える都市基盤施設と適切な環境を維持する公共空間の存在が不可欠である。都市の土地の上の空間は，私的に使用されるだけではなく，公共のためにも確保される必要があるから，適切な公私の利用区分とその実現も都市にとって欠かすことのできない重要な事柄である。

このように，限られた都市の土地の上の空間を，所有者等の自由に任せず，様々な諸活動が相互に共存でき，それぞれの目的を最大限実現できるように，活動が行われる土地の利用ルールを定め，私的に使用できる空間を定め，公共空間を確保すること等は都市にとって必要不可欠なことである。都市空間の管理を行い，都市活動を支える基盤施設を整備，運営し，円滑な都市活動の障害となるものを除去，軽減し，持続的な都市の実現をマネージすることが都市政策の目的であり，そのために必要なルールとして定められるものが都市法の対象である。

3　強制力を持つルールとそうでないルール

都市法の対象となるルールの中には，強制力を有し，本来自由に行えることを規制したり，何らかのことを行う義務を課したりするものがあるが，それ以外に，公的な強制力は持たず，都市において活動を行う者の共通の利益を実現するため定められるようなものがある。

前者のルールは，個人等が本来有している権利等を強制的に侵害するものであることから，伝統的な法の世界では基本的に法令等に根拠を有していることが要請され，その規制等が明確な公益を実現するものであ

ることが求められる。

　我が国の場合，法令に基づいて行われるこれらの規制等は，それぞれの目的である公益を実現するために実態上必要最小限のものとなっていることが多い。これは，都市法の世界では「必要最小限規制の原則」と呼ばれることがあるが，規制を受ける側から見ると，権利の保護が重視されて，緩い規制が行われていることになる。我が国の土地利用あるいは空間利用におけるこの規制の緩さは「建築自由の原則」「開発自由の原則」と呼ばれており，ヨーロッパなどで見られる非常に厳しい規制を表す「計画なければ建築（開発）なしの原則」としばしば対比される。

　これに対して，後者のルールは，地域社会の構成員の明示あるいは黙示の合意により，地域の共通の利益を実現するために定められるものである。前者のルールが主として国や都市全体の利益或いは最低限の水準の確保を「公益」（大公共）と捉えてその確実な実現を図ろうとするのに対して，後者のルールは地域の固有の土地利用秩序やよりよい環境などの地域社会における「公益」（小公共）を実現するために定められるものが多く，地域社会の構成員の意思で支えられていることが多い。

　我が国において長期にわたって建築自由の原則が通用してきたことは，我が国の都市の変化の激しさと無縁ではない。変化の激しい時代においては，できる限り将来にわたって自由な利用を確保できる方が所有者等にとっては有利であるからである。しかし，成熟した時代を迎えた今日の我が国の都市にとって，規制によって実現される公益の見直しとそれに伴うルールの見直しは避けられない状況になりつつあると考えられる。

4　都市と土地利用規制法制度との関係

　ところで，都市は，全体として見ると，生き物と似たところがあって，人と同じように個性もあれば，共通点もあり，成長もすれば，衰退もし，悩みも抱えているし，元気で活発な時もあり，病むこともある。もちろん過去の経験と蓄積に大きく規定されているところも人と余り変わらない。都市の将来は，そこに住む住民の意思次第で決まるところもあるし，都市を取り巻いている条件次第で将来が制約されることもある。また，

都市同士は，互いに競い合うし，依存し合うこともある。

　このような性格を有している都市と（強制力を有する）法制度との関係は，本来相性が良いとは言い難いところがある。

　およそ法令に根拠を置いた強制力を持つ制度は，その一般的特性として，硬直性，一律性などの特徴が見られるのであるが，都市は，それぞれが変化に富む個性を持ち，また常に変化を続けているのが普通である。このため，都市の実態とこれをコントロールする法令に基づくルールとの間には，常にある種のフリクション（摩擦）が生じているのが普通である。

　法令に基づくルールには，上述した必要最小限原則に立って，どのような都市においても共通する内容に関するもの，都市として最低限備えていなければならない内容など，その対象・内容が必要最小限のものに限定される傾向が見られ，比較的自由な権利の行使が認められているが，これらの法令に基づく制限に従って行われる合法的な空間利用活動が，地域社会の側のそれまでの空間秩序などと相容れない場合，紛争が生じることは珍しくない。できる限り自由な活動ができることを望む経済活動の場合はともかくとして，暮らしやすく，快適で，安全な環境を望む生活活動の側面から見ると，量的にも質的にもこのような必要最小限規制に止まる法令による規制だけでは，住民が望む空間利用を実現するためのルールとしては十分機能せず，法令に基づくルールだけで良好な都市空間や個性のある都市空間の維持形成を図ることは難しい場合が多い。

　また，逆に，法令に基づくルールが有する一律性が，地域の特性に対応できず，地域の個性を失わせたり，その地域にふさわしい土地利用秩序を変化させたりする場合もある。

　このため，地域社会の側では，各都市個有の事情や地域の意向を反映させることのできる仕組みの構築を進めており，条例等を活用した空間利用のコントロールが実現しつつあるが，法令による規制との関係においては，どちらがどのような局面において優先されるのかという点をはじめとして，まだ残された問題が多い。

5　都市と地域社会独自のルール

　近年，都市では建築を巡る紛争が増加しているが，そのかなりの部分は，合法ではあるがこれまでの市街地の空間利用の秩序に全く合わない建築物が建築されることが原因となっているものである。つまり，強制力を与えられた法令に基づく最小限の規制ルールには抵触しないものの，これまで長い間に形成されてきた街並みや景観や市街地環境といった既存の空間秩序からかけ離れた建物が突然建築され，周辺に大きな影響をもたらすことに対して，地域の側から既存の空間秩序を尊重すべきであるという考え方が次第に強くなりつつあり，その間でフリクションが生じることが多くなっていると考えられる。都市が成長期にあり，成長に伴って生じる様々な問題に対処していかざるを得なかった時代はともかくとして，成熟期を迎えた今日，生活を中心とした，住みやすい街，自分たちの意向を反映した街をつくりだし，維持していこうとする地域独自の「まちづくり」が各地で行われているが，そのような多様な地域の要望に対応しようとすれば，法令に基づく最低限のコントロールだけではカバーできない部分を対象とした地域独自のルールが必要不可欠にならざるを得ない。既存の良好な空間秩序を守り，自分たちの街にふさわしい土地利用や建物の建築などのコントロールを自らの手によって実現していこうとする場合に必要なルールの多くは，法令では実現することが難しい，地域の個有の事情に対応するもの，良好な街を形成・維持するため法令で実現される最低水準を超える水準を要請するものなどが内容となり，その実現方法も，強制力を有さず，地域の合意を背景にした協定・契約などの自主的規制や計画の遵守責務のような緩やかなものも含んだものとなり，行政が関与する場合も指導要綱などを活用した勧告行政が主流となる。これらは，実態に即した柔軟で，機動的な性格を持ち，土地利用のコントロールに留まらず，地域の振興，文化の継承，コミュニティ活動など地域の生活に関連する広範な内容を含み始めている。これらの動きは，全体から見るとまだごく一部に過ぎないが，本来，都市計画や建築規制は，都市に住み，生活する住民にとっても，その生活環境を維持形成するための重要な手段であるはずであるから，これらに

対応するコントロールを可能にするルールを都市計画や建築規制の中で確立していくことは大変重要な意味を持つものである。ただ残念なことに、我が国では、未だ国民の多くは、これらの手段を自分たちが街づくりを行うための手段とは考えていない。これらの法制度は、市役所や県庁のものだという認識がまだまだ一般的なのである。

6　都市的土地利用を規定する都市基盤施設

　ところで、都市活動を可能にするためには、都市基盤施設の存在が不可欠である。人や物の移動には道路という基盤施設がなくてはならないし、都市活動にはエネルギーの供給施設や廃棄物の処理施設等が不可欠である。十分な都市基盤施設が存在しないところで、高度な都市活動をしようとすれば（例えば、狭い道路しかないところで高く大きな建物を建てるなどすれば）、日常的な渋滞が生じる等の都市機能の不全、環境状態の低下、緊急時の危険等多くの問題に直面する。

　このため、都市のある場所で行われる空間利用活動と都市基盤施設の存在は切り離して考えることのできない密接な関係にあり、その場所でどのような都市活動が行えるかは、その場所にどのような都市基盤施設が整備（或いは計画）されているかによって基本的に規定される。一般的な生活活動に必要な都市基盤施設と高度な経済活動が必要とする都市基盤施設とでは、その質も量も異なるのが普通であり、一般的な生活活動に対応する都市基盤施設しか整備されていない場所で、高度な土地利用を実現するためにはそれにふさわしい都市基盤施設の整備を整備充実させる必要がある。

　このように、都市の空間利用は、基本的に都市基盤施設によって規定されざるをえないところがあるから、都市の土地利用の規制は、基盤施設の整備計画と整合性がとれている必要があり、その限りで、強制力を有する法令に基づくルールも地域社会の土地利用や空間利用に関する合意に基づくルールも、都市基盤施設の現状と計画によって制約される。

　ところで、その基盤施設の整備責任と整備費用の負担は、誰が負うのか。現行制度においては、その負担はその施設の主たる利用者が誰であ

るかによって左右され，その施設が都市全体の機能に貢献し，誰もがその利益を享受するものであれば，その整備充実は公共の手によって行われ，その受益が特定の地域に限られるような場合は，地域の受益者の手によって整備等が行われることになっている。しかし，現在の費用負担ルールに問題がないわけではない。例えば，特定の受益者だけでなく一般の利用者も存在するような施設の場合には，「公負担」でなければ「自己負担」というデジタル的な負担区分方法では対応しにくい場合がある。応能応益負担方式への変更を検討すべき時期に来ていると考えられる。

7　都市の将来と直面する問題への対応

　現在の我が国の都市は，大都市も地方都市も，それぞれの課題は異なるものの，非常に多くの深刻な問題に直面している。

　第一に，高度成長期を経て，成熟期を迎えた我が国の都市は，成長期に背負った負の遺産とでもいうべき大量の劣悪な市街地を内部に抱えており，これを将来の良好なストックに再編していかなければならないという課題を抱えている。また，成長期に各地で整備された画一的な町並み，複合的な機能を持たず単一の目的で開発されたモノトーンの市街地なども再編を迫られている。戦後の経済成長に伴って農山村部から膨大な人口が急激に都市に集中した際に，我が国の都市では十分な基盤施設の整備も計画的な市街地のコントロールもできなかったことによるツケを払う時が来ているのである。このような再編に必要な諸コストを誰が負担するかという点において，現行の法制度は有効に機能しているとは言い難い状況にある。

　第二に，我が国の都市は，経済社会のグローバル化，少子高齢化社会への移行といった我が国社会の構造的な変化によって生じている課題に対応していかなければならなくなっている。大都市においては，新たな集中に伴う都市機能の再編，低下しつつある都市の安全性の維持，郊外に生じつつある高齢化市街地への対応等，地方都市では，中心市街地の衰退への対処，都市そのものの生き残り策の模索，都市の周辺地域を含

めた生活圏域の再編等都市の果たすべき役割の見直し等，新たに対処していく必要のある課題は山積している。成長期に整備された都市法の多くは，こうした変化に対応仕切れていないところが随所に見られ，その見直しが不可避である。

　この他にも，都市財政の逼迫，社会における貧富の格差の拡大等は，都市政策に大きな影響を与えているし，今後も与え続けるだろう。

　こうした状況の下で，直面している課題をどのように解消し，どのような都市を目指すかは，それぞれの都市の判断にかかっており，これまでのように国に自らの都市の将来を委ねることはできなくなりつつある。地方分権の流れは，自らの都市をマネージできる範囲が広がる代わりに，自らが負わなければならない結果責任の範囲も広がることを意味している。自己財源の乏しい都市はますます貧しくなるだろうし，困難は倍加する。土地利用を含め貴重な物的・人的資源をどのように活用していくか，それぞれの都市ごとに，自らの判断と責任で目指すべき将来像を定め，生き残りをかけてその実現を図るための取組みを始める必要がある。都市のマネージに当たる地方自治体の責任は大きいが，それを実行に移すための手段である法制度は多くの問題を抱えている。この講義では都市法の姿を概観した上で，それらの制度が直面している問題とそのあるべき姿を概観する。

第2章 都市の土地利用コントロールの基本的仕組み

第1節　土地利用規制に関する制度の枠組み

1　土地利用規制に関する法制度の中核である都市計画法制

　我が国における都市の土地の利用をコントロールする法制度の仕組みはどのようになっているか。コントロールを行う必要のある地域はどの範囲か，コントロールの内容と程度はどのようなものか，それらはどのようにして決まるのか，コントロールはどのような形で実行されるのか，このような諸点について，その大まかな姿を簡潔に述べるのがこの講の目的である。

　都市の土地利用とその上の空間利用を規制する法制度としては，数多くの実定法が整備されているが，その中核を構成しているのは，都市計画法制と建築基準法制である。なかでもその中核的機能を果たす都市計画制度を中心に全体の仕組みを述べる。

2　国土利用の計画である「国土利用計画」「土地利用基本計画」と都市計画の関係

　現行法制度では，都市としての土地利用をコントロールすることのできる区域は限定されており，原則として都市計画区域と呼ばれている地域に限って規制が行われる[1]。（第3講「都市計画区域」参照）

　都市としての土地利用のコントロールを行う必要のある都市計画区域と農業利用や自然保護などのためのコントロールを必要とする他の区域との調整は，法制度上は上位の土地利用計画である「土地利用基本計

1）　例外的に準都市計画区域制度が存在する。

画」で行われる形となっており，都市としてのコントロールを行う必要がある区域は，土地利用基本計画の中で「都市地域」として位置付けられている。

> **参考**
>
> 　我が国の国土の利用の在り方については，国土利用計画法に基づく3種類の「国土利用計画」（ⅰ 全国土を対象とする「全国計画」，ⅱ 都道府県の区域を対象とする「都道府県計画」，ⅲ 市町村の区域を対象とする「市町村計画」）によって，長期的な姿が示されているが，これらは，いずれも今後の国土の利用について基本構想や主要な利用目的区分別の数値目標等を示すもので，即地的な計画ではない。
>
> 　これに対して，同じく国土利用計画法に基づいて作成される「土地利用基本計画」は，各都道府県の区域を対象に，具体的な場所ごとに，土地利用の基本的な方向を示す即地的な計画であり，都道府県域を5つの地域（ⅰ. 都市地域，ⅱ. 農業地域，ⅲ. 森林地域，ⅳ. 自然公園地域，ⅴ. 自然保全地域）に区分し，併せて土地利用の調整等に関する事項（例えば，複数の地域が重なる重複地域やどの地域にも区分されない白地地域の土地利用の方針等）を定めるものである。

　この土地利用基本計画で定められる都市地域は，「一体の都市として総合的に開発し，整備し，及び保全する必要がある地域」とされているが，これは都市計画区域の定義と同様であるため，土地利用基本計画の「都市地域」と「都市計画区域」は基本的に対応しているものと考えられている。

　なお，土地利用基本計画は本来，その作成過程において5つの基本的な土地利用間の調整を行う機能を果たすことを期待されているが，現実には，5つの地域区分は個別法の規制の必要性に従って行われ，土地利用基本計画上の区分は後追い的に行われているのが実態である[2]。

第2節　都市計画法制の仕組み

1　都市計画の種類

　都市の土地利用に対するコントロールは，原則として都市計画区域として定められた地域の範囲で行われるが，そのコントロールは，都市計画区域において「都市計画を定める」ことを

通じて行われる仕組みとなっている。

都市計画法は，10種類のタイプに区分された都市計画を，それぞれの都市の状況に応じて定め，これを計画的に実現していくという仕組みを基本的に採用している。

10種の都市計画は，次頁の参考に掲げる通りであるが，単に羅列しただけでは，これらの相互関係が分かりにくいので，次の図に基づいて説明する。

まず，その都市が目指す将来像を明らかにし，その将来像を実現する上で必要な個々の都市計画を位置付けるものが i の「整備，開発及び保全の方針（都市計画区域マスタープラン）」という都市計画である。

次に，個々の都市計画は，大きく三つのタイプに分けることができる。

第一のタイプは，主として都市の土地とその上の空間利用を，土地利用計画という手段を用い，行為規制を通じてコントロールしようとするもので，ii の区域区分，iii の地域地区，v の遊休土地転換利用促進地区，x の地区計画等の四つの都市計画がこれに当たる。

第二のタイプは，都市の土地とその上の空間利用を行うために必要な都市基盤施設を計画的に整備することを通じて，実質的に都市のコントロールを行おうとするもので，vii の都市施設の都市計画がこれに当たる。

第三のタイプは，宅地造成と都市基盤施設の整備を同時に行い，計画的な市街地を整備する事業を行う必要のある地域を明示し，市街地の開

---

2) このような後追い的指定になっている理由としては，次のようなことが原因ではないかと思われる。
　ア．土地利用基本計画の作成・変更には関係省庁との調整が必要とされており，実質的に個別規制法を所管する省庁の合意がないと作成・変更ができない形となっていること
　イ．土地利用基本計画上，五つの地域区分に代表される土地利用が将来どのようなものになるかを予測する計画技術において，個別法のゾーニングを支える計画技術を超えるものが確立していないこと
　ウ．先行的に土地利用の調整を行わなければならないような激しい土地利用の変化が見られなくなりつつあり，個別の事業プロジェクトの実施に伴う土地利用の調整程度であれば，個別規制法の担当部局間の調整で済んでしまうこと
　エ．土地利用基本計画の担当部局に当たる都道府県の企画部局が土地利用の現場に近い市町村レベルにおける手足を持たないこと

第1部　都市法総論

発整備のための事業を行うことによって，良好な都市を作りあげていこうとするもので，viiiの市街地開発事業を中心に，これをサポートするivの促進区域，ixの市街地開発事業等予定区域があり，特別な場合としてviの被災市街地復興推進地域の都市計画が位置付けられている。

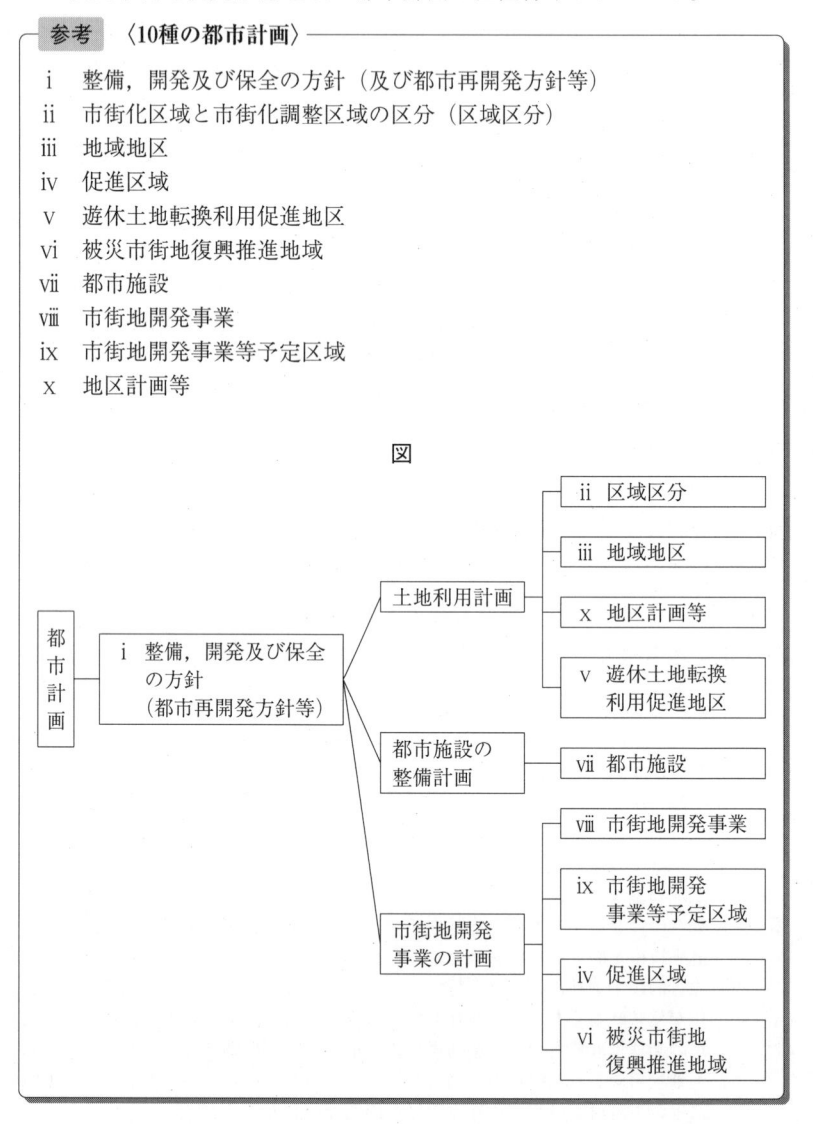

参考　〈10種の都市計画〉

i　整備，開発及び保全の方針（及び都市再開発方針等）
ii　市街化区域と市街化調整区域の区分（区域区分）
iii　地域地区
iv　促進区域
v　遊休土地転換利用促進地区
vi　被災市街地復興推進地域
vii　都市施設
viii　市街地開発事業
ix　市街地開発事業等予定区域
x　地区計画等

図

都市計画
├─ i　整備，開発及び保全の方針（都市再開発方針等）
├─ 土地利用計画
│   ├─ ii　区域区分
│   ├─ iii　地域地区
│   ├─ x　地区計画等
│   └─ v　遊休土地転換利用促進地区
├─ 都市施設の整備計画
│   └─ vii　都市施設
└─ 市街地開発事業の計画
    ├─ viii　市街地開発事業
    ├─ ix　市街地開発事業等予定区域
    ├─ iv　促進区域
    └─ vi　被災市街地復興推進地域

2　都市計画の決定

10種の都市計画を決定する主体は，原則として都道府県か市町村である。その区分については，基本的に一の市町村の区域を超えるような広域的あるいは根幹的なものについては都道府県が，それ以外は市町村が定めるものとされている[3]。

　都市計画の決定手続は，都道府県の場合と市町村の場合で少し異なる[4]が，基本的に関係機関との調整のための手続が規定されているに留まり，住民等の意見を決定に反映する仕組みは余り充実しているとは言えない。具体的には，一部の例外を除き（地区計画，特定街区等[5]），都市計画の案を作成しようとする段階で必要に応じ公聴会の開催等の措置が講じられる他，都市計画の決定段階で公衆への縦覧措置を講じ，縦覧期間中に意見の提出ができることとされている。提出された意見の要旨は都市計画審議会に提出されるが，その取扱いは軽く，決定者の応答

---

[3]　都市計画法では，都道府県が決定するものが限定的に列挙されており，それ以外のものは市町村が決定することとされている。都道府県が決定するものは，以下の通り。
　① 都市計画区域の整備，開発及び保全の方針
　② 区域区分
　③ 都市再開発方針等
　④ 都市再生特別地区，重要港湾に係る臨港地区，歴史的風土特別保存地区等，緑地保全地域等，流通業務地区等
　⑤ 一の市町村の区域を超える広域の見地から決定すべき地域地区（首都圏の既成市街地・近郊整備地帯等内の用途地域等）又は一の市町村の区域を超える広域の見地から決定すべき都市施設若しくは根幹的都市施設（基幹的道路，都市高速鉄道，10ha以上の公園，産業廃棄物処理施設等）
　⑥ 市街地開発事業（小規模な土地区画整理事業等を除く）
　⑦ 市街地開発事業等予定区域

[4]　都道府県が都市計画を決定する場合，関係市町村の意見を聴き，都道府県都市計画審議会の議を経て，一定の場合（大都市とその周辺の都市に係る都市計画区域等に係る都市計画及び国の利害に重大な関係がある都市計画等）は国土交通大臣に協議し，その同意を得ることが必要とされている（都計法18条）。市町村が都市計画を決定する場合，あらかじめ都道府県知事に協議し，その同意を得，市町村都市計画審議会（設置されていないときは都道府県都市計画審議会）の議を経ることが必要とされている（都計法19条）。

[5]　これらの都市計画については，案の段階で利害関係者等の意見を聴くこと等が要請されている。

義務等は規定されていない。都市計画が都市の土地と空間の利用をコントロールする手段であり，街づくりの主要な手段であることを考慮すれば，その作成段階において，住民をはじめとする関係者による十分な検討が行われ，その意向を反映することが極めて重要であるが，現行制度はこの点ではかなり不備が目立っている。

このように，法に定める手続だけでは都市計画の策定過程で実質的な利害の調整が十分にできない形となっていることは，都市計画制度全体に極めて重大な状況をもたらす結果となっている。すなわち，都市計画に自分たちの意向を反映させることが難しいということは，都市計画と住民の間に大きな距離を生じせしめており，多くの市民は，都市計画というものは，地方公共団体が国や都市全体のために定めるもので，自分たちが自分たちの豊かな生活を実現するために定めるものだとは考えていない。このことは，本来都市計画が果たしていかなければならない役割を考えれば極めて重大な問題であるが，詳しくは後述する。

なお，近年，土地所有者等，まちづくりＮＰＯ法人，都市再生機構等[6]が，一定規模以上の一団の土地について，都市計画の素案を添えて，都市計画の決定又は変更の提案ができる制度が整備された[7]（都市計画提案制度）が，今後この制度が都市計画と住民の距離を縮めることが期待される。

3　都市計画の実現の仕組み

これまで見てきたとおり，都市計画に期待されている基本的役割には大きく二つのものがある。

　A：第一は，「土地利用の用途と空間利用を計画的に規制コントロールすること」

---

6) この他に，地方住宅供給公社，非営利法人，まちづくりの推進に関し経験と知識を有する一定の団体，これらに準ずるものとして地方公共団体の条例で定める団体も，都市計画の決定又は変更の提案ができることとされている。

7) 素案については，土地所有者等の２／３以上の同意（同意した者の所有する土地の地積と同意した者が有する借地権の目的となっている土地の地積の合計が土地の総地積と借地権の対象となっている土地の総地積の合計の２／３以上ある場合に限る）を得ていることと都市計画に関する基準に適合していることが要件となっている。

であり，
　B：第二は，「都市活動を支える基盤施設を計画的に整備すること」である。

　Aは，都市において行われる開発行為や建築行為をコントロールすることであるが，これは都市で行われる開発や建築が，第一のタイプの都市計画（区域区分，地域地区，地区計画等）に適合しているかどうかをチェックする形で行われる。チェックの方法は，開発行為の場合は，「開発許可」を受けなければならないという形で行われ，建築行為の場合は，「建築確認」を受けなければならないという形で行われる。このうち建築行為のチェックは建築基準法に基づいて行われるが，これは，第一のタイプの都市計画のうち，地域地区に関する規制の実質的な内容が建築基準法に規定されていることによる（集団規定）。

　Bは，第二と第三のタイプの都市計画（都市施設，市街地開発事業等）に定められた都市基盤施設について，これを整備する事業を行うことによって実現する。
　これらの事業は，都市計画法に基づいて強い権限を伴うものとして実施することができるが，これを「都市計画事業」と呼んでいる。すなわち，都市計画に定められた都市施設（「都市計画施設」という）の整備を行う事業（「都市施設の整備に関する事業」という）と都市計画に定められた市街地開発事業を実施する事業（これも紛らわしいが「市街地開発事業」という）は，強制力を有する都市計画事業として実施することができるのである。
　都市計画事業については，これを確実に，計画的に実施していく必要性が高いため，都市計画に定められた段階から事業が終了する段階に至る間，それが行われる区域内の土地に行為制限が課せられ，建築行為や開発行為等が制限される。
　また，都市計画事業に対しては，事業段階において収用権が与えられ，区域内の土地等を強制的に取得することができることになっている。
　なお，第三のタイプに属する市街地開発事業の場合，都市基盤施設の

整備と併せて土地利用転換が行われるが，これらが第一のタイプに属する都市計画の土地利用コントロールに適合しているかどうかは，事業の計画段階で認可・承認の形でチェックされる。

第2部

都市計画規制

● 第1編 ●
都市計画規制総論

第3章 都市としての規制が適用される地域とそれ以外の地域

第1節 都市として土地利用の制限が及ぶ地域
──都市計画区域

1 都市としての規制をかける必要がある地域としての都市計画区域

　都市計画法では，適切な土地利用と空間利用を実現するため，都市としての利用規制をかける必要のあるところとそうでないところを明確に区分しているが，規制をかける必要のある地域を「都市計画区域」と呼び，基本的に都市計画区域以外のところでは，都市的土地利用等については規制がかからない仕組み＊となっている。

　このように規制する必要のあるところに限定して都市計画区域を指定する考え方を実質指定主義というが，これは，土地所有権に対する実質的な制限を行う以上，制限を受ける地域は公益上必要不可欠である範囲に限られるべきであるとの考え方に立っているものである。このような区分をせず，行政区域の全域に対して土地利用の規制を行う考え方は行政区域主義と呼ばれることがある。

　　＊なお，都市計画法では，都市計画区域に準じて土地利用規制を行うことができる「準都市計画区域」と呼ばれている地域があるが，この点については後述する。

2 都市計画区域の指定

　都市計画区域は，「一体の都市として総合的に整備し，開発し，及び保全する必要がある区域」について都道府県が，原則として（例外的に2以上の都府県の区域にわたる場合は国土交通大臣）指定することとされている（都計法5条）。

都市計画区域は，主として利用規制を通して，都市として適切な土地利用や空間利用の実現を図るべき地域であるが，定められた土地利用を適切に実現するためにはそれを支える基盤施設が必要である。このため，都市計画区域は，都市に必要な基盤施設を計画的に整備する必要がある地域でもある。

　都市計画区域は，市又は次の要件を満たす中心市街地を含む町村の区域で，一体の都市として総合的に整備し，開発し，保全する必要がある区域に指定できる。

　　ア　人口1万人以上で商工業などの職業従事者が50％以上の町村等
　　イ　中心市街地の区域内人口が3000人以上
　　ウ　観光地
　　エ　災害復興の必要がある地域

　また，新にニュータウンとして開発し，保全する必要がある区域にも指定できる（5条2項）。

　都市計画区域の指定に必要な手続として定められているのは関係市町村と都道府県都市計画審議会の意見を聴くことであるが，都市としての土地利用規制等をかける前提となる法的行為にもかかわらず，都市計画区域の指定手続においては，指定される区域内の住民の意見を聴く手続はとられていない。

3　都市計画区域指定の現状

　都市計画区域として指定されているのは全国で9万9873km²である。全国土の26％，ほぼ1／4について都市として土地利用の規制がかけられていることになるが，この都市計画区域の中に，我が国人口のほぼ9割以上（91.6％）が住んでいる。

　いわゆる市街地面積（ＤＩＤ面積）は，現在，全国で1万2244km²であるから，これに比べると随分広い範囲が都市計画区域として指定されているように見えるが，都市としての土地利用の規制は，これから都市となろうとする区域にもかける必要があり，開発させないで保全する必要のある地域も，規制の対象としなければならないから，市街地面積より広範囲にならざるを得ない。

4 都市としての規制の必要性と都市計画区域のずれ

都市としての規制をかける必要がある区域を都市計画区域としている我が国の制度は、具体的にどこまでを都市計画区域の範囲とするかという問題を内蔵している。現実にも、都市計画区域の外側では、規制の緩さに乗じて開発が行われるケースが至る所で見受けられ、それが農山村の土地利用秩序を大きく混乱させている状況が見られる。

本来、都市計画区域の外側は、農林業や自然の保護といった視点から、都市計画区域より開発に関する規制が強くなければならない筈であるが、形式的には規制制度が存在していても、この区域において行われている規制実態はかなり緩いものとなっているのが現実である。その背景には、都市計画区域外においても都市的土地利用の需要が強くなりつつあることがあり、さらにはそこで行われている農林業的土地利用では生活を支えられない状況が生じているため、農林業の維持を図るための厳しい規制は、建前としてはともかく、実態的には実行され難いのである。

このような実態にかんがみれば、都市としての土地利用規制をかける必要のある区域とその必要のない区域というような単一の目的に沿ったデジタル的規制（規制するかしないか、0か1かという規制）は、必ずしも近年の地域の実態に適したものであるとは言い難く、市町村の全域を対象として、どのような土地利用や空間利用を行うことが望ましいかを定めることができる総合的土地利用計画を作成できる仕組みが必要な時期に来ていると思われる。

第2節　都市計画区域が指定されると——その1 都市計画の決定

都市計画区域が指定される目的は、一体の都市として総合的に整備し、開発し、保全することが必要な「場——ゾーン」を定めることにある。

他方、都市計画は、第2章で述べたように、

① 土地利用の用途と空間利用を計画的に規制コントロールすること
② 都市活動を支える基盤施設を計画的に整備すること

という二つを通して，都市計画区域において「健康で文化的な都市生活及び機能的な都市活動を確保」しようとするものである（都計法2条）。

都市計画区域と都市計画との関係は，このように「場」と「手段」の関係にあることから，都市計画は「原則として，都市計画区域内で定めなければならない」とされており（例外として都計法11条1項の都市施設に関する都市計画），都市計画区域が指定されると，その区域内では必要な都市計画が定められることになる。具体的には，「都市の整備，開発及び保全の方針（都市計画区域マスタープラン）」が定められた上で，必要に応じて「区域区分」や「用途地域などの地域地区」に関する都市計画等が定められることを通じて①の土地利用や空間利用のコントロールが行われることになり，またそこで行われる都市活動を支えるため②に属する「都市施設」に関する都市計画が定められることになる。これら二つの都市計画は，相互に深く関係し，バランスがとれている必要があるが，これは，都市的土地利用を行おうとしてもこれを支える基盤施設が存在しないのでは画餅となるからであり，双方がバランスのとれた形で計画的に整備されることが都市の管理において不可欠なことだからである。

第3節　都市計画区域が指定されると——その2　開発建築規制

　都市計画区域が指定されると，その区域内の土地利用のコントロールを行なうため利用計画に当たる都市計画が定められるが，その都市計画を実現するため，都市計画区域内では開発行為や建築行為に対する規制が行われる。

1　開発行為の制限

　都市計画区域内では，開発行為を行うことが制限され，原則として都道府県知事の許可が必要となり，その許可制度において開発行為が一定の水準，要件を備えているかどうかがチェックされる形となっている（都計法第3章第1節）。

　「開発行為」というのは，法律上は「主として建築物の建築又は特定工作物の建設の用に供する目的で行う土地の区画形質の変更」（都計法

4条12項）とされているが，実態的には建物などの敷地にするために宅地造成を行うことである。つまり，農地，山林，原野などを造成・整備して，宅地に変える「都市的土地利用への転換行為」である。

この利用転換行為については，このような都市側からのチェックだけでなく，その場所が農林業の視点から重要な意味のあるところでは，農業・林業側からも規制が行われている。例えば，農地の転用許可などであるが，農業側からは，農地が無秩序に減少して，優良農業に支障が出ないかどうかといったような視点から規制が行われるのに対し（農地法4条，5条の規制），都市側からは，都市基盤施設を備えた良好な宅地が確保されるかどうかという視点からの規制が行われ，両者は規制の目的を異にするものである。

2 建築行為の制限

都市計画区域内では，原則として，その土地の上で行われる建築行為に対しても規制がかけられており，建物の用途や形が法令に適合しているかどうかがチェックされる形となっている（「建築確認」建基法6条）。

> **参考** 〈単体規制と集団規制〉
>
> 建築行為に対しては，二つの方向からの規制が行われている。
>
> 第一は，建物の安全等の確保を図る視点からの規制である。これは「単体規制」と呼ばれるが，その建物がどこにあろうと遵守する必要があるため，都市計画区域の内外を問わず，適用される。
>
> 第二は，都市内で行われる建築に対して土地利用・空間利用の秩序を維持する視点から行われる規制である。限られた地域の中で密度の高い土地利用が行われる都市では，ある土地利用がその周辺の土地利用に影響を与えざるを得ないため，これを適切にコントロールする必要があり，このため，都市計画区域内では，集団の中の一員として，守らなければならない土地利用ルールが定められている。土地の上に建てることができる建物の用途や建物の高さなどを定めた規制は「集団規制」と呼ばれるが，都市計画区域が指定されると建築行為に対してこの集団規制が適用されることになっている（建基法第3章）。

第4節　都市計画区域制度の問題点

　現在の都市計画区域制度は，既に述べたもののほかにも，次のような問題を有している。

1　どこまでを都市と考えるか

　第一の問題は，その指定範囲に関するものである。つまりどこまでが「一体の都市として整備，開発，保全する必要がある区域か」という点である。法が定める基準は，抽象的で，必ずしも明確でない面があるため，実質上，具体的にどこまでを都市計画区域として指定すべきかについて，揺れが生じているところがある。

　都市計画区域の果たす役割を，主として都市としての適切な土地利用を実現するという視点から見た場合，都市計画区域として指定すべき範囲は「都市としての土地利用規制を行う必要のある地域」ということになる。この場合，都市計画区域は，「規制をかけてまで土地利用をコントロールする必要があるかどうか」という目的に照らして，その範囲を画すべきであるということになる。

　しかし，一方，都市計画区域が指定され，良好な都市を築き上げるため土地利用の規制を行う以上，土地利用を支えるに必要な都市基盤施設の計画的整備を行うことは不可欠なことであると考えられる。都市計画区域内では都市基盤施設の整備を計画的に行っていくことが強く要請される。そうすると，現実には，基盤施設の整備がとてもできないような範囲まで，都市計画区域を指定することは難しいという状況が生じてくる。

　近年，自動車交通の発展と道路事情の改善に伴って，日常生活圏は飛躍的に拡大し，従来の都市の範囲を大きく超えて，秩序ある土地利用を維持するために規制を行う必要のある地域が著しく拡大した。他方で，近年財政状況の硬直化が進み，基盤施設整備を計画的に行うための費用の確保は益々困難になり，都市計画区域として指定すべき範囲が拡大しても，それに対応して都市計画区域を拡大することが従来より一層難しくなっている。かくして，土地利用規制の必要のある区域と実際に規制

が実施されている区域との間に，大きな差が生じてくることになった。

この差に当たる地域では，規制の必要があるにもかかわらず，都市計画区域が指定されておらず，各地で都市的な活動が無秩序に展開されるという状況になっている。優良な農地や優れた自然の秩序の中に突然リゾートホテルや大規模ショッピングセンターが出現したり，廃棄物の処理施設が立地したりする例は枚挙に暇がない。

この問題は，第1節－4で指摘した都市計画区域の外側の規制の緩さとも関係し，我が国の都市の外延部の土地利用のコントロールの上で大きな問題となっている。

都市計画区域という形で，都市的コントロールを行うところとそうでないところを整然と区分する方法には，都市基盤施設の整備をどれだけ行えるかという財政上の問題が常につきまとう。

2 準都市計画区域による対処の限界

上記のような事態に対処するため，平成12年都市計画法改正で「準都市計画区域制度」が整備された。準都市計画区域は，都市計画区域の外側の地域で，放置していれば，都市的な土地利用が進行し，無秩序な土地利用が生じてしまうおそれのあるところに指定されるものであり（都計法5条の2），無秩序な土地利用のコントロールに必要な用途地域などの土地利用規制，開発規制，建築規制を課すことのできる区域である（都計法8条2項，29条，建基法6条等）。

準都市計画区域が都市計画区域と決定的に違う点は，土地利用の規制はできるものの，都市基盤施設の整備は行わないという点にある。これは，近い将来，都市になる可能性が少ないため，とりあえず，問題となっている土地利用の規制だけ行っておいて，基盤施設の整備はしないという考え方に立っているものである。

しかし，この制度は，行政側にとっては大変都合の良いものであるが，指定される地域の側に立って見れば，規制のみが強化されるというデメリットが目立ち，現在までのところ，指定が行われた実績は少ない。このため，平成18年都市計画法改正で準都市計画区域の指定権者を市町村から都道府県に変更したが，実質的に見て，余程地域の側が，現在生じ

つつある土地利用に問題があると考えない限り，今後も指定される例は少ないのではないかと思われる。

> **参考** 〈指定実績〉
>
> | 群馬県前橋市 | 宮城準都市計画区域 | 約142ヘクタール |
> | 熊本県玉東町 | 玉東準都市計画区域 | 約7ヘクタール |
> | 静岡県牧之原市 | 榛南広域準都市計画区域 | 約31.1ヘクタール |
> | 青森県青森市 | 青森準都市計画区域 | 約83ヘクタール |

(平成21年3月31日現在)

繰り返しになるが，本来，この（都市としての規制の必要性と現実の都市計画のずれの）問題については，都市側から問題解決を図るだけでは限界がある。このような事態が生じているのは，実際に行われている規制が，都市の適切な土地利用，農村地域の適切な土地利用といったように，省庁縦割りで，それぞれ単一の目的を達成するために，必要最小限の規制を行っていることに起因していると考えられる。

今日，都市とそれ以外のところとの境界は不明確になってきており，農村地域でも都市的な土地利用が入り込んでいて，これをコントロールする必要性が高くなっている。このため，市町村の全域を規制の対象とする必要がでてきており，国土全域にわたって，それぞれの地域が適切な土地利用が実現できるような総合的視点からの，土地利用規制制度を整備する必要があることについては既に述べたところである。参考第1節−4

なお，理想的な姿としては，全ての土地利用を地域のコントロールの下に置き（許可制），地域にとって必要かつ適切な場合に限って，その禁止を解除するような仕組みが提案されることがあるが，現実には，このような「開発（建築）自由の原則」から「計画なければ開発（建築）なしの原則への転換」は，我が国の土地所有者等にとって直ちに受け容れられるものとは考えにくく，とりあえずは都市計画区域（その名称が適切かどうかはさておき）を行政区域全域に拡大することが必要であると考える。

3　都市の範囲を定めるのに地域の意向を反映できるか

　第二の問題点は，都市計画区域の指定手続に関するものである。都市計画区域が指定されると，その後に様々な土地利用に関する規制が働く仕組みが予定されている。しかし，前述したように，都市計画区域の指定手続は，都道府県が，市町村の意見を聴いて，都市計画審議会に諮って，指定することになっており，地域住民の総意を反映する手続は存在しないし，住民を代表する形の地方議会が関与する形にもなっていない。都市計画の決定の場合は，十分であるかどうかはともかく，住民の意見書の提出に関する規定が置かれているが，これは都市計画が直接住民等の活動に影響を与える可能性があることによるものである。これに対して，都市計画区域の場合にこのような手続がおかれていないのは，その影響が間接的であること（具体的な都市計画が定められて初めて規制が行われる形となっていること）によるものと考えられる。しかし，都市計画区域の指定の有無により，現実に地域の空間秩序に大きな影響が生じる可能性が高い以上，その指定に地域の意向を反映させる必要があることは多言を要しない。また，都市計画区域の指定のプロセスなどに重大な違法がある場合でも，指定の時点でこれを抗告訴訟で争う途は閉ざされている。この点からも，その指定手続において地域の意向を反映する必要は高いと考えられる。

第4章　都市計画のマスタープラン

第1節　都市計画のマスタープラン

1　マスタープランの必要性

第2章で述べたように，都市計画には様々な種類があり，いずれも「健康で文化的な都市生活及び機能的な都市活動」を確保し，「都市の健全な発展と秩序ある整備」を図ることを目的として必要なものが定められる仕組みとなっている。実際，各都市が直面している課題には多様なものがあり，また各都市が目指す将来像も異なっているため，具体の都市においてどのような都市計画を定めるべきかは，その都市にどのような課題があり，どのような将来像を目指すのかにかかっていると言える。

このため，

i　その都市の現状と課題を正確に把握し，その将来を的確に見通した上で──（長期展望の必要性）

ii　その都市のあるべき姿について市民のコンセンサスを確立し──（合意形成の必要性）

iii　その実現を目指して整合性のとれた形で都市計画を定める──（総合性・整合性の確保の必要性）

ことが的確に行われているかどうかが都市計画の策定上大変重要な意味を持つことになる。

「都市計画のマスタープラン」は，そのような大変重要な機能を果たす上で必要不可欠なものとして定められるものである。

元々都市計画は，その実現にかなりの時間を要するものであり，都市全体を視野に入れて，様々な社会事象を考慮し，直近の必要性のみならず将来を見通して長期的な視点で定める必要があることはいうまでもない。

また，個々の都市計画それぞれが，将来のあるべき都市の姿を着実に実現するために，適切に組み合わされ，全体として整合性がとれた形で

定められることも必要不可欠なことである。

　さらに，住民をはじめとする都市の各構成員が街づくりの主役として登場する機会が増加している今日では，どのような都市をどのような方針の下に実現しようとしているのかという点について住民等が理解し，都市づくりの方向性についての地域の合意形成がなされ，個々の都市計画の必要性についての理解が深まることも重要な意味を持ってきている。

　都市計画のマスタープランは，都市のマネージメントを行う上でなくてはならないものである。

2　一層制都市計画から二層制都市計画へ

　1968年新都市計画法がスタートした際，我が国の都市計画制度においては，線引き（市街化区域・市街化調整区域に関する区域区分）がされた都市計画区域について「整備，開発又は保全の方針」を定めることとされたが，これは，市街化区域・市街化調整区域の整備，開発又は保全をどのようにするかという方針を定めるものであり，線引きがされていない都市計画区域には適用がなく，その記述内容についても，大体どの地域でも類似したものが定められ，形式的にはともかく実質的には，いわゆる都市計画のマスタープランとしての機能を果たしているとは言い難いものであった。

　その後，1992年の都市計画法改正で，市町村が定める都市計画に関する基本的な方針（「市町村マスタープラン」）が制度化され，続いて，2000年都市計画法改正で，それまで線引き都市計画区域に適用されていた旧「整備，開発又は保全の方針」に代えて，新たに「整備，開発及び保全の方針」（「都市計画区域マスタープラン」）の策定が全ての都市計画区域について義務付けられるに至った。

　前者の市町村マスタープランは，その市町村の将来像を明らかにすることにより，市町村が定める個々の都市計画がその将来像に対してどのような意味を持ち，どのような役割を果たすかを市民に理解してもらうことを目的として制度化されたものである。

　また，後者の都市計画区域マスタープランは，それまで実質的に「マスタープランなしの都市計画」，つまり個々の都市計画がどのような都

市を目指すのかを明確にしないまま定められるという「一層制都市計画」であった我が国の都市計画制度に，初めてマスタープランの下での都市計画という実質的な「二層制」都市計画制度を導入しようとするものであった。この制度により，どのような都市を目指すのかという目標が明らかにされるようになり，地域が直面している課題に応じて，的確かつ総合的に都市計画を活用できる仕組みとなったと言える。

　我が国において，長くマスタープランが存在しなかった理由は必ずしも明らかではないが，おそらく，我が国の社会変化が激しかったため都市の将来像を明らかにすることが難しかったことや将来像に関して社会的なコンセンサスが得られなかったことなどが背景にあったものと推察される。

3　都市計画法上のマスタープラン

上記の通り「都市計画のマスタープラン」は，長期的な視点に立って都市の将来像を明らかにし，その将来像を実現する上で必要な個々の都市計画を全体の中で的確に位置付けるものとして作成される。

　都市計画法上，都市計画のマスタープランに当たるものには，次の二つの制度がある。
　① 都道府県が都市計画区域ごとに定める「整備，開発及び保全の方針」——都市計画区域マスタープラン
　② 市町村が定める「都市計画に関する基本的な方針」——市町村マスタープラン

第2節　整備，開発及び保全の方針
　　　　　——都市計画区域マスタープラン

1　都市計画区域マスタープランの目的と内容

　これは，都市計画法第6条の2の規定に基づき，都道府県が都市計画として作成するもので，都市計画区域ごとに定めることとされている「整備，開発及び保全の方針」である（「都市計画区域マスタープラン」と呼ばれる）。

33

第2部　都市計画規制

　法がこの都市計画区域マスタープランの内容として定める必要があるとしている事項は次の通りである（6条の2第2項）。
　　ⅰ　都市計画の目標（都市づくりの基本理念，地域ごとの市街地像，社会的課題に対する都市計画としての対応等）
　　ⅱ　区域区分（線引き）をするかどうか，区域区分を行う場合にはその方針（人口・産業の規模，市街化区域の規模等）
　　ⅲ　土地利用，都市施設の整備及び市街地開発事業に関する主要な都市計画の決定の方針
　この「整備，開発及び保全の方針」は，個々の都市計画を定めるに当たってのマスタープランとして，その都市計画区域が，「どのような社会的課題に直面」しており，それに都市計画が「どのような形で対応」し，「どのような街づくりをするか」を明らかにするという役割を担っている。
　このため，このマスタープランには，次のような事柄が記述される必要があると考えらる。
　①　各種の社会的課題への都市計画としての対応についての考え方を記述する
　②　概ね20年後の状況を展望した上で（その都市計画区域の人口・産業の現状と将来見通しを考慮），長期的視点に立った都市の将来像を明示する
　③　その将来像の実現に向けての道筋を明らかにする
　④　個々の都市計画が，その将来像の実現のためどのような役割を果たしているかを位置付ける（主要な土地利用，都市施設等について，将来の概ねの配置，規模などを示す）
　⑤　広域的視点から，必要に応じ，隣近接する他の都市計画区域の状況や都市計画区域外の状況を勘案して方針を定める
　この視点に立てば，法が定める必要記載事項のうち，ⅰが最も重要なものであり，ⅱ及びⅲはⅰの必然的な帰結として定められるものであることが分かる。

2　都市計画区域マスタープランの効果

都市計画区域マスタープランは都市計画として定められるが，通常の都市計画とは異なり，その内容は直接私権を制限するものではなく，非拘束的な性格のものである。しかし，この整備，開発及び保全の方針が定められると，その都市計画区域に係る全ての都市計画は，この方針に則して定めなければならないとされ（6条の2第3項），個々に定められる都市計画を拘束するほか，後述する市町村マスタープランに対しても同様の拘束力が及ぶ（18条の2第1項）。

3　都市計画区域マスタープランの策定手続

　都市計画区域マスタープランも都市計画の1種とされているので，通常の都市計画同様の策定手続を経て定められる（15条～18条）。

　ただ，マスタープランが，「住民と都市の将来像を共有し」，「個々の都市計画が果たす役割を示す」手段であることにかんがみると，その策定に当たって，広くかつ丁寧な形で合意形成を得るためのプロセスを踏むことが不可欠であり，特に十分に住民の意見を反映させる必要性が高い。

　このため，多くの都道府県の場合，その策定過程で様々な手段が用いられ，時間をかけて調整が行われているが，後述する市町村マスタープランのように，法律上特別の規定が置かれていないこともあり，旧来の都市計画の縦覧・意見聴取手続と余り変わらないものとなっているところもないわけではない。県庁内部での調整，国の機関との調整に時間をかけ，住民等からの意見については言いっぱなし，聞きっぱなしの形式的な公聴会の開催や，行政側からの一方的な説明しか行われない短時間の説明会等，形式的な手続を踏んではいるものの，実質的には本制度の趣旨目的から外れているものも現状では散見されるようである。しかし，これは都市計画区域マスタープラン制度の法的整備からその実施までの時間的不足によることも考えられ，今後次第に改善されていくことが期待される。

第2部　都市計画規制

4　都市計画区域マスタープランの課題

2000年の法改正を受けて作成された都市計画区域マスタープランについての総括的評価はまだ確立しているわけではないが，幾つかの例を見る限りでは改善の余地がある点が見られる。

例えば，記述内容の質はともかく，大都市部の都市計画区域マスタープランでは詳細にわたる記述が行われ，大部のものとなっているケースがあるが，これらの中には市民が読むことを想定していないのではないかと考えられるものも見られる。大都市部の都市計画区域マスタープランの場合，可能な限り地区別に区分した形での記述を行ったり，課題別記述を行う等の工夫が行われないと，市民を惹きつけ，その理解を得ることは難しい。

また，地方部の都市計画区域マスタープランに見られるものとして，旧整備，開発又は保全の方針の場合に比べて記述量が増加しているだけで，課題意識や都市計画に対する姿勢が余り変わらず，どのような都市を目指すのかという点が明確になっていないものも見受けられる。

例えば，都市が直面している課題として，都市計画区域内人口の減少，中心市街地の著しい衰退，周辺郊外地の拡大等を挙げていながら，その後に続く将来人口の見通しでは推計人口が増加していたりするものがあり，郊外商業拠点の整備等が挙げていたりするものがある。なかには，郊外において区画整理事業を実施することにより無秩序な市街地の拡大のおそれがないとして区域区分の必要性を否定したりしている例も見られるなど，その都市が直面している課題に対して都市計画がどのような機能を果たしていくのかが理解しがたいものもあり，従来都市計画部局単独で作成されていたものと変わらないものが散見される。

何よりも，書かれている記述からその都市の将来のあるべき姿がイメージできないものが見られる点は，今後の都市計画区域マスタープランの最も大きな課題である。都市が直面している課題に対してどのように対応していくのか，都市計画がどのような貢献をするのか，などが記述からは余りよく見えてこないものが多い。

このような都市計画区域マスタープランでは，個々の都市計画を定め

るに当たっての策定指針とはなっても，これを市民と共有することは困難ではないかと思われる。特に，記述が行政内部向けのものとなっていることに加えて，基幹道路や主要な開発プロジェクトのみが図示され，相変わらず，成長期の都市のイメージに立っているのではないかという印象があるものも多い。

　これらの点については，作成期限との関係で十分な検討時間がなかったことも指摘されており，今後の充実改善が必要であろう。

第3節　市町村が定める都市計画に関する基本的な方針
── 市町村マスタープラン

　もう一つの都市計画のマスタープランが，市町村が定める都市計画に関する基本的な方針である（「市町村マスタープラン」と呼ばれる。18条の2）。

1　制度の背景と目的　この制度創設の背景には，成熟期に入った我が国の都市において，それまでの画一的な街づくりから，各都市のそれぞれの特色を活かし，市民の意向を反映した形で，良好な都市生活空間の形成・充実を図っていくことが次第に重要視されてきたという状況がある。

　このような状況下においては，都市計画に対する市民の理解と支持が不可欠である。この制度は，市町村の将来像を明らかにすることを通じて，市町村が定める都市計画が市町村の将来像に対してどのような意味を持ち，どのような役割を果たすかを市民に理解してもらうことを目的として制度化されたものである。

2　内容　市町村マスタープランに何を定めるかについては法定されていないが，都道府県が定める都市計画区域マスタープランが，都市計画区域全域を対象として一市町村の区域を超える広域的，根幹的な都市計画（例えば，線引き，幹線道路等広域的根幹的都市計画）の基本的な方針を定めるのに対して，市町村マスタープランは，地域に密着した

視点から，自らの市町村の区域内の都市計画の方針を定めるという関係にある。

このため，市町村マスタープランの典型的な内容としては，①街づくりの理念・姿勢，②街づくりの目標，③市町村のレベルにおける都市の将来像，④将来像を実現するために必要な市町村都市計画の方針等が，全体構想，地域別・部門別構想の形で明示されていることが多い。

将来像は，都市計画区域マスタープラン同様，概ね20年後を見通し，具体の都市計画の方針については概ね10年程度を目標年次として定められる。

都市計画を住民に身近で重要なものとして認識してもらうためには，市町村マスタープランは，できるだけ住民の生活圏単位で地域別構想を明らかにするべきであり，住民の問題意識に沿って課題別構想の形で示すことも重要である。

3　市町村マスタープランの効果

市町村マスタープランは，都市計画区域マスタープランと異なり，都市計画として定められる形とはなっていない。

その目的が都市計画区域マスタープランとほぼ同様であるにもかかわらず，都市計画として定める形をとらなかった理由は，必ずしも明らかではないが，市町村マスタープランの場合，都市計画として定める都市計画区域マスタープランと比較して自由度が高いことに特色が見られる。実際策定されている市町村マスタープランには都市計画区域以外の地域を含む市町村の行政区域を対象にしている場合も見られるとともに，都市計画に限らず街づくり全般に関連する方針を定めるなど柔軟なものとなっているものもある。これは，都市計画として定めることとされていないことと無関係ではないと考えられる。また，都市計画区域のところで述べたように，都市地域と農村地域を従来のように峻別して捉えるのではなく，一体のものとして考えていく方が市町村の都市行政としては現実的で，意味があるという認識が生じていることも影響しているのではないかと考えられる。

市町村マスタープランも，都市計画区域マスタープランと同様，直接

私権を制限しない非拘束的な性格を有するものであるが，市町村が定める個々の都市計画はこのマスタープランに即したものでなければならないとされている（18条の2第4項）。

なお，市町村マスタープランは，都市計画区域マスタープランに即していることが要求されることについては前述したとおりである。

4 市町村マスタープランの策定手続

市町村マスタープランは，都市計画ではないため，都市計画としての決定手続を経る必要はないが，その策定に当たっては，住民の意見を反映させるために必要な措置を講じなければならないとされている（18条の2第2項）。

住民の意見を反映させるための方法としては，様々な試みが行われている[1]。よく使われるアンケート調査による意見把握から，住民説明会の開催，公聴会の開催，シンポジウムの開催，原案策定の委員会への住民の参加，ワークショップの実施，パブリック・インボルブメントの実施，さらには稀にではあるが，住民による原案作成も行われている。

このような住民の意見を実質的に反映しうる試みは，都市計画を生活に身近なものに近づける上で大きな意味があると考えられる。

5 市町村マスタープランの課題

市町村マスタープランは，住民が，都市に関する身の回り領域について，どのような課題があり，どのような街づくりをしていく必要があるかを認識し，都市計画について理解するための最も身近な手段であると言える。このため，その作成に当たっては早い段階からの住民の参加が必要であるし，その内容については，住民誰もが理解でき，意見を言うことができ，納得できる，わかりやすいものでなければならない。

① まず，その策定プロセスについては，住民に対して単に参加を呼びかけるだけではなく，その都市が直面している状況に関する十分な情報を行政が積極的に提供・開示することが必要である。

② また，原案の段階から住民の意見を実質的に取り込むことができ

---

[1] 建設省「市町村マスタープランの策定状況等に関するアンケート調査報告」1998年

る応答式の検討方式や，様々な立場に属する各層・各分野の住民からの意見を反映できるきめの細かい参加の仕組みを設ける必要がある。行政内部で案が固まり，調整を終えてからの住民意見の聴取は余り意味がない。

③ その内容については，住民に身近な具体的な問題をテーマに掲げた課題別の記述とすることが適切であり，防災・防犯，高齢者・障害者・子供，景観，農地・緑地，歩行者・自転車・通過交通，中心商店街・郊外商業のあり方，農山村部の暮らしと交通といった地域の様々な問題に対して，都市計画としてどのように取り組むかをわかりやすく示す必要がある。

④ 都市計画区域マスタープランの場合には広域的視点に立った勘案の必要性（隣接接する他の都市計画区域との関係や都市計画区域外との関係など）があったが，市町村マスタープランの場合も同様であり，特に都市計画区域外の区域について，どのような範囲まで記述するかという点については，都市計画に関係する部分がある限り，積極的にマスタープランの対象としていくべきものと考える。

⑤ 市町村マスタープランについては，作成後のフォローもまた極めて重要であると考える。市町村を巡る様々な環境の変化に対応してマスタープランそのものを見直し，常に住民の課題意識とともにある形をとることが必要である。このマスタープランについては，これを都市をマネージする上での生きた指針として活用することが重要であり，このため，一定期間ごとに定期的な見直しを実施することができるよう，その評価を実施するための必要な体制を構築する必要がある。

● 第2編 ●
土地利用のコントロール

第5章　区域区分に関する都市計画
──線引き

第1節　線引き制度整備の背景事情と線引き制度の誕生

　我が国では，昭和30年（1955）代からおよそ20年間ほどにわたり高い経済成長が続いたが，この間，我が国の産業構造は急速に変化し，第二次，第三次産業が急成長し，第一次産業のウェイトは著しい低下をみせた。この結果，主として若年人口を中心に農村部から大量の人口流出が生じ，その殆どが都市部に激しい勢いで流入した。昭和35年から昭和45年にかけての10年間で，都市の市街地人口（人口集中地区人口）は約1500万人増加し，都市の市街地は，急激に広がっていった。

1　無秩序で劣悪な市街化の進行

　当時は，宅地開発に対して現在のような規制がなかったため，たまたま売却された農地や山林原野が宅地にされ，家が建つというような状況で市街化が進行した。田畑の畦道に沿って小規模な住宅地がばらまかれたような形で進行した開発は，まるで虫が木の葉を食べたような形に例えられ，「スプロール」と呼ばれたが，満足な道路すらない宅地が市街地郊外に急激に拡大していった。
　地方公共団体は，急速に進行するこれら開発に対して，後追い的に，道路の整備，小中学校や病院等の施設の建設なども行わなければならず，市街地化に伴い雨水の流出量が増えた結果，氾濫浸水を繰り返す河川の改修等にも対応を余儀なくされた。こうした開発を後追いする形の公共施設・公益施設の整備には，莫大な費用と膨大な時間が必要であったが，当時の公共投資は，産業基盤施設の整備に重点が置かれていたこともあり，このような市街地の拡大に十分な対応ができず，膨大な面積の基盤施設が不足した劣悪な市街地が形成されていった。この時代に形成され

た市街地は，現在でも再整備を必要とするところが多い。道路は，今でも幅員が4メートルにも満たない曲がりくねったものとなっていて，火災の際に消防車も入れない状況となっているところが見られる。

2 線引き制度の誕生
——昭和43年都市計画法抜本改正

このような状況が全国的に見られるようになるに至って，昭和43年（1968）都市計画法の全面改正が行われたが，その最大の目的は「無秩序に拡大する市街地をコントロールすること」に置かれていたと言える。そして，その目的を実現するために導入されたのが，「線引き制度と開発許可制度」である。

線引き制度の目的は，主として「無秩序に拡散する市街地を一定の範囲に止め」「効率的な公共施設の整備を可能にする」ことにあり，都市計画区域を，向こう10年間に市街地化を認めるゾーンと市街地化を抑制するゾーンに区分し，拡大を続ける市街地に歯止めをかけ，市街地化を認めるゾーンに都市基盤施設の整備を集中させることにより効率的な整備を行うことを目指すものであった。

開発許可制度は，英国の開発許可制度を参考に整備されたのであるが，我が国の開発許可制度は，線引き制度を実現する手段としての役割に主眼が置かれていたため，英国のそれとは基本的に大きな差が認められ，その適用地域は限られており，開発行為として規制される行為も限定的であり，地域の既存の土地利用との調整も射程の圏外とされていた。このため，この許可制度は，拡大する都市の抑制には効果があったものの，開発が行われる場合に周辺に及ぼす影響を調整するという役割を果たすことはできなかった。

第2節 線引き制度（区域区分に関する都市計画）の概要

線引き制度は，都市に集中する人口・産業によって生じる土地への需要を都市全体に拡散させず，一定の区域に留め，効率的な都市基盤整備を行うことを目的とする都市計画であるが，その姿は，1本の線で都市計画区域を二つの区域（市街化を認める「市街化区域」と市街化を抑制す

第2部　都市計画規制

図：区域区分と都市計画区域等

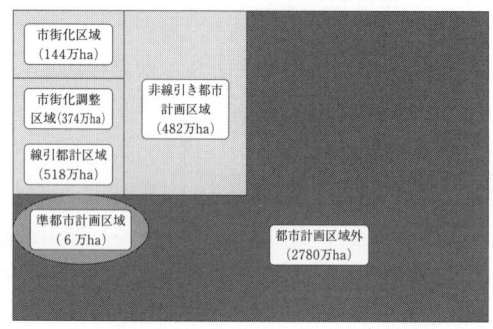

市街化区域（144万ha）
市街化調整区域（374万ha）
線引都計区域（518万ha）
非線引き都市計画区域（482万ha）
準都市計画区域（6万ha）
都市計画区域外（2780万ha）

(H.20.3.31)

る「市街化調整区域」）に分ける形をとっていることから，通称「線引き」と呼ばれている。

1　市街化区域と市街化調整区域はどのように区分されるのか

都市計画区域のうち「市街化区域」は，

①「既に市街地を形成している区域」と
②「おおむね10年以内に優先的かつ計画的に市街化を図るべき区域」

とされ，

　良好な開発を認めて，優先的・計画的に良好な市街地化を進める区域とされる。

　他方，市街化区域から外れる都市計画区域は「市街化調整区域」と呼ばれ，「市街化を抑制すべき区域」として位置づけられている。（都計法7条2項，3項）

　市街化区域のうち「既に市街地を形成している区域」は，「国勢調査の人口集中地区（ＤＩＤ）とこれに接続する現に市街化しつつある区域」とされ，これに今後概ね10年に増加する人口等を踏まえて必要となる土地の需要を満たすことのできるよう，近隣接する区域から必要かつ適切な区域が市街化区域の範囲に定められる形となっている。

　例えば，土地区画整理事業の実施が予定される地区や民間の開発などが行われるのに相応しい地区が市街化区域に含まれ，「優良な集団農

地」や「優れた自然が残されている土地」，或いは「溢水等の災害の危険のある土地」などは，市街化区域から除外されることとなっている。

現在，線引きが行われている都市計画区域は5万1791km²，うち市街化区域は1万4390km²，市街化調整区域は3万7401km²となっている（平成20年3月31日現在）。

> **参考** 〈宅地審議会第6次答申〉
>
> 線引き制度の前提となった宅地審議会第6次答申[1]では，今日の制度とは異なり，都市計画区域をi．既成市街地，ii．市街化地域，iii．市街化調整地域，iv．保存地域の4つの地域に区分すべきであるとしていた。iとiiが区分されずに現在の市街化区域とされた背景には，農地の転用規制が両地域ともに撤廃されることとなったため区分の実益と必然性がなくなったためと言われている。また，iiiとivが区分されずに市街化調整区域とされた背景には，強い右肩上がりの環境下において現状の凍結につながる保存地域に関する線引きを強行すれば，この制度自体が実現しない恐れが強かったことが伝えられている。表向きには，区分を行わなくとも都市計画区域の整備，開発，保全の方針の運用によって対応できる旨説明されたが，実際に対応できなかったことはその後の状況を見れば明白である。

2　線引き制度が適用されるのはどのような都市計画区域か

(ア)　線引き制度は，制度創設当初全ての都市について適用されるように考えられていたが，スプロール防止という制度創設の趣旨にかんがみ，都市計画法本法の附則で，当分の間，人口・産業の集中現象が見られる都市に適用が限定されていた。実際には，大都市とその周辺，人口規模が10万人以上の都市などが線引きの対象とされ，この結果，面積にして都市計画区域の約半分が線引きの対象となっていた。

(イ)　昭和50年代に入ると，我が国は安定成長時代を迎え，都市への集中は次第に沈静化し，依然として集中現象が見られるのは，大都市周辺に限られるようになってきた。さらに，平成バブルの崩壊後は，多くの地方都市で人口の減少，都市の衰退が見られるようになってきた。地方

---

1)　「都市地域における土地利用の合理化を図るための対策に関する答申」（昭和42年3月24日（建設省宅地審発第13号））

都市では，モータリゼーションの進展に伴い，都市から相当離れている場所でも比較的短時間で都市中心部との連絡が可能になった結果，市街化が抑制されている市街化調整区域のさらに外側にあたる都市計画区域外に開発が及ぶに至って，線引き制度，特に市街化調整区域は地方都市の発展に障害になっているという声が地方都市から主張されるようになってきた。

このような声に押された形で平成12年（2000）都市計画法改正が行われ，現在でも都市への集中が続いている大都市周辺を除き[2]，線引き制度を適用するかどうかは，原則として，それぞれの都市計画区域ごとに判断すべきということになった。

私見であるが，上記のような視点から線引きを撤廃することは，今後地方都市のマネージメントを考慮すると全く逆効果であると思われる。現在，人口が減少しているにもかかわらず市街地の拡大が止まらない地方都市で重要なのは，コンパクトな都市構造を目指すことであって，中心市街地の活性化を中心として，都市の外側への拡大を厳しく抑制することこそが都市の衰退を止める方法であり，人口減少下においても市街地拡大の防止策として線引き制度は活用されるべきものと考えている。

第3節　線引きの効果

線引きが行われると，次のような効果が生じる。

市街化が予定される「市街化区域」では，計画的・優先的に良好な市街化が進められるよう次のような措置が講じられる。

i 　土地利用と空間利用の適切なコントロールを行うため，用途地域が定められる。

ii 　市街地に必要な道路，公園，下水道の計画が定められる（市街化調整区域以外の都市計画区域）。また，住居系の用途地域では，義務教育施設の計画が定められる。

---

[2]　首都圏の既成市街地・近郊整備地帯，近畿圏の既成都市区域・近郊整備区域，中部圏の都市整備区域に係る都市計画区域，それに政令指定都市の都市計画区域については，線引きが義務付けられている。

iii 既成市街地の再編のため、再開発が必要な地区についての整備方針が定められる。
iv 市街地開発事業が行われる地区が定められる。
v 原則として、1000㎡以上（三大都市圏の既成市街地等では500㎡）の開発行為は許可を受けなければならない。
vi 農地法制度において、農地転用は届出で済み、許可を受けることを要しない。

一方、当面市街化が抑制される「市街化調整区域」では、
i 原則として用途地域は定められない。
ii 市街化を前提とした都市施設の整備は行われない。
iii 開発行為が原則として禁止される。

第4節　線引き制度と開発許可

　線引き制度を実質的に実現する手段として設けられているのが「開発許可」制度である（開発許可制度の詳細については第17章を参照のこと）。
　開発許可制度は、「開発行為」をコントロールすることによって、
① 市街地のスプロールを防止し、
② 市街地の整備水準を維持する、
という二つの目的を果たそうとするものである。すなわち、
①-ii 市街化調整区域では原則として開発行為に許可を与えないことによって、市街地が無秩序に拡大することを防止し、
②-ii 市街化区域など開発行為が許されるところでは、一定の水準を備えていない開発行為に許可を与えないことによって、劣悪な市街地の形成を防止する
というものである。

> **参考**　〈開発許可制度の与えた負の影響〉
> 　我が国の開発許可制度においては、拡大する市街地のコントロールに重点が置かれ、既存の土地利用秩序との調整の視点は軽視されてきたと言える。例えば、建築物等の敷地の用に供される開発以外の開発は規制の対象から外されており、また、小規模な開発についても規制の対象から外され

第2部　都市計画規制

> ている。この結果，開発規制の網から外れた形で多くの開発行為が行われることとなった。このことが我が国の市街地形成に与えた負の影響は計り知れず，良好な市街地の形成に多くの影を落としているが，この点については，第17章で触れる。

第5節　非線引き都市計画区域

　中心となる市街地に人口の集中が見られないため，線引きをしてまで市街地の無秩序な拡大を防止する必要がない都市計画区域については，従来から線引きが行われていなかったが，これに加えて，平成12年改正によって，線引き制度の適用が自由化された結果，市街化区域・市街化調整区域制度の適用を止めるに至る都市計画区域が生じることとなった。これら両方をあわせて，線引きが行われていない都市計画区域は「非線引き都市計画区域」と呼ばれている。平成18年度末現在，非線引き都市計画区域面積は，全国で4万8217km²となっている。

　非線引き都市計画区域については，無秩序な開発を規制する必要はなくても，既成市街地とその周辺で行われる都市的土地利用のコントロールを行う必要はある。このため，非線引き都市計画区域においても，土地利用規制が必要なところでは，用途地域や道路，公園，下水道のような基本的基盤施設などが都市計画で定められており，開発行為についても，規模が大きく周辺に大きな影響を与えるものに限っては，市街化抑制のために規制をするのではなく，市街地の水準を良質なものに保つために，許可の対象となっている。

　ただ，用途地域等が指定されていない区域のところでは，極めて緩やかな規制しか行われていないため，しばしば周辺の土地利用秩序と相容れない利用が行われ，問題になることが多い。用途地域が決められていない非線引き都市計画区域の部分は通称「都市計画白地区域」と呼ばれ，我が国の都市計画規制が緩い例として挙げられることが多い。平成18年度末における都市計画白地の面積は，4万4136km²と推計される。[3]

第5章　区域区分に関する都市計画（線引き）

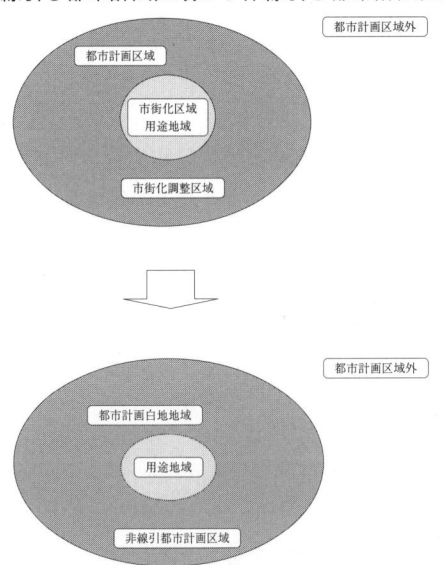

図：線引き都市計画区域から非線引き都市計画区域へ

[図：上側に「都市計画区域」の楕円の中に「市街化区域 用途地域」と「市街化調整区域」があり、外側に「都市計画区域外」。下向き矢印。下側に「非線引き都市計画区域」の楕円の中に「都市計画白地地域」と「用途地域」があり、外側に「都市計画区域外」]

> **参考**　〈近年の状況〉
>
> 　都市計画白地地域における建築規制は最近強化され，建ぺい率は30〜70％の範囲で，容積率は50〜400％の範囲（50, 80, 100, 200, 300, 400）で，（特定行政庁が）決めることができるようになった。

第6節　線引き制度が有している構造的問題点

1　市街化区域に編入される範囲

もともと線引き制度については，当初から，開発を行う民間企業や土地所有者側の意向と基盤施設の整備に責任を持つ行政側との利益が相反するという関係が存在している。すなわち，民間企業・土地所有者側は，市街化区域をできる限り広くとりたいと考えるし，行政側は，これを行財政的に可能な範囲に限定

3）　用途地域は全国で1万8448km²指定されている。うち市街化区域は1万4367km²であるので，非線引き都市計画内の用途地域は，その差である4081km²と推計される。現在非線引き都市計画区域は4万8217km²あるから，結果，都市計画白地区域はそのうちの91.5％に当たる4万4136km²であることが推計される。

したいと考える。

　このような対立的利害関係が存在することが予想される場合，本来は，これを調整するための手段が法制度の中に組み込まれていなければならない。

　線引き制度についても，宅地審議会第6次答申においては，当初「公共投資や税制などを総合的に組み合わせて対応する仕組みが必要」と考えられていたのであるが，この制度の法制化の過程においてそのような調整手段が外された結果，この制度は実施当初から行政側の受け身の形で展開せざるを得なくなる。

　その結果として，本来都市が必要とする範囲を超える量の地域が市街化区域に指定されることになり，行政側は，線引き後も，基盤施設の整備の対応に苦しむことになる。それが典型的な形で現れたのが，「市街化区域内農地の宅地並み課税問題」である。

2　市街化区域内の大量の農地の存在

　線引き制度の中で，市街化区域内の農地については，厳しい転用許可の対象から外され，いつでも宅地化することができるようになったため，この制度が検討された当初は，固定資産税の課税上，農地として評価するのではなく，宅地並みに評価して課税すべきである（宅地並み課税）と考えられていた。しかし，実際には，農業側と地方公共団体の強い反対もあって，この課税制度は実現しなかった。

　この結果，当面宅地化を考えておらず農業を続ける予定の農地までが，いつでも宅地化できるのであればということで市街化区域に編入を希望した。このため，市街化区域の中には宅地化が期待し難い大量の農地が含まれることになった。これらの農地は，以前と同じ低いコストで保有し続けることができたため，いつまでも宅地化されず，長期間農地のまま市街化区域に残存することとなり，農業を営む農家が何らかの事情で資金が必要になったときにはじめて売却されるという計画的市街化という視点からは極めて問題の大きい行動パターンが見られ，かつて都市の周辺部で見られたスプロール現象が，今度は市街化区域の中で生じるようになった。

第5章　区域区分に関する都市計画（線引き）

　また，宅地の需要に対応して設定された市街化区域の中に，宅地化されない農地が大量に存在することは，市街化区域内における宅地の需要と供給の不均衡が解消されないことに繋がり，市街化区域内の土地価格は上昇を続け，この結果市街化区域内では小規模宅地が大量に生じることになった。一見適切に指定されたように見える市街化区域は，実質的にはかなり狭いものであり，都市に集中する宅地の需要に的確に応えられなかったのである。

　当時，宅地並み課税を推進していた側に見られる主な主張[4]は，主としてこのような宅地需給の不均衡を農地の宅地化を推進することによって是正しようとするもので，宅地並み課税を実施して保有に必要なコストを増加させることを通じて農地を市場に出させようとすることをねらいとするものであったと言える。他にも課税の不均衡の是正を理由に宅地並み課税を主張するものもあった。これは，厳しい農地転用規制が課せられ農業として利用することを前提として軽課されている農地と農地の転用規制がかからずいつでも転用が自由な市街化区域内農地に課せられる固定資産税が同じというのは税の公平の観点から是正されるべきであるというものである。

　他方，農業側はむろんのこと，地方公共団体，それに意外なことに市民の間では，宅地並み課税に消極的な意見が多かったようである。宅地並み課税の実施に際して，徴収した税額を市町村が農家に還付する措置を行うなど，宅地並み課税の実施は難航し続けるのである。

　こうした中で，市街化区域内農地を保全すべきものと宅地化すべきものに区分することが必要であるとする主張が見受けられた[5]。

　この市街化区域内農地問題は，平成3年になって，三大都市圏の市街化区域内農地に対し，生産緑地か宅地並み課税対象農地かの選択を農家に迫る形で決着する。すなわち，市街化区域農地については，原則として，その市街化区域農地と状況が類似する宅地の固定資産税の課税標準とされる価格に比準する価格が課税標準とされた上で課税がなされ，生

---

[4]　華山謙「土地政策の機能と限界」日本不動産研究所『不動産研究のしおり（昭和57年8月）』
[5]　生産緑地の都市計画審議会答申

産緑地の指定を受けた区域内の農地については，農地としての課税標準が適用されることとなった6)。市街化区域内に存在する農地の中には良好な市街地環境の点から無視できないものがあり，他方，都市基盤施設の整備と無関係に農家側の事情で無計画無秩序に市街化できる仕組みは計画的市街化にとって問題であるという二つの主張を満たす形での決着であった。

第7節　市街化区域の果たしてきた役割の評価と今後の問題点

　線引き制度は，都市が無秩序に拡大することを抑制するという点では，大略その目的を達成したと考えられるが，市街化区域の中に大量の農地を抱え込まざるを得なかったこと，開発許可制度の対象が限定されたことなどが原因で，基盤施設が十分に整備された市街地を形成するという目的や都市住民に対して良好な住環境の整った広い宅地を提供するという目的の点では，大きな問題を残したと言える。

　また，都市化の圧力が減少し，良好な環境の市街地の形成が大きな課題となっている現在，市街化区域の中に存在するこの数十年に形成された劣悪な市街地を再編することが改めて大きな課題として認識されてきている。薄く広がりすぎて，満足な都市基盤施設が不足している市街化区域内を再編し，コンパクトで豊かな公共空間を持つ市街化区域をどのようにして作り出すかが今後の課題であろう。

　こうした中で，再編に必要な膨大な費用，特に都市基盤施設の整備を誰の負担で，どのように進めていけばいいのかが市街化区域内の再編を進める上で最も大きなテーマである。財政の厳しさが増している近年，都市基盤施設の整備に必要な費用を削減する一方で，民間の再生プロジェクトに都市の再生を期待し，規制緩和による優遇措置を講じて再編を進めていこうとしている傾向が見えるが，都市内の貴重な公共空間を減少させ，現存する都市基盤施設の負荷を大きくする形での再編は，普遍的な市街化区域内の再編施策とはなり得ないであろう。

---

6)　地方税法附則第19条の2，19条の3。

大量に存在する低水準の市街地の再編は，やはり多くの費用と時間を必要とするのであり，地域社会と市民が行政と時間をかけて再編の姿を決める仕組みと再編に必要とされる費用をそれぞれが負担していく仕組みの整備が必要となっている。都市住民の意向を反映させる形で良好な環境を備えた市街地を形成していくことが改めて重要さを増している。

第6章 土地利用計画1 ——用途地域制度

　都市では，限られた地域の中に様々な土地利用が集中するため，その利用秩序を維持する見地から，ⅰ．都市全体から見て最も適切な配置が実現できるよう，その用途に規制をかけることが必要であるし，ⅱ．また，個々の利用が近隣の土地利用に対して，著しい支障を生じさせないよう互いの共存のためのルールを決めることも不可欠である。我が国では，そのような土地と空間の利用のコントロールを主として都市計画に委ねており，都市計画の一つとして約20種類に及ぶ「『地域・地区』に関する都市計画」が定められている。この章では，地域地区に関する都市計画の中で最も基本的な利用規制制度である「用途地域」制度を取り上げる。

第1節　用途地域の二つの機能

　用途地域は「地域地区」に関する都市計画の一つであり，市街地或いは市街地となろうとしている地域に定められるいわゆる土地利用計画の1種である。用途地域は，
　① その土地をどのような用途に使うことができるかを定めるとともに，
　② その土地の上の空間をどの程度，どのような形で使うかを定めるという機能を果たすものである。

1　都市の土地の資源配分計画としての機能

　用途地域は，都市の中でも市街地或いは市街地となろうとしている地域の内にある限られた土地という資源を，どういう用途に配分するかという一種の「資源

配分計画」の機能を有している。市街地では，限られた土地に対して住居，商業，工業といった様々な需要が集中，競合するが，これを市場に任せて放置しておくと，相対的に経済力の強い需要が市街地の利用配分を支配し，経済力の弱い需要は適切かつ必要な場所に立地することができず，トータルとして健全で良好な都市を維持・形成することができなくなる。

　また，個々の土地利用として見た場合にも，住宅地に隣接して汚染物質を排出したり，危険物質を取り扱う工場が立地することなどの事態が生じるおそれがあるが，用途地域は，こうした事態が生じることを避け，相隣調整的機能を果たすことを期待されている制度である。

2　都市空間の管理計画としての機能

用途地域制度は「資源配分計画」としての性格を持つと同時に，その対象となっている土地の上の空間をどの程度使わせるかという「空間割当て計画」というべき性格をもっている。市街地では，建物等によって利用される空間が連続しているため，ある土地の上にどのような建物等を建てるかによっては，それが周囲の土地の利用に支障を与えるおそれがある。市街地の土地は，相互に譲り合いながら利用することが不可欠であり，この空間割当て計画ともいうべき計画は，土地の利用者が互いに大きな支障を生じさせずに利用するためのルールを明らかにしたものに他ならない。

　また，同時にそれは，ある土地の上をどの程度私的に使わせるか，逆にいえば（環境や景観などのために）公共空間としてどの程度確保するかという公私の使用区分を示すものでもある。

　すなわち，用途地域制度は，市街地の土地の上の空間をどの程度使えるかという程度と形をコントロールするための土地利用計画制度である。

第2節　用途地域にはどのような種類があるか

　「用途地域」は，第1種低層住居専用地域，第2種低層住居専用地域，第1種中高層住居専用地域，第2種中高層住居専用地域，第1種住居地域，第2種住居地域，準住居地域，近隣商業地域，商業地域，準工業地

第2部　都市計画規制

域，工業地域又は工業専用地域の12の地域を総称して呼ぶ言葉であり，商業系が2，工業系が3，住居系が7となっている（都計法8条1項1号）。

◇1　商業系用途地域は，「商業地域」と「近隣商業地域」に分かれている。

①　商業地域は，都市の中心商店街・繁華街や業務中心市街地に定められる。商業系・業務系の用途の建築物は全て認められるが，多くの人が集まる地域であるため，公害を出す工場や危険物を扱う工場等の建築が禁止される。大都市では，商業系と業務系が分離していることが多いが，その場合，二つは相当異なる様相になり，これら二つを商業地域として一纏めにして規制するのはやや無理があるので，特別用途地区（特別業務地区）が重ねて指定されることがある。現在全国で733㎢が指定されており，全用途地域の4.2%を占めている。

②　近隣商業地域は，住宅地の近隣にあって，主として日常消費する日用品の供給を行う商店などの利便を図るための地域である。商業系地域ではあるが，住居系地域の近隣にあるため，商業地域で建築できない工場等に加え，いわゆる繁華街店舗である劇場，映画館，ナイトクラブなども建築が禁止される。しかし，この地域の規制は積極規制ではなく，建てることのできない建築物が列挙されている消極規制であるため，新しく出現した新種の店舗などはしばらく規制され難いという傾向がある。現在全国で733㎢が指定されており，全用途地域の4.2%を占めている。

◇2　工業系用途地域は，「工業専用地域」「工業地域」「準工業地域」に分かれている。

①　工業専用地域は，専ら工業の利便を図るための地域であり，重化学工業等大規模工場の専用立地を図るための専用ゾーンである。臨海部の港湾ゾーンや内陸部の工業団地などに定められることが多い。この地域では，住民の安全等を確保する必要から，「住宅」や「飲食店」，「物販店舗」の建築は禁止される。結果として，工場のほかには，診

療所，風呂屋，倉庫，事務所などが認められるだけである。現在全国で1469km²が指定されており，全用途地域の8.0％を占めている。
② 工業地域では，工業専用地域ほどではないが，騒音・振動，大気や水質の汚染物質を排出する工場や危険物の生産などを行う工場が立地できることから，「ホテル」「劇場」「映画館」など多くの人が集まる施設，「学校」「病院」などの弱者が集まる施設の建築が禁止されるが，工業専用地域と異なり「住宅」や「店舗」は建築できる。現在全国で1022km²が指定されており，全用途地域の5.5％を占めている。
③ 準工業地域は，工業系の地域とされているが，現実は，住宅や商業施設や工場などの混在を認める地域で，住宅に重大な悪影響を与えるような工場や危険物貯蔵施設などが禁止されている。12の用途地域の中で最も規制の緩い地域であるといえる。現在全国で2000km²が指定されており，全用途地域の10.9％を占めている。

◇ 3　住居系用途地域は，近年種類が急増して7種類に分かれているが，これは，後述する「用途の純化」政策によるものである。
　まず，4つの住居専用地域は，良好な住居環境を保護するために，住居環境に悪影響を与えるおそれのある用途の建物の建築を制限する地域である。住居専用地域は，階数が3階建て以下の低層住宅のためのものと4階建て以上の中高層住宅のためのものに分かれている。
① 第1種低層住居専用地域は，低層住宅地のための良好な環境を保護することを目的としたもので，住宅のほか，小中高等学校，診療所など住宅と共存できる一定の限られた建築物しか建築できない。店舗については小規模（50m²以下）な店舗併用住宅しか許されない。用途規制の最も厳しい地域である。現在全国で3437km²が指定されており，全用途地域の約18.7％を占めている。
② 第2種低層住居専用地域は，第1種よりも少し制限が緩く，飲食店や店舗でも150m²までのものが許される。現在全国で156km²が指定されており，全用途地域の約0.8％を占めている。
③ 第1種中高層住居専用地域は，中高層住宅地の良好な環境を保護するため定められるもので，第1種低層住居専用地域で許されている

もののほか，大学，病院あるいは飲食店や店舗で500㎡までのものが建築できる。静かなマンション街である。現在全国で2578k㎡が指定されており，全用途地域の14.0％を占めている。

④　第2種中高層住居専用地域は，第1種中高層住居専用地域よりもさらに規制が緩く，飲食店や店舗で1500㎡までのものが許されている。ややにぎやかなマンション地域である。現在全国で994k㎡が指定されており，全用途地域の5.4％を占めている。

次に，専用地域以外の住居地域は，主として住宅地ではあるが，商業店舗や工場との混在が許されている地域である。その混在度合いによって，区別されている。

⑤　第1種住居地域——ホテル・旅館，住宅地に悪影響を与えない規模の工場が認められる。現在全国で4177k㎡が指定されており，全用途地域の22.7％を占めている。

⑥　第2種住居地域——パチンコ屋，麻雀屋，カラオケなどの店舗や小規模な工場が認められる。現在全国で858k㎡が指定されており，全用途地域の4.7％を占めている。

⑦　準住居地域——道路の沿道サービス業務と共存する住宅地である。現在全国で271k㎡が指定されており，全用途地域の1.5％を占めている。

◇ 4　例外許可制度

用途地域内における建築物の用途の規制には，一定の場合建築が例外的に許可されるという例外許可制度が設けられている。例外許可制度は，特定行政庁が，①公益上やむを得ないと認めた場合，又は②各用途地域の趣旨を損なわないと認めた場合に，例外的に制限されている建築が許可されるというものであるが，許可基準が抽象的であることもあり，具体的事案に際して問題になり，既に一定の居住環境等を享受している近隣住民等から許可処分の取消しを求める訴訟が提起されることがある[1]）。許可基準については，一律の基準を設けること自体，非常に難

1）　東京高裁昭和57年11月8日判決（第1種住専における市民センターの建築），東京高裁昭和60年8月7日判決（商業地域における工場を含むビルの建築），東京高裁昭和60年2月27日判決（第2種住専における工場併用住宅の増築）など

しく，結局，公益間の衡量が必要となるが，例外措置であるだけに，例外的に許可を認めるためには，既存の土地利用秩序に重大な影響を与えないだけでなく，土地利用秩序の維持と比較してこれを上回る相当の重大な公益があることが必要と考えるべきである。

第3節　用途規制には，「積極規制」と「消極規制」の2つの形がある。

1　我が国の用途地域制度は，積極規制方式と消極規制方式の二つの方式を併用している

「積極規制」方式は，その地域に建築することのできる建築物を限定する方式であるが，これを採用しているのは，第1種・第2種低層住居専用地域と第1種中高層住居専用地域の3つの用途地域である。限定的に列挙されている用途だけが建築できるとされているから，消極規制よりも格段に制限が厳しく，出来上がる町のイメージもかなりはっきりしている。

他方，「消極規制」方式は，その地域に建築してはならない建築物を列挙する方式で，残る9つの用途地域において採用されている。この方式では，制限されている用途以外は何でも建築できるのであるから，規制は基本的に極めて緩やかであるだけでなく，どのような町を作ろうとしているのか，形成しようとしている町のイメージが浮かばないという問題があり，共存できない用途を明らかにするだけの最低限の現状維持の機能を果てしているだけという批判が従来から強い。

2　消極規制と建築自由の原則

街づくりという点ではメリットの大きい「積極規制」を全面的に採用しない理由として考えられるのは，主として次の二つであろう。

　A　我が国では従来から土地所有権がきわめて強い形で認められており，これを制限する場合，ⅰ制限するに足りる公益性が認められること，ⅱ規制はその公益を実現する上で「必要最小限」のものでなければならないこととする考え方[2]）が根底にある。この考え方は建築・

都市計画の分野では「建築自由の原則」と呼ばれており，用途地域制度で限られた用途だけを規制する消極規制方式がとられているのはこのためである 3）。

B 我が国では，ⅰ現在でも「土地利用が自由なほど，土地所有者にとって有利である」という実態と意識が存在するため，所有者側に，厳しい規制を嫌い，なるべく自由な利用を望む意識が依然として存在する。また，ⅱ土地利用の実態として様々な用途が混在しているところが多いため，積極規制を行ったのでは，現在の利用が将来行えなくなるのでは困ると考える者が多数存在することである。

しかし，急激な変化が見られた都市化の時代が過ぎ，成熟した都市型社会を迎えている今日，自分たちの住む街の居住環境をより良くしていこうとする市民の側の意識が高まり，将来にわたって良好な土地利用を安定的に続けていくためには，隣の土地の利用が激変しないことが大切であるとする考え方が次第に生まれつつある。

現行用途地域制度において積極規制方式が採用されている三つの住居専用地域においては，既に良い住居環境の維持確保が利用の自由度よりも重要であるという認識があることを示している。その他の地域においても，品格のある商店の隣に風俗店が立地したり，工場の隣に次第に住宅が立地し操業が困難になったりするケースを避けようとする動きが見られるに至っている。所有している土地の交換価値よりも，それを使用して得られる価値がより重視され，「土地利用の規制を厳しくするほど，最終的には土地所有者が受ける利益が大きい」という認識が土地所有者の間に生まれてくることが積極規制への転換を促すことになる筈

2） 憲法29条2項の解釈としては，財産権に対する制限は「必要かつ合理的」なものであれば足りるとされているにもかかわらず，「必要最小限原則」が実定法の原則となっているのは，財産権の中でも「土地所有権の際だった強さ」が背景にあると考えられている

3） ちなみに，西欧諸国では「計画なければ建築なしの原則」がとられており，原則として，都市において建築が可能なのは，既成の市街地内で他の建築と調和がとれている場合か詳細計画が定められている地域で詳細計画に合致している場合に限られており，基本的に，計画に適合する範囲内でしか土地所有権の行使は認められないという，我が国とは基本的に異なる考え方に立っている。

であり，それはそう遠い将来のことではないと思われる。

第4節　用途地域の純化の方針と街づくりの手段としての用途地域

1　用途地域の純化方針

用途地域制度は，旧都市計画法（及び市街地建築物法）時代の住居，商業，工業，未指定地域（その後準工業地域）の4種類から，現在では3倍の12地域になっており，一貫して用途純化の方針がとられてきた。用途純化の方針は，専ら住居系に顕著であるが，住居専用地域の創設，低層住居系と中高層住居系の分離など，住居以外の他の用途との混在をできる限り限定・排除する形で，良好な住居環境の保護を図るという視点から行われてきたと言える。我が国の用途地域制度は基本的に消極規制方式を採用し，混在を認める緩い規制が行われていることから，用途の純化の方向については基本的に是認されるべきものと考える。

しかし，3つであった住居系用途地域（第1種住居専用地域，第2種住居専用地域，住居地域）を7つの用途地域に細分化した1992年の都市計画法改正は，バブル期に都心部の商業地の地価が周辺の住宅地に波及した原因背景が住宅地に事務所などの商業施設の建築を認めていることにあるとされ，面積規模に応じて事務所・店舗が立地できる用途地域を細分化することを通して住宅地の地価の上昇を抑制することを目的としたものであった。用途の細分化が専ら住居環境の保護の視点から行われる場合はともかくとして，このような形の細分化方針については，疑問を感じざるを得ない。土地利用用途に関してこのような問題が生じる度に細分化を行っていたのでは，現在のように用途に関する規制と形態（容積率，建ぺい率，高さなど）に関する規制を分離せずに行っている我が国の用途地域の種類は，際限なく細かくなってしまうことになる。用途の純化は，住居環境の向上を目指した積極規制の範囲を広げる形で行われるべきである。

他方，都心部の商業地域で見られる住宅利用（マンションなど）との混在は，今日ますます激しくなりつつあるが，住居系用途と共存できる

商業用途と共存することが望ましくない商業用途を区分することなく，混在を無条件に認め，居住環境に問題が多いゾーンが増加することには問題がある反面，今後都心部においては「人」「もの」「情報」が行き来する「広場機能」を重視していかなければならないとする立場からは単純な純化方針にも問題があると考えられる。都心居住のあり方と現在の用途地域制度との整理見直しが必要となりつつある。

2　12のパターンの用途地域で多様な地域の土地利用コントロールが可能か

　多様な個性ある市街地の土地利用を，僅か12種類の用途地域でコントロールすることは本来無理がある。我が国の用途地域は，基本的に消極規制方式を採用し，かなり緩やかで幅のある土地利用を認めてきたため，現状の土地利用の維持が認められる反面，新たに様々な用途が参入する余地も広く，現在の支配的な土地利用が大きく変化する可能性は高い。このため，既存の個性ある街を維持することはなかなか困難である。また，地域の側が，より良質な市街地の形成を目指して，きめの細かい建築規制を行おうとしても，用途地域制度だけでは対応できない。現実には，この様々な用途の混在を認める緩い規制制度は，成長期の都市にとっては発展可能性の幅が広いメリットの認められるものであったが，成熟期にある都市において個性ある街の形成・保全を図ろうとする場合にはマイナスの面が大きいという結果をもたらしている。

　現行法制度は，この点を回避するため，主に二つの手段を用意している。

　ⅰ　第一は，「特別用途地区」という制度であり，地区の特性にふさわしい土地利用を実現するため，12の用途地域をさらに細分してきめの細かい規制をかけることができるものである。

　ⅱ　第二は，「地区計画」「建築協定」といった制度であり，特定の地区について，その地区の意向を反映する形で，土地利用の用途をはじめとする詳細なコントロールを可能とするものである。

　ⅰの特別用途地区制度は，近年改正が行われて従来行われていた法令で種類を限定する形が廃止され，地方公共団体による地域の実態に即し

たきめ細かな規制が可能になった。また，iiの地区計画制度は地区の意向を都市計画に反映できる制度として個性ある街づくりに活用されている。(特別用途地区制度については第7章，地区計画制度については第16章を参照)

ただ，現行法制度下では，これらの制度は用途地域制度の補完的な役割という位置づけを与えられ，必要があれば活用できるという形がとられているが，既に述べたとおり，こうした制度が例外としてではなく，用途規制の本来の枠組みの中に組み込まれて，より詳細な積極規制が実現されることが必要であろう。

第5節　用途地域における形態規制と用途規制との関係

用途地域においては，資源配分計画としての部分の実現を目的とする「用途規制」の他に，市街地の上の空間をどの程度使わせるかという空間割当て計画の実現を目的とする「形態規制」が存在する。「形態規制」は，建築物の高さ，密度等をコントロールするものであり，市街地の良好な環境を実現する手段であるが，その詳細については，第9章と第10章で述べる。ここでは，我が国の用途地域制度が，用途規制と形態規制を分離して規制する形をとっていないため，きめ細かい市街地のコントロールを実施する上で，使いにくい制度となっていることを指摘しておきたい。

例えば，最近大都市で盛んに行われている高層マンションの建設の多くが商業地域か工業系地域に立地しているが，その理由は次のような点にあると考えられる。

　i　高層マンションの建築を可能にする極めて高い容積率は主に商業地域で認められていること（現在，高い容積率は商業地域以外では認められておらず，中高層住居専用地域における容積率は最大でも500％であり，600％以上の容積率が認められているのは商業地域のみである。）

　ii　高層マンションは高い容積率に代えて広大な敷地がある場合でも可能であるが，そのような広大で安価な敷地の確保は工場跡地等が存在する工業系地域以外では困難であること

iii 高層マンション周辺の日照を確保するための日影規制が商業地域や工業系用途地域では適用されていないこと

　この結果，本来商業や工業の利便の増進を図るべき地域とされ，住居環境としては問題がある商業地域や工業系用途地域で多くの住宅が供給されるという状況が生じている。また，地価水準が高い商業地では相対的に小規模な敷地にペンシル型高層マンションが建設されているため，将来再開発を免れない市街地につながる恐れがある。

　本来，高層マンションの建築といえども住居系の専用地域において確保される居住環境の下で行われることが望ましいが，現在の用途地域制度では用途と形態の両規制が連動する形となっているため，地方公共団体が，その地域に望ましい適正な用途と容積の組合わせを行おうとしてもできない状況が生じている。この種のパターン化による問題は，用途規制と形態規制が制度的に分離されており，その組み合わせが地方公共団体によってできるとされていれば避けることができるのではないかと思われる。

第6節　用途地域に関する課題

　現行の用途地域制度には，幅広い用途の混在を認める緩い用途規制，用途規制と形態規制の弾力的な分離適用を認めないパターン方式の規制など様々な課題が存在するが，その根底に横たわっているのは，都市化社会に対応して形成された抑制型の一律規制方式が，多様な様相を持つ都市型社会において機能しにくくなっている部分があるということではないかと思われる。

　都市全体を視野に入れた住居，商業・業務，工業といった基本用途の配分や最小限遵守する必要があるルールを定めることといった枠組み部分は，今後とも法令でコントロールすべきものと考えられるが，具体的な地域においてどのような用途と形態規制の内容を適用していくかについては，地域の多様性，住民等の意思，周辺地域との調整といった多様な要素を反映できるような仕組みとすべきであり，用途・形態規制については，大幅な弾力化とその決定を地域へ任せることが必要である。

このため，当面，例えば，
 i 用途地域制度における用途規制と形態規制の分離による「用途」と「形態」の多様な組み合わせを実現すること
 ii 様々な土地利用計画策定過程への住民等の参画を前提とした，地域社会の合意の下での用途・形態規制を実施すること
等が必要であるとともに，用途地域制度の中に地域独自の意向を実現するための手段として，できる限り土地利用条例，協定等を正面から認める委任規定等の整備を進めるべきであろう。

第7章 土地利用計画2
——用途地域以外の地域地区

第1節 用途地域以外の地域地区

用途地域以外の地域地区としては，次のようなものがある。

A 【基本的な土地利用計画である用途地域制度を補完して地区の特色にふさわしい土地利用の実現を図るもの】
　a1　特別用途地区…5万5800ヘクタール
　a2　特定用途制限地域…14地区　5万4928ヘクタール

B 【都市の中の特定の土地を高度利用するために，一般規制とは異なる規制をかけるもの】
　b1　特例容積率適用地区…116.7ヘクタール（大手町・丸の内・有楽町）
　b2　高層住居誘導地区…28.2ヘクタール（東京都港区，江東区）
　b3　高度地区…34万6668ヘクタール
　b4　高度利用地区…1798ヘクタール
　b5　特定街区…212ヘクタール（霞ヶ関ビル，新宿西口，内幸町，浜松町等）
　b6　都市再生特別地区…56.8ヘクタール（丸の内1丁目，名古屋駅4丁目，心斎橋1丁目等）

C 【都市の中で特別に防火上の配慮を図るべき地区として定められるもの】
　c1　防火地域・準防火地域…3万267ヘクタール，29万186ヘクタール
　c2　特定防災街区整備地区（密集市街地整備法）…3.3ヘクタール（板橋，岸和田）

D 【都市の中で維持する必要のある様々な都市環境を保護するため定められるもの】
　d1　景観地区…2044ヘクタール
　d2　風致地区…16万9482ヘクタール
　d3　高度地区（重複）…34万6668ヘクタール
　d4　歴史的風土特別保存地区…6428ヘクタール（鎌倉，京都，奈良等）

d 5　第1種・第2種歴史的風土保存地区…126ヘクタール・2278ヘクタール
　　d 6　伝統的建造物群保存地区…763ヘクタール
　　d 7　生産緑地地区…1万4584ヘクタール
　　d 8　緑地保全地域・特別緑地保全地区・緑化地域…5489ヘクタール
　E　【都市に必要な特別な施設の確保のため定められるもの】
　　e 1　駐車場整備地区…2万8513ヘクタール
　　e 2　臨港地区…5万5940ヘクタール
　　e 3　流通業務地区…2386ヘクタール
　　e 4　航空機騒音障害防止地区・航空機騒音障害防止特別地区…4438ヘクタール・1935ヘクタール

（数値はいずれも平成19.3.31現在）

第2節　主な地域地区の概要

1　Aのタイプの地域地区

　Aに属する地域地区に共通しているのは，用途地域制度を補完して地区の特色にふさわしい土地利用の実現を図るという点である。

(1)　特別用途地区（8条1項2号）

　特別用途地区は，用途地域内の一定の地区について，その特性にふさわしい土地利用の増進，環境の保護といった特別の目的の実現を図るために，用途地域を補完する形で指定される。

　既に述べたように12の用途地域だけで全国の市街地の用途をコントロールすることには無理があり，また，用途地域の多くが消極規制であり，最小限規制であるため，地域の側が，より良質な市街地の形成を目指して，きめの細かい建築規制を行おうとしても，用途地域制度だけでは対応できない。これらの点を補完するため用意されている制度の一つが「特別用途地区」である。

　特別用途地区については，地方公共団体の条例により，その地区の指定目的の実現に必要な建築規制を定めることができ，ベースとなる用途地域の制限を強化したり，国土交通大臣の承認を得れば，制限を緩和することも可能である（建基法49条　平成18年度末で，用途地域全域約184.5

第2部　都市計画規制

表：特別用途地区の変遷

昭和25年当初	昭和34年改正	昭和45年改正	平成4年改正	平成10年改正
①特別工業地区 ②文教地区	③小売店舗地区 ④事務所地区 ⑤厚生地区 ⑥娯楽地区 ⑦観光地区	⑥娯楽・レクリエーション地区 ⑧特別業務地区	⑨中高層階住居専用地区 ⑩商業専用地区 ⑪研究開発地区	法令類型撤廃

（出典：日本都市計画学会編「都市計画マニュアルⅠ3巻」）

万ヘクタールに対して，特別用途地区は，全国295都市，5万5800ヘクタール指定されている。）。

　特別用途地区には，かつて法令上11の類型が定められていたが1)，平成10年の都市計画法改正によって，法令による類型が廃止され，地方の実情に応じて，柔軟に具体の都市計画において目的の設定が行えるようになった。これは，都市計画の地方分権化に伴い，地域が置かれている様々な事情に対応して，特色のある街づくりを目指す地方公共団体の意思を反映した，きめの細かい用途規制を行うことができるようにするための手段（メニュー）を増加させたものということができる。これにより，用途系の土地利用に関しては，地域が置かれている様々な事情に対応したきめの細かい用途規制を行うことが可能になったということができる。

　特別用途地区のうち，これまで最も活用されてきたのは「特別工業地区」であり，197都市，2万6827ヘクタール指定されている。次に指定の多い文教地区は，17都市，8210ヘクタール指定されている（平成18年度末）。

> **参考**　〈特別用途地区の例〉
> ・特別用途地区の例1──用途地域の一つである「工業地域」では工場であれば大体どのようなものでも立地できるが，食品工場群の傍らに粉塵

---

1)　中高層階住居専用地区，商業専用地区，特別工業地区，文教地区，小売店舗地区，事務所地区，厚生地区，娯楽・レクリエーション地区，観光地区，特別業務地区，研究開発地区。

を出す機械工場が立地するのは好ましいことではない。このような場合に，これらの工場群を離して立地させるために，「特別工業地区」を指定して，一定の地区には，粉塵を出すような工場群を立地させないとするような規制を行う場合がある。
・特別用途地区の例2——特別工業地区には，「地場産業保護型」というタイプがあり，例えば繊維産業を地場産業としているような地域で，住居の裏の工場で機織り機械を使用するというような場合，住居系地域のまま，特別工業地区をかけて，一定の地場産業のみを立地可能とするようなケースもある。
・特別用途地区の例3——「文教地区」も広く活用されているが，第2種中高層住居専用地域や第1種・第2種住居地域などにある学校や通学路の周辺に，遊戯施設や風俗施設が建設できないように規制を行うケースが多い。
・特別用途地区の例4——新しい特別用途地区の例として，西宮市の甲子園球場地区（キャバレー，料理店，ナイトクラブ，マージャン屋，ぱちんこ屋，勝馬投票券発売所，場外車券売場その他これらに類するものが禁止されている），太宰府門前町特別用途地区（劇場，映画館，キャバレー，料理店，ナイトクラブ，ボーリング場，危険物貯蔵・処理施設，自動車修理工場，マージャン屋，パチンコ屋，カラオケボックス等が建築できない。15メートル高度規制の高度地区がかかっている）のようなタイプのものが表れてきている。

この改正は，きめ細かい地域の実情に応じた利用規制を実現することができる有効な手段となりうるものであり，都市計画の決定は市町村の権限であるので，活用されることが期待される。

(2) 特定用途制限地域（8条1項2号の2）

① 特定用途制限地域は，用途地域が定められていない都市計画区域内の土地の区域（市街化調整区域を除く[2]）及び準都市計画区域内の土地の区域について，良好な環境の形成又は保持を図るため，その地域の特性に応じて合理的な土地利用が行われるよう，特定の建築物等の用途規制を定めることができる地域地区である（8条2項，9条14

---

[2] 市街化区域には用途地域が定められるため，これは，実質的に，非線引き都市計画白地区域のことである。

項)。

　　　　指定実績　14地区　5万4928㎡（多くが大規模小売店舗等の規制）

　非線引き都市計画区域内で用途地域が指定されていないところ（いわゆる用途白地地域）では，これまで開発規制（3000㎡以上の開発が対象）は行われているものの，土地利用の用途の規制が行われてこなかったため，突然，既存の利用秩序の中に異質な土地利用が出現し，周辺とのトラブルが生じることが多かった。特に，大規模小売店舗，ホテル，レジャー施設等については，周辺への影響が大きく，土地利用の調整を行う必要性は高かった。

　このような白地地域については，本来市街化が進む傾向にあるのであれば，用途地域を指定して対応すべきものであるが，単発的に大規模小売店舗などの立地が予想されるに過ぎないような場合，周辺の環境や土地利用に対して混乱や悪化をもたらすような特定の利用に限って規制を行えば足りる。用途地域は，限られた市街地の中の土地に集中する様々な需要に対して，どういう用途に使わせるかという資源配分のための手段としての性格を持っているが，「特定用途制限地域」制度は，既存の土地利用との調整手段としての性格を与えられているもので，用途地域とは少し異なる性格を有していると言える。

　特定用途制限地域に関する都市計画では，地域内で制限すべき特定の建築物その他の工作物の用途の概要が定められ，これに即する形で，建築基準法に基づく条例において具体的な建築物等の用途制限等が定められることになっている（建基法49条の2，50条，87条）。

　制限される建築物の用途として想定されている例としては，大規模店舗，ホテル，レジャー施設，パチンコ屋，モーテル，カラオケボックス，風俗営業施設，危険物の製造工場等があるが，現実に制限されているものの多くが大規模店舗である。

　なお，いわゆる街づくり三法[3]の改善の一環として平成18年都市計画法改正により，大規模小売店舗等で1万㎡を超えるものについては，都市計画白地地域で原則立地ができないこととなった。このため，現在

　3）　中心市街地活性化法，大規模小売店舗立地法，都市計画法の三つの法律のことを指している。

では1万㎡以下の大規模小売店舗などが主としてこの地域の対象とされることになる。

　②　この制度の最大の問題点としては，予防的対応がかなり困難であることが挙げられる。例えば，都市計画白地地域に大規模小売店舗が進出する計画が明らかになった場合，特定用途制限地域を指定して調整することは現実にはなかなか難しい。なぜなら，この制度を適用するためには，都市計画決定が必要であり，それには相当の時間が必要であることに加えて，特定の具体案件の狙い撃ち的規制であるという批判が生じることが避けられないからである。このため，この制度の活用のためには，事前に立地の蓋然性の高いゾーンを指定しておく必要があるが，この制度の性格上，むやみに広範な地域に指定することは難しく（高松，西条の例では1万㎡以上の地域に指定しているが，その他のところでは比較的狭い），また現実に問題が生じていない段階で指定手続きを進めることも困難であると思われる。この制度は，インターチェンジの周辺等放置しておけば周辺の土地利用に問題を生じることが誰の目にも明らかであるようなゾーンに限定して指定が行われる場合を除き，現実には，問題が生じてから，その問題をこれ以上深刻化させないための機能しか果たせないのではないかと考えられ，広範に存在する用途白地地域の土地利用コントロールとして切り札的機能を発揮するものとは考えにくい。

2　Bのタイプの地域地区

　Bに属する地域地区に共通しているのは，市街地の土地の高度利用の促進を図ることを目的としている点である。都市の土地の高度利用については，別途第22章で取り上げる予定であり，特例容積率適用地区，高層住居誘導地区，特定街区及び都市再生特別地区については，第22章を参照されたい。ここでは，市街地の再開発を行う前提として指定される高度利用地区等を例に取り上げて，概観する。なお，高度地区については，その殆どが環境保全のための最高限高度地区であり，有効利用を促す機能を持つ最低限高度地区は極めて少ないため，後掲の〈D〉で説明する。

① **高度利用地区**（8条1項3号）

高度利用地区は，再開発を促進するために指定される地区である。

ⅰ　この地区が指定されると，建築面積の最低限度が制限されるため，地区内の個々の敷地が狭い場合，単独では建物が建てられなくなる。

ⅱ　壁面の位置と建ぺい率の最高限度が規制されることにより，建物の周りにオープンスペースが確保される。

ⅲ　容積率の最高限度と最低限度が定められることで，低利用の建物が建てられることが禁止され，高度利用が図られる。

再開発が必要なところは，規模の大きい敷地は少なく，狭い敷地に低利用の建物が建て込んでいるのが普通であるので，高度利用地区が指定されると，土地所有者は，単独でその土地を利用することができなくなる。このため，共同で，オープンスペースを備えた高度利用をせざるを得なくなり，再開発の促進が図られる。高度利用地区は現在全国で1798ヵ所指定されている。

② **（最低限）高度地区**（8条1項3号）

　　→次頁4－(1)－③を参照

3　Cのタイプの地域地区

Cに属する地域地区に共通しているのは，市街地の中で特別に防火上の措置を図ることを目的としている点である。

① **防火地域・準防火地域**（8条1項5号）

防火地域・準防火地域は，市街地の延焼火災を防止し，市街地大火を生じさせない目的で，一定規模以上の建物を耐火性のあるものにすることを義務づけている地域である。

「防火地域」では，原則として，3階建て以上又は延べ面積100㎡を超える建築物は耐火建築物としなければならず，それ以外の建築物は耐火建築物又は準耐火建築物としなければならないとされている。

「準防火地域」では，一定規模以上の大きな建築物（原則として，4階建て以上又は延べ面積1500㎡を超える建築物）は耐火建築物としなければならず，中規模建築物（延べ面積500㎡を超え1500㎡以下の建築物）は耐火建築物か準耐火建築物としなければならない。また，3階建て建築物は，

耐火建築物か準耐火建築物あるいは防火上必要な基準を満たした建築物としなければならない。

このうち，防火地域は，主として商業地域に指定されることが多く，
　ⅰ　建物密集ゾーンに面的に指定され，火災の拡大を防ぐ場合
　ⅱ　幹線道路沿いに指定され，焼け止まり防止線として機能させる場合
がある。

この防火地域制度は耐火建築物の建築を義務付けているところから，伝統的な木造建築様式の建築物が多く存在する歴史的な市街地の崩壊につながるという問題の指摘がある。この安全の確保と伝統的景観との調整問題は，大変困難な問題であるが，建築基準における性能規定化や街区全体として防火のための様々な措置が講じられることにより地区の防火能力の向上が図られることと併せて防火地域の指定の解除を行うなど，二つの目的の両立に向けて実効的で柔軟な対応の努力が重ねられている。

　②　特定防災街区整備地区
　第25章（都市の防災と法）第2節－3－(4) を参照。

4　Dのタイプの地域地区

Dに属する地域地区は，都市の中で維持する必要のある様々な都市環境を保護することを目的としているものである。

(1)　風致地区（8条1項7号）・**景観地区**（同6号）・**高度地区**（同3号）
　①　風致地区は，都市における良好な自然景観を維持するために定められる。

　風致地区内では，建築物等の建築や土地の形質の変更，水面の埋立，木竹の伐採，土石の採取等には許可が必要とされ，その風致と著しく調和しないものには許可が与えられない。しかし，不許可の場合に，補償措置が定められていないこともあって，その規制の運用実態は極めて緩いもの（緩い許可基準）に留まっていて，現状凍結的な規制が行われているわけではない。第21章「都市の緑と法」第2節地域制緑地の項を参照。

② 景観地区は，市街地の良好な景観の維持形成を図るために定められる地区である。

景観地区内では，建築物に関して，形態意匠の制限（必須），高さの最高限度・最低限度，壁面の位置，敷地面積の最低限度を定めることができ，形態意匠に関しては，景観形成基準に適合していることについて市町村長の認定を受けなければ建築が許されない。また，高さ等の制限については，建築基準法で強制力が与えられ，その実現が担保されている。

良好な景観の維持形成を図るための規制に関しては，「景観地区制度」とは別に，景観法に基づく「景観計画区域制度」があり，景観計画区域内で建築物や工作物の建築，外観を変更する修繕・模様替，色彩の変更，開発行為等を行う場合，届出・勧告制度の対象となっている。

景観法に根拠を持つ「景観計画区域制度」が比較的緩やかな届出制を基本とする景観コントロールを採用しているのに対して，「景観地区制度」はより積極的に景観の形成や保護を図る必要がある地区を対象として，都市計画の手法を用いた強制力を有する制度として構成されている。景観地区については，第22章「都市と景観」を参照。

③ 高度地区は，用途地域内において，ⅰ市街地の環境を維持したり，ⅱより高度な土地利用を促すため，建築物の高さの最高限度または最低限度を定める地区である。

高度地区には，目的の異なる2つのタイプが存在する。高度地区の都市計画では，建築物の高さの最高限度又は最低限度が定められるが，高さの最高限度の規制はⅰの市街地における環境の維持のために，最低限度の規制の方はⅱの土地利用の増進のために定められる。

最高限高度地区の方は，大都市の住居系用途地域で広く適用され，通常は斜線制限の形で行われることが多く，日影制限がかからない地区やその対象とならない低層の建物間の日照確保などに活用されるが，最近では，景観の保護のために，絶対高さ制限の形で活用する例（京都市，小田原市等）が出てきている。

なお，ちなみに，ⅱの最低限高度地区は殆ど定められていない（全

体の1％弱で沿道に指定される場合が多い）ので，実質上，高度地区は，環境維持のために指定されていると考えて良く，日照の保護，通風の保護，景観の保護のための制度として活用されている。

(2) 歴史的風土特別保存地区（8条1項10号）・伝統的建造物群保存地区（同15号）

① 歴史的風土特別保存地区は，古都保存法（「古都における歴史的風土の保存に関する特別措置法」）に基づいて，かつての政治文化の中心で歴史上重要な位置を占める市町村（京都市，奈良市，鎌倉市，天理市，橿原市，桜井市，斑鳩町，明日香村，逗子市，大津市）を対象に，国土交通大臣によって指定される「歴史的風土保存区域」内で枢要な部分を構成している地区に，都市計画として定められる。

歴史的風土特別保存地区内では，建築物等の建築，土地の形質の変更，木竹の伐採，土石類の採取，建築物等の色彩の変更，屋外広告物の表示等は知事の許可が必要とされ（保存区域では届出），厳しい行為制限が課せられている。不許可処分については損失補償の規定が置かれている。

> **参考** 〈明日香法〉
>
> 第1種・第2種歴史的風土保存地区は，明日香法（明日香村における歴史的風土の保存及び生活環境の整備等に関する特別措置法）に基づき，都市計画として定められるが，どちらも古都保存法の歴史的風土特別保存地区である（明日香法は，明日香地区の重要性にかんがみ，歴史的風土の保存と住民生活との調和を図るため，明日香村の生活環境及び産業基盤の整備を図ることを主たる目的としており，古都保存法の特例法である）。

② 伝統的建造物群保存地区は，文化財保護法の規定により伝統的建造物群及びこれと一体をなしてその価値を形成している環境を保存するため，市町村が定める地区である。伝統的建造物群保存地区が都市計画区域内又は準都市計画区域内にある場合，市町村は都市計画にこれを定めることができることとされている（都市計画区域・準都市計画区域の外では，市町村は条例で伝統的建造物群保存地区を定めることが

できる）。地区内の現状変更のための規制及び保存のために必要な措置については，いずれも市町村の条例で定められる。

(3) 生産緑地地区（8条1項14号）・緑地保全地域・特別緑地保全地区（同12号）

① 生産緑地地区は，市街化区域内に存在する農地が果たしている環境機能（緑地と空間）と将来の公共施設用地のための保留地としての機能に着目して，農業の継続を前提として，都市計画に位置づけられた地区である。市街地の中で半永久的に（30年間）農地の存在を認める地区である。

市街化区域は，既成市街地及び概ね10年内に計画的・優先的に市街化を図る区域とされているが，区域内の土地の宅地化を促進する手段を欠いており，区域内に多くの農地を包含していた。その宅地化を促進するため行われた宅地並み課税は，生産緑地に指定されている農地には適用されない。生産緑地は，緑地等の環境機能のほかに，宅地並み課税制度と連動する形で市街化区域内農地の整序を行う機能をも果たしている。

生産緑地地区内では，建築物等の建築，宅地の造成等の土地形質の変更などは，市町村の許可が必要とされ，農業の継続に支障がある場合は不許可処分が行われる。

生産緑地制度については，第21章「都市の緑と法」第2節地域制緑地の項を参照。

② 緑地保全地域は，里山などの都市近郊の緑地を対象として，無秩序な市街化の防止，公害若しくは災害の防止，住民の健全な生活環境の確保のため，その適正な保全を図るための地域である。緑地保全地域の都市計画は，都道府県知事によって決定され，建築物等の建築，土地の形質の変更，木竹の伐採等を行おうとする場合には，都道府県知事への届出が必要とされる。届出に対して，緑地の保全のために必要があると認めるときは，行為の禁止若しくは制限，又は必要な措置を講ずることを命令することができる（損失補償が必要）。なお，この緑地保全地区については現在まで指定実績はなく，都市近郊の緑地の

保全制度としては全く機能していない。

　特別緑地保全地区は，都市における良好な自然環境となる緑地を，建築行為等の制限などにより現状凍結的に保全する地区である。特別緑地保存地区内で，建築物等の建築，土地の形質の変更，木竹の伐採，埋立・干拓等行う場合は，都道府県知事の許可が必要とされ，その緑地の保全上支障がある場合は許可がされない。不許可により損失が生じた場合は損失補償が必要とされる他，土地の買入れの申し出ができることとなっている。特別緑地保全地区の都市計画は，10ha以上の場合都道府県が，10ha未満の場合市町村が決定する。なお，地区内の土地について固定資産税の1／2軽減，相続税の8割評価減などの優遇税制が適用される（第21章「都市の緑と法」第2節地域制緑地の項を参照。）。

5　Eのタイプの地域地区

都市に必要な特別な施設の確保のため定められるもの

　Eに属する地域地区に共通するのは，都市に必要な特別な施設の確保のため必要な制限を定める地区であるという点である。第13章で説明する都市施設に関する都市計画は，都市計画事業によってその施設を実現することを予定しており，そのために行為制限がかけられる形となっているのに対し，この都市計画は地区内の土地の利用に制限をかけることで目的を達成しようとするものである。駐車場整備地区を例に説明する。

・駐車場整備地区（8条1項8号）

　駐車場整備地区は，商業地域，近隣商業地域など（第1種・第2種住居，準住居，準工業地域）で，自動車交通が著しく輻輳している地区を対象に，駐車施設の整備を促進して，道路交通を円滑にする目的で定められる。

　駐車場整備地区については，市町村は，駐車場整備計画の策定を行わなければならず，一定の大規模建築物（延べ面積2000㎡以上で条例で定める）の新築・増築に対して，駐車施設の設置を義務づける付置義務条例を定めることができることになっている。

● 第3編 ●
都市の空間のコントロール

第8章 集団規定と道路

第1節 集団規定

1 集団規定と単体規定

第6章において述べたように，都市では限られた地域の中に様々な土地利用が集中するため，その利用秩序を維持する見地から，土地の利用用途や土地の上の空間の利用形態を規制する必要がある。このため都市計画においては各種の地域地区等が定められるが，その地域地区等における具体的な制限内容のうち，建築物等に係るものは，建築基準法においてこれを定めるという仕組みが採られている。

建築物等によって都市の土地または空間を利用するに当たって守らなければならないとされているこの建築基準法の規定は「集団規定」と呼ばれている。「集団規定」という文言は法律上使用されているものではないが，具体的には建築基準法第3章（一部の規定を除く）に属する法規定群のことをいい，その適用は都市計画区域・準都市計画区域内に限られているものである。

「集団規定」には，「用途規制」のためのもののほかに，主として「道路に関する規制」と「形態規制」のためのものがあるが，その代表的なものとしては，接道義務に関する規定，用途規制に関する規定，容積率，建ぺい率，建築物の高さ等建築物の形態規制に関する規定，高度地区，高度利用地区，防火地域，景観地区等の規制内容に関する規定，地区計画等の区域内の制限に関する規定等がある。

これに対して，個々の建築物等が安全や衛生といった面で問題が生じないよう一定の基準を定めている規定は「単体規定」と呼ばれている。

単体規定は，その建築物がどこにあろうと適用される。建築物自体が地震や火災等に対して安全性を備えていることや衛生上の観点から一定の水準を備えていることは，その建築物が都市の内にあっても外にあっても必要なことだからである。具体的には，主として建築物を利用する

人を守るため，建築物の敷地に関する規定，建築物の構造耐力や構造仕様に関する規定，緊急時に利用者の安全な避難を確保するための規定，居室の採光・換気，建築設備，建築材料の品質等についての制限に関する規定等が置かれている。

2 集団規定の性格と最低限性

ところで，建築基準法に置かれている実態規制のための規定は，いずれも建築に当たって守らなければならない最低限の基準を定めたものであるとされる[1]。

単体規定の場合，建築物が安全や衛生上の観点から，少なくとも守らなければならない一定の基準が定められ，全国どこの地域においてもその規定が適用されることは基本的に首是できるところである。しかし，都市の土地と空間利用の調整ルールという性格を有している「集団規定」については，その規定内容が最低限のものであるということから生じる幾つかの問題がある。例えば，全国一律の最低限ルールを守っていただけでは，良好な都市の形成にはつながらないし，既存の良好な都市を維持していくことも難しいという点等である。すなわち，全ての都市に一律に適用される集団規定によって形成される最低限水準の市街地ではなく，最低限の基準を超えたより良い空間秩序を持った市街地を作っていこうとすれば，建築基準法の集団規定の内容・基準を上回るコントロールを行う必要がある。これも既に述べたところであるが，拡大発展を遂げつつある成長期の都市において生じる問題を抑制的にコントロールするために整備された現在の「集団規定」では，成熟した時代の都市が必要とする良好な市街地の維持形成には不十分なのである。

この点については，地域の側において，条例や要綱或いは協定などの手段を用いて，良好な市街地の維持形成を図っていくための措置が盛んに行われるようになっているが，問題はその地域が定めたコントロールのためのルールにどの程度の強制力を付与することができるかという点

---

1) 建築基準法は，その第1条において「この法律は，建築物の敷地，構造，設備及び用途に関する最低の基準を定めて，国民の生命，健康及び財産の保護を図り，もって公共の福祉の増進に資することを目的とする。」と定め，このことを明らかにしている。

にある。最低限守らなければならない全国ルールである集団規定とは異なり、良好な市街地の維持形成のために地域がルールを定めた場合、その全てに強制力を持たせることには問題があるという考え方に基づいて、現行の建築基準法においては、そのようなルールに強制力を付与することができる場合を限定している（例えば、地区計画の内容について建築条例を定める場合に限定する）。しかし、本来は、このような限定された形ではなく、基本的に集団規定一般について、最低限の全国ルールと地域の側で必要とするローカル・ルールとの関係を調整する規定が置かれた上で、一定の要件下で強制力を認める仕組みが必要ではないかと考える。この点については、第19章（街づくりと法）を参照されたい。

以下では、集団規定のうち、この章で「道路に関する規制」を、第9章と第10章で「形態規制」を取り上げる。なお、「用途規制」については、既に第6章等で説明した。

第2節　道路に関する規制

建築物は、様々な人の活動が日常的に行われる場所であるため、そこへのアクセス手段としての道路は必須の基盤施設である。都市において行われる物や人の移動は最も基本的な都市活動であり、これを支える機能を持つ道路は都市の最も重要な都市基盤施設の一つである。この機能を有する道路は、都市活動を基本的に規定すると言っていい。狭い幅員の道路しか存在しないところでは、建物の高さや容積率が制限され、土地の高度利用が制約を受けざるをえない。また、市街地では、災害や火災といった緊急時に円滑な避難救助等を可能にする適切な道路がないとその建築物を利用する者は大きな危険にさらされることになる。さらに、市街地における道路は、貴重な公共空間であり、市街地環境に大きく寄与するため、採光や通風を確保する必要性も高い。

このように、市街地における建物の用途・形態と道路の関係は極めて密接である。このため、都市計画区域・準都市計画区域内においては、道路に関して特別の規制を課すことにより、用途・形態規制と相まって、地域の環境や都市機能を実現しようとしている。

1　接道義務

都市計画区域・準都市計画区域の中で建物を建築しようとするときには，その敷地は，原則として，道路に2㍍以上接していなければならない。(建基法43条)

これは，日常生活における円滑な通行の確保，災害等の緊急時の避難，消火及び救急活動の実施の観点から，都市内の土地を建物の敷地として利用するための最低限の要件を定めたものであり，通常「接道義務」と呼ばれているものである。

敷地が大きい場合や人が集まる特殊な用途に使う場合には接しなければならない道路の幅員や接道部分の長さなど要件が加重され，逆に周辺に広い空地がある場合には要件が軽減される。

2　建築基準法の道路 (建基法42条)

建築基準法上の道路とは，次のいずれかに該当し，原則として幅員4㍍以上のものを指している。

i	道路法上の道路
ii	都市計画法，土地区画整理法等に基づいて築造された道路
iii	道路法，都市計画法，土地区画整理法等により新設・変更の事業計画がある道路で，2年以内に事業の執行が予定されるものとして特定行政庁が指定したもの
iv	都市計画区域に編入された際に既に存在していた道
v	特定行政庁の位置指定を受けて築造される私道

第 2 部　都市計画規制

> **参考**　〈私道の位置指定〉
>
> 　都市計画区域・準都市計画区域内で建物を建築しようとする場合，その敷地が既にある建築基準法の道路に接しているとは限らない。その場合，特定行政庁から上記 v の位置指定を受けて建築基準法の道路に接続する私道を築造し，その私道に 2 メートル以上接することで接道義務を満たす形をとることが多い。開発許可を受けないで行う小規模開発の場合は，こうした位置指定を受けた私道に面する形で敷地の造成が行われる。この場合，なるべく道路に要する面積を少なくするため，私道は最低幅員の 4 メートルとし，行き止まりの袋地形をとることが多い。このため，このケースによる小規模開発によって形成された市街地の水準は低く，建築物が密集し勝ちになり，幹線道路，補助幹線道路などの基幹的道路の密度が低い場合は，住居環境のみならず，災害時等に問題が生じることがある。このような状況を生じている私道の位置指定については，これを放置せず，その計画的コントロールを図ることが必要であるが，詳細な地区の土地利用計画の策定が一部でしか行われておらず，建築自由の考え方がとられている我が国の法制度下では直ちにその実現を図ることは難しい。
>
> 道路位置指定（行き止まり道路）によるミニ開発住宅

幅員 4 m 未満の道路（特定行政庁指定）は，中心から 2 m づつ後退する。後退した敷地（手前）とまだ後退していない敷地（奥）。

> **参考** 〈2項道路 —— 幅員4メートルの例外〉

都市計画区域に編入された際，既に建築物が建ち並んでいる道[2]）については，幅員4メートル未満であっても，特定行政庁が指定したものは，例外的に建築基準法上の道路とみなされ（いわゆる2項道路），その道路の中心線から2メートル後退した線が道路境界とみなされることになっている。

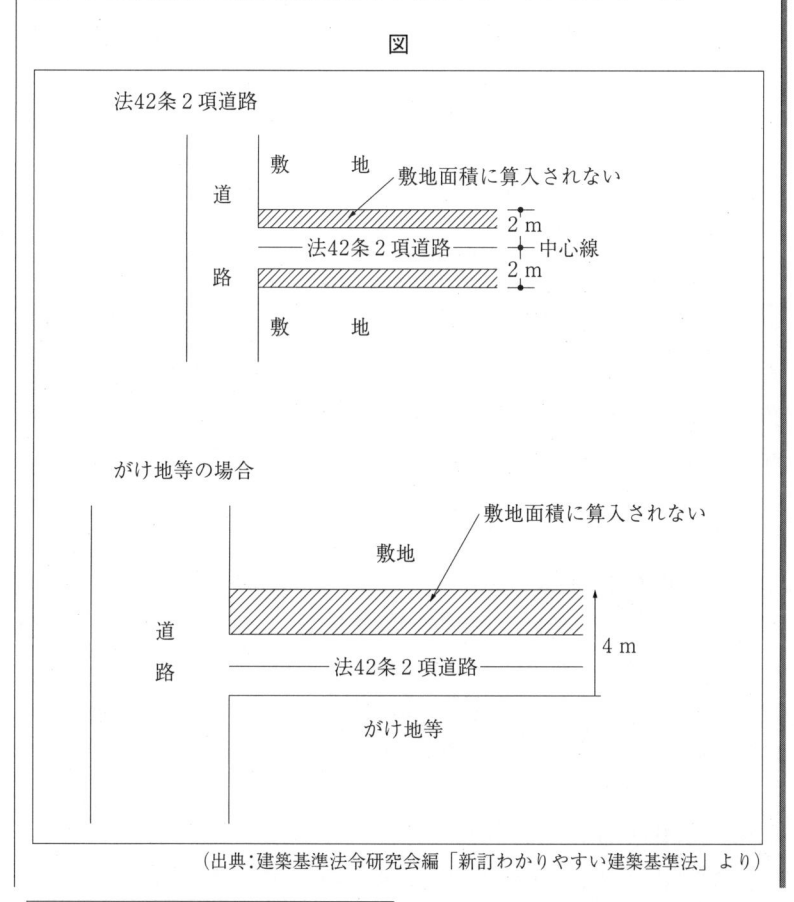

図

法42条2項道路

```
       敷  地
道      ////////////  敷地面積に算入されない
            　　　　　　　　 2m
路 ── 法42条2項道路 ──＋中心線
       ////////////      2m
       敷  地
```

がけ地等の場合

```
              敷  地
                  　　　敷地面積に算入されない
道      ////////////
                                      ↑
路 ── 法42条2項道路 ──           4m
                                      ↓
              がけ地等
```

（出典：建築基準法令研究会編「新訂わかりやすい建築基準法」より）

2） いわゆる2項道路の要件として『「現に建築物が立ち並んでいる《中略》道」というのは，ただ単に建築物が道を中心に二個以上存在していることをいうのではなく，道を中心に建築物が寄り集まって市街の一画を形成し，道が一般の通行の用に供され，防災，消防，衛生，採光，安全等の面で公益上重要な機能を果たす状況にあることをいうものと解するのが相当である。』（東京高判昭和57.8.26判時1050号59頁）

> 　馬車の通行を前提としていなかった我が国の古くからの道は幅員が2mを下回るものも多く、幅員4m未満の道路は、我が国の市街地に極めて大量に存在し、こうした狭幅員の道路に面している建物も極めて多い3)。こうした道路をすべて建築基準法上の道路として認めず、こうした建物をすべて接道義務違反の違法建築物として扱うことにすれば、その建物の改築は進まず、こうした道路の拡幅も進まない。それよりも、こうした道路をとりあえず例外的に建築基準法上の道路として扱い、建築物の改築等を行う際に、敷地の面する部分について道路の中心線から2mの後退を行わせることにすれば、建物の更新に伴って次第に4m幅員の道路が形成されていく。2項道路は、こうした救済と受益者負担による前面道路の拡幅を目的とした制度である。但し、幅員が1.8m未満の道路については、建築審査会の同意がなければ2項道路の指定ができないことになっている。

3　道路に関する制限

道路が、道路としての機能を発揮していくためには、道路内で交通を妨げる建築行為が行われることを制限する必要があるし、道路を勝手に廃止したり、その位置を変えたりすることも制限しておく必要がある。このため、建築基準法の道路については、次の三つの制限が課せられている。

(1)　道路内建築制限

建築物等（敷地を造成するための擁壁を含む）は、道路内に、又は道路に突き出して建築（築造）してはならない。但し、地盤面下に設けるもの、公衆便所、巡査派出所等特定行政庁が許可したもの、アーケード、上空通路等の例外がある。（建基法44条）

(2)　私道の廃止・変更の制限

私道の変更や廃止を自由にしていたのでは、接道義務に抵触する敷地が続出するおそれがあることから、私道の廃止・変更によって接道義務に抵触することとなる場合、特定行政庁は、その廃止・変更を禁止・制限することができる。（建基法45条）

---

3)　東京23区では、4m未満の幅員の道路に接している住宅戸数は全体の約34%も占めている。

この制限は，私道によって接道義務を満たしている敷地の所有者等の利益を保護するため設けられているものではない。通常，私道の廃止・変更という言葉で思い描くのは，事実上，その私道そのものを建築物の敷地に使用したり，その通行を物理的に妨げたりすることであるが，ここでいう私道の廃止・変更は，道路の位置指定の取消しなどの法的行為を指していると考えられている。

(3) 壁面線の制限

　特定行政庁は，街区内の建築物の位置を揃えて街区景観の向上を図るため必要があると認める場合，壁面線を指定することができる。壁面線の指定が行われると，建築物の壁，これに代わる柱，高さが2㍍を超える門もしくは塀は壁面線を越えて建築してはならない（建基法46条）。

　壁面線の指定に際しては，利害関係者に対する公開の意見聴取が行われ，建築審査会の同意が必要とされる。

　壁面線が指定された場合，容積率，建ぺい率制限について一定の緩和がなされているが，その詳細については，容積率，建ぺい率制限のところ（第9章）で述べる（建基法52条12項，53条4項）。

4　建築基準法の道路に伴う規制の問題点

　接道義務は，それ自体，日常のアクセス交通や緊急時の交通を確保する上で敷地にとって必要不可欠なことであるが，問題は，敷地が接しなければならない道路についての建築基準法の規定がきわめて緩いものとなっている点にある。幅員が狭く，行き止まりの道路となることが多い私道を建築基準法の道路に含め，これに接することで接道義務を満たすこととしたために，一本の低水準の私道に数個の敷地がぶら下がる形の小規模開発が無秩序に行われる途を与え，結果として新たに創り出される我が国の市街地の水準は著しく低いものとなった。開発許可や土地区画整理事業によって計画的に整備された道路を持つ市街地水準とまではいかなくとも，新たな市街地を形成する場合には，位置指定ができる要件を強化する（例えば，位置指定は地区計画等で定められた場合等に限定する）などの措置を講ずべきである。

5 建築物の高さ，容積率等と道路との関係

　都市基盤施設としての道路は，その沿道の土地の利用に大きな影響をもたらす。この点については，第9章，第10章において概観する。

第9章　形態規制1（密度規制）

第1節　集団規制の一つとしての形態規制

　第8章で見たように，集団規制には，用途に関する規制，道路に関する規制，形態に関する規制の三つのパターンがある。

　この章で説明する「形態規制」は，土地の上に建てることのできる建築物の「高さ」や「容積」といった建物の「形態」を規制するものである。既に何度か述べたように，都市の中では，個々の土地の上の空間の連続性が高いため，自分の土地だからといってその上下の空間をどこまでも自由に使えば，周りの土地に大きな影響を与え，また隣の土地がそのような行動をすれば自らが大きな影響を受けることになる。このような場合，各土地所有者等は，互譲しながら一定の制限を甘受した形で空間利用を行うことが，自らもまた大きな影響を受けずに済むという相隣的関係に立つことになる。形態規制は，本質的にこのような性格を有する空間利用ルールの一つであり，互いに周りに著しい支障を与えることなく「都市の土地の上の空間を土地所有者等がどれだけ使えるか」を定めることを内容としているものである。

　また，形態規制が行われることによって，その土地の上の空間をどの程度私的空間として利用することができるかが規定されるため，規制の結果として残る部分は公共空間として確保されることになる。このことから，この形態規制は，都市の空間を公私間でどのように区分するかということを明らかにする役割を果たすものであることについても前述した通りである。良好な空間環境を必要とする低層の住居専用の地域では，容積率等が低く定められ，公共空間が大きく確保されており，逆に環境のための公共空間をそれほど確保する必要のない商業系の地域では，私的空間を大きく利用させる高い容積率等が認められることになる。

　このような形態規制には，「密度に関する規制」と「高さに関する規制」がある。

第2節　密度に関する規制

密度に関する制限に属するものは，次の4つである。
i　建ぺい率の制限
ii　建築物の敷地面積の最低限度の規制
iii　外壁の後退距離の制限
iv　容積率の制限（特例容積率適用地域内の容積率の特例を含む）

1　建ぺい率の制限（建基法53条）

(1) 規制内容

「建ぺい率」とは，建築面積の敷地面積に対する割合をいう。

建ぺい率の制限を行う目的は，「個々の敷地における空地の確保」，すなわち，敷地の中に空地を確保することによって，都市空間における建て詰まりを防ぎ，主として日照や通風などの地域の空間環境を維持させることにある。

建ぺい率の上限数値は，用途地域の種類によって異なっている。

ア　住居系専用地域と工業専用地域の場合，3/10，4/10，5/10，6/10のうち都市計画で定められたもの
イ　その他の住居系地域と準工業地域の場合，5/10，6/10，8/10のうち都市計画で定められたもの
ウ　近隣商業地域の場合，6/10，8/10のうち都市計画で定められたもの
エ　商業地域の場合，8/10
オ　工業地域の場合，5/10，6/10のうち都市計画で定められたもの
カ　用途無指定地域の場合，3/10，4/10，5/10，6/10，7/10のうち，特定行政庁が土地利用の状況等を考慮してその区域を区分して定める（従前は，用途地域が指定されていない場合の建ぺい率は，一律7/10であったが，平成12年改正で，地域の状況によってバリエーションをつけることができるようになった。）（建基法53条）

良好な都市環境を形成することを目的としている用途地域の場合は，建ぺい率は低い数値になっている。逆に数値が高いほど，土地の有効利

用を優先するため，建て詰まり感が強くなり，一般的には環境の確保という面からは低質なものとなる。

(2) 建ぺい率制限の例外

建ぺい率制限には三つの例外が設けられている。

第一は，公衆便所，巡査派出所などや公園・広場等の中にある建築物で許可を受けたものであり，建ぺい率制限の適用がない。

第二は，街区の角にある敷地，防火地域内で耐火建築物を建築する場合などに対しては建ぺい率の1割上乗せが認められることである（建ぺい率が8/10の場合は10/10）。

第三は，壁面線の指定が行われている場合で，一定の要件に該当すると特定行政庁が認めるときは，建ぺい率が1割上乗せされる等の緩和がなされる。

(3) 建ぺい率制限の問題点

一定の率に従って空地の確保を図るという考え方は公平で合理的ではあるが，敷地の面積が小さくなるに伴い，建ぺい率が低くても，建て詰まり感が強くなり，空地の持つ機能が発揮できないようになってしまう。

例えば，次の二つの図は，同じ建ぺい率50％の敷地であるが，敷地面積300㎡の50％と100㎡の50％では，空地として果たすことができる機能がかなり違ったものとなる。我が国の市街地では，小規模な宅地が多く，その自由な利用を認めていることから，一定率による空地の確保の形では良質な環境を持った市街地が形成しにくくなっている。

第 2 部　都市計画規制

図：建ぺい率制限による空地の確保

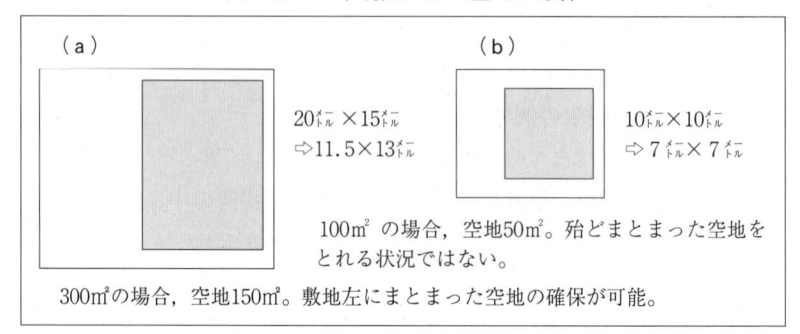

（a）　20メートル×15メートル　⇨11.5×13メートル

（b）　10メートル×10メートル　⇨7メートル×7メートル

100㎡の場合，空地50㎡。殆どまとまった空地をとれる状況ではない。

300㎡の場合，空地150㎡。敷地左にまとまった空地の確保が可能。

2　建築物の敷地面積の最低限度規制

(1)　規 制 内 容

　用途地域内では，良好な市街地環境の保全を図るため，200㎡を超えない範囲内で，建築物の敷地規模の最低限度を都市計画に定めることができることになっている。この制限を「最低敷地面積制限」というが，この制限が定められたときは，建築物の敷地面積は，原則として，その最低限度以上でなければならない。（建基法53条の2）

　この制限は，平成4年の改正で導入されたもので，導入当初は，第1種低層住居専用地域又は第2種低層住居専用地域に限り定めることができることとされていたが，平成14年の改正で適用対象地域が用途地域全域に拡大されたものである。その主な目的は，良好な住宅地が敷地分割によって小規模密集住宅地にならないよう，規制を行うことにある。なお，平成4年改正までは地区計画等によってのみ敷地面積の最低限度を定めることができることとなっていた。

(2)　適 用 除 外

　この制限の目的は，敷地の細分化による市街地環境の悪化を防止するためのものであるから，制限が課せられた際，ⅰ．既に敷地として利用されている制限未満の土地には適用がない。また，ⅱ．現に存する所有権や使用権に基づいて使用するならば，この制限に抵触する土地について，その全部を一つの敷地として使用する場合にも，適用がないとされ

ている[1]）。

(3) 適用状況

　この最低敷地面積制限は，市街地の環境水準に極めて大きな効果を有する。とくに，宅地の規模が小さな大都市の市街地[2]）では，これ以上，宅地規模が減少しないようにすることが必要であり，適用地域が増えることが望まれる。

3　外壁の後退距離の制限

　第1種低層住居専用地域又は第2種低層住居専用地域内では，住環境を確保する観点から，隣地との間に距離をとることで空地を確保する形の制限を行うことができる。具体的には，建築物の外壁又はこれに代わる柱の面から敷地境界線までの距離（外壁の後退距離）の限度を都市計画で1.5メートル又は1メートルと定めることができる。これにより，建ぺい率制限として認められている限度まで建築物が建てられない状況が生じることがある。（建基法54条）

　建築物の外壁の位置を制限するもう一つの制度として壁面線による建築制限規定がある（建基法47条）が，壁面線の制限の場合は，その目的が，建築物と道路との間に一定の距離を確保することを通じて，町並みを揃え，景観を維持形成するところにあるのに対して，この外壁の後退距離の制限は，道路との境界のみならず，隣地との境界との間についても一定の距離を確保することが必要とされ，日照，通風，防火といった住環境の確保の観点から定められるという違いがある。

　なお，この制限には，外壁（またはこれに代わる柱の中心線）の長さの合計が3m以下であれば，後退距離を満たさなくてよいほか，物置などで軒の高さが2.3m以下かつ床面積の合計が5平方メートル以内の場合

---

1) この適用除外以外に，建基法第53条の2第1項各号に該当する場合の適用除外がある。例えば，最低敷地面積制限を適用しても敷地内に空地を確保することが期待できない場合として建ぺい率80％の区域内で防火地域にある耐火建築物の敷地（1号），公衆便所，巡査派出所，郵便局等公益上必要な一定の建築物の敷地（2号）等。

2) 東京23区の敷地規模についてみると，自己所有の土地に独立住宅の形態で居住している世帯のうち約50％は，100㎡未満の敷地規模のところに居住している。

も後退距離を満たさなくてもよいとする緩和措置がある。

4　容積率の制限（建基法52条）

「容積率」とは，延べ建築面積の敷地面積に対する割合をいう。

(1)　容積率の機能

容積率は，その土地の上の空間をどの程度使えるかを規制するものであり，直接的には，周辺の日照，通風等を確保する目的で行う，いわば立体的な土地の利用密度の規制である。また，容積率の規制によって，その土地で使える延べ床面積の最高限度が決まってくるので，この規制は，その土地において行われる諸活動の量を規定する機能を果たすことになる。この意味で，この規制は，インフラ施設の整備水準と強い関連性をもっており[3]，高容積率が定められる場合は，それにふさわしい道路などの公共施設が整備されていないと交通混雑などが発生し，事実上建築物の利用や市街地の機能に支障が生じる。通常，容積率が500％以上となる商業地などでは，道路率が30％程度必要になることが多いといわれる。

立体的な建築密度の規制は，建築物の絶対高さの規制と建ぺい率あるいは壁面線等の制限の組合せによっても実現できるが[4]，容積率規制は，建築自由の原則の下で，建築物の高さや形という面で自由な土地利用を認めながら，土地利用密度が不適切なものとならないようにコントロールする必要最小限の手段として，採用されたものである。それだけに，町並み全体の景観の維持形成や周囲の日照，通風等の確保といった面から空間コントロールを行う上では不十分な面が見られる。

---

[3] 平成9年の建築基準法改正でマンション等の共用部分の床面積を容積率に参入しないとされたこと，機械室等の占める割合の大きい建築物について通常の容積率の制限をこえて建築できることになっていること，自動車車庫，駐輪場等の床面積が建物の延べ床面積の1／5まで容積率に算入されないことは，この考え方を反映していると考えられる。

[4] かつて我が国においては建築物の高さの規制と建ぺい率規制によって都市の空間密度をコントロールしていたことがある。容積率規制は昭和38年に容積地区制度として初めて導入されている。

(2) 指定容積率

　容積率制限も，用途地域の種類に応じて，様々な数値が都市計画或いは特定行政庁によって定められる仕組みとなっている。

　我が国の容積率制度は，用途地域の性質と実態に対応して幾つかの限定的なパターンの中から選択できる仕組みをとっている（次表参照）。当然のことであるが，商業地域が最も高い容積率を定めることができ，低層住居専用地域が最も低い容積率制限を受けることになっている。(建基法52条1項)

　この仕組みは，建ぺい率の場合も同様の仕組みであることから，両者の組合せもまた限定的とならざるを得ないので，密度規制は限定されたパターンの中から選択せざるを得ず，市街地の様々な実態に適切に対応できるほどには詳細性を欠くところがあると思われる。

表：地域別指定容積率

用途地域	指定容積率（％）
第1種・第2種低層住居専用	50, 60, 80, 100, 150, 200
第1種・第2種中高層住居専用	100, 150, 200, 300, 400, 500
第1種・第2種住居，準住居	
近隣商業，準工業	
商業	200, 300, 400, 500, 600, 700, 800, 900, 1000, 1200, 1300
工業，工業専用	100, 150, 200, 300, 400
用途無指定地域	50, 80, 100, 200, 300, 400

(3) 前面道路幅員による容積率制限

　前述したように，容積率制限は，都市基盤施設の整備水準と強い関連性をもっており，高容積率が定められる場合は，それにふさわしい道路などの公共施設が整備されている必要がある。このため，都市計画において，ある地域に高容積率が認められていても，個々の敷地について見た場合に，道路の整備がなされていないところでは，定められた容積率を限度一杯使用することは認められておらず，前面道路の幅員との関係で制限を受ける形となっている。

　この制限は，「前面道路幅員による容積率制限」と呼ばれており，敷地の前面道路の幅員が12メートル未満の場合の容積率は，原則として，その幅

員に6／10[5]）（住居系の用途地域の場合には4／10[6]）)[7]）を乗じて得た数値と指定された容積率のどちらか少ない方が容積率として適用される形となっている。(建基法52条2項)

　例えば，指定容積率が200％の住居系地域であっても，前面道路の幅員が4㍍しかない場合，4×4／10＝16／10，160％しか使えないということになる。

(4)　壁面線等の指定がある場合の容積率の緩和

　住居系用途地域において「壁面線の指定」または「壁面の位置の指定」がある場合は，この前面道路幅員による容積率制限においては，前面道路の境界線はその壁面線等にあるものとみなす（つまり壁面の後退距離の数値を前面道路の幅員の数値に加える）ことができる（特定行政庁の許可が必要）。但し，道路と見なす部分は敷地の面積から除外される（このため，結果として容積率が緩和されるかどうかはわからない）。(建基法52条11項)

(5)　特定道路までの距離による前面道路幅員制限の緩和

　幅員15㍍以上の高幅員道路（特定道路）から70㍍以内の敷地で，前面道路の幅員が（6㍍以上）12㍍未満の場合，特定道路までの距離に応じて，次の式によって算出された数値を前面道路の幅員に加えることができる。

◆　（12－前面道路の幅員）×（70－特定道路までの距離）÷70

　この緩和規定は，特定道路が有する交通処理能力などを享受する範囲内にある敷地については，その効果を容積率規制に反映させようとするものである。

---

[5]　特定行政庁が都道府県都市計画審議会の議を経て指定する区域内の建築物については0.4又は0.8とすることがある。

[6]　第1種・第2種住居専用地域以外の住居系用途地域においては，特定行政庁が都道府県都市計画審議会の議を経て指定する区域内の建築物につき0.6とすることがある。

[7]　住居系の場合の乗数がその他の場合と比較して少ないことについては，基盤施設への負荷が少ない住居系用途のことを考慮すると論理的とは言えない。

参考 〈特定道路による容積率の例〉

特定道路による容積率の例（指定容積率600％）

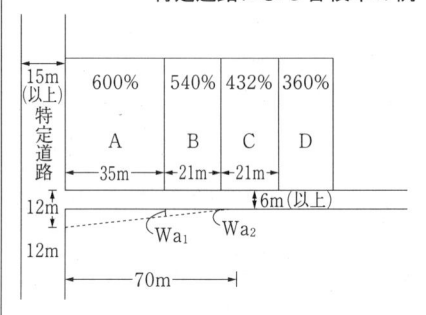

600％	540％	432％	360％
A	B	C	D
35m	21m	21m	

15m（以上）特定道路
6m（以上）
12m
12m
70m
Wa₁　Wa₂

$$Wa = \frac{(12-Wr)(70-L)}{70}$$ から

敷地B……$Wa_1 = 3$ m
　　　　　$6m + 3m = 9m$
　　　　　$9 \times 6/10 = 5.4$

敷地C……$Wa_2 = 1.2$ m
　　　　　$6m + 1.2m = 7.2m$
　　　　　$7.2 \times 6/10 = 4.32$

Wr……前面道路の幅員（m）
L……特定道路から建築物が接する前面道路の真近の端までの延長（m）

＊例えば，前面道路の幅員が6㍍，特定道路までの距離が49㍍という場合は，X（加えられる数値）＝（12－6（前面道路幅員））×（70－49（特定道路までの距離））／70＝6×21／70＝18／10。仮に商業地の場合だと前面道路幅員によって規定される容積率は，6㍍×6／10＝36／10であるが，この場合は（6＋18／10）×6／10＝468／100

(出典：建築基準法令研究会編「新訂わかりやすい建築基準法」より)

(6) 容積率の現状

　我が国の多くの都市では，容積率の指定は，個々の敷地全てが指定された容積率一杯まで使用されることはないというかなりの歩留まりをもって行われており，インフラの整備状況に比較して相対的に高い容積率が指定されているようである。このためか，指定された容積率がある程度使われていると見られるのは，容積率が低く定められている第1種低層住居専用地域やインフラ施設が十分整備されている大都市都心部の商業地域など限られた地域に過ぎない。多くの場合，高い容積率が定められていても前面道路の幅員が狭いこともあって指定容積率を100％使えないのである。我が国の場合，空間の高度利用を図ろうとするのであれば，容積率の緩和より道路をはじめとするインフラ施設の整備を行う方が効果が高い。

(7) 容積率制限の緩和特例

近年，都市の高度利用のために民間活力を活用する形を想定した様々な規制緩和方策が誕生している（高層住居誘導地区，特例容積率適用区域，都市再生特別地区など）。これらの容積率の緩和措置については，平成バブル期に高値で取得した都市の土地がその後塩漬け状態に陥り，これを民間の手によって有効利用していこうとする目的で行われた背景がある。すなわち下落した土地の価格を取得価格に近づけるため，指定された容積率を緩和し，収益率を上げ，採算性を確保する必要があったと考えられる。このような緩和措置は容積率が不十分ながらも果たしていた都市の空間コントロールに大きな影響を与えることになるが[8]，総合設計，特定街区など従来からの制度も含めて，容積率の緩和特例については，第22章「大都市の再生と法」のところで，詳述する。

(8) 容積率制度に関する問題点

ⅰ　前述したように，我が国の容積率規制は，建築自由の原則の下で，建築物の高さや形という面で自由な土地利用を認めながら，土地利用密度が不適切なものとならないようにコントロールする必要最小限の手段として採用されたものである。しかしながら，密度規制をはじめとする形態規制の本質は，都市の空間利用計画としての機能を実現するところにあり，その中で容積率規制は，建物の占有する空間の程度をコントロールすることにより，周辺の日照，通風等といったそのゾーンに求められる都市環境を実現することが最も重要な目的である筈である。本来，都市の具体的ゾーンに指定されている容積率は，そのゾーン内の空間をどの程度私的に使わせるかを定めることにより，将来そのゾーンが建築物によってどのような姿になるかということを明らかにすることに最大の目的がある。できる限り建築物の密度を抑え，市民が共有する公共空間の量を多くし，環境に優れた市街地を形成していくゾーンとするのか，それとも，高層の建築物をできる限り多く建築し，公共空間が目で見える天空のごく一部となったとしても，

---

[8] 安本教授はこのような緩和の動きを厳しく批判している「容積率規制緩和の法律問題」法律時報70巻2号45頁

高度利用を図るゾーンを目指すのかは，都市の管理者が，住民の意見等を踏まえて，総合的に判断すべきものである。しかし，現在の容積率制度は，そのような空間のコントロールを行うための手段としてはかなり不十分なところがある。建築の自由を前提とした容積率制度に代わって，壁面の位置や高さの規制を詳細に定めることのできる詳細な土地利用計画制度は，我が国ではまだ普遍的に受け入れられていないが，本来空間環境のための建築密度のコントロールを行うという視点からは格段に望ましいものであるところから，その普及活用策の充実を図り，建築の自由度が高い容積率制度に実質代替させていく必要がある。

ii　我が国で実際に指定されている容積率はインフラの整備状況に比較して相対的に高いだけでなく，そのゾーンのすべての敷地で容積率一杯まで建築が行われることを想定していないところがあり，現在の指定容積率をさらに緩和することは基本的に適切だとは考えられない。にもかかわらず，既成市街地の再編に当たって容積率の緩和が主張されることには，我が国の都市の将来を考えれば，大きな懸念を感じざるを得ない。既成市街地の再編は，容積率の緩和による都市空間の切り売りではなく，逆に公共施設の整備と公共空間の充実を図る方向を目指すべきであり，公共空間の占有には適切な費用負担を課して受益の社会還元を図る必要がある。

| 第10章　形態規制2（高さ規制）

第1節　高さの制限

　建築物の高さの規制には，その「絶対的な高さ」を制限するものと道路や隣の土地との関係で周辺の日照や通風を確保するために行われる「斜線制限」の二つがある。高さの制限は，いずれも建物上空に公共空間を確保し，主として周辺環境の保護を図ることを目的としている。かつて我が国の法制度においては，全用途に絶対高さの制限（旧都市計画法・市街地建築物法では商業地域で100尺，その他地域で70尺）が規定されていたが，今日では，絶対高さ制限は，低層住居専用地域に残されているのみで，容積率制度等にその役割を譲り，特に必要がある場合，高度地区等をかけることにより必要な高さの制限を確保できる仕組みをとっている。

1　絶対高さの制限1
　　　――低層住居専用地域の高さ制限

（1）　規制内容

　絶対高さの制限は，わが国の市街地で最も多く見られる低層住宅地の住居環境を保護することを目的としているが，住環境の保護のために土地に関する権利の内容を厳しく制限することとなるため，都市計画法で，低層住宅の良好な住居環境を保護する必要がある区域として定められている「第1種・第2種低層住居専用地域」に限って行われている[1]。

　その規制内容は，地域内の建築物の高さは10メートルあるいは12メートルのいずれか都市計画で定められる高さを超えてはならないとするものである（建基法55条1項）。通常2階建て，場合によっては3階建てまでの住宅の建築が可能とされ，高い建築物が建築されることによって生じる日照，採

---

[1]　第1種・第2種低層住居専用地域は，全国で約36万haで，全用途地域の約20％を占めている。

光，通風の障害の発生を防止し，良好な住居環境を保護するため設けられている規制である。

(2) 例外規定
この高さ制限には，三つの例外規定が置かれている。
i 第一の例外としては，10㍍高さ制限が課せられている場合であっても，
　ア．指定建ぺい率を10％以上下回る建ぺい率で建築をする場合（つまり空地率が10％以上高い場合）
　イ．敷地面積が1500㎡以上ある場合
　のいずれかの場合で，特定行政庁が低層住宅の良好な住居環境を害するおそれがないと認める場合には，12㍍までの建築が可能とされる（建基法55条2項）。
ii 第二の例外としては，敷地の周りに広い公園，広場，道路等の空地がある場合で，特定行政庁が建築審査会の同意を得て低層住宅の良好な住居環境を害するおそれがないと認める場合には，絶対高さの制限そのものが適用されないこととされている（同条3項1号）。
iii 第三の例外としては，建築しようとしている建築物が「学校その他の建築物であって，用途によってやむを得ないと認めて特定行政庁が許可したもの」である場合である。市街地の学校や病院等において見られる（同2号）。

2　絶対高さの制限2
——高度地区における絶対高さ制限

　第1種・第2種低層住居専用地域における絶対高さ制限以外にも，都市計画で「高度地区」に指定された地区内において高さの制限を行うことができることとなっているが，その場合に絶対高さの制限が行われることがある。
　高度地区は用途地域内の土地について定められ，その都市計画では，建築物の高さの最高限度又は最低限度が定められるが，高さの最高限度は市街地における環境の維持のため定められ，最低限度の方は土地利用の増進のため定められる，という2つの異なる目的の高度地区が存在す

101

第2部　都市計画規制

図：最高限高度地区の規制形態

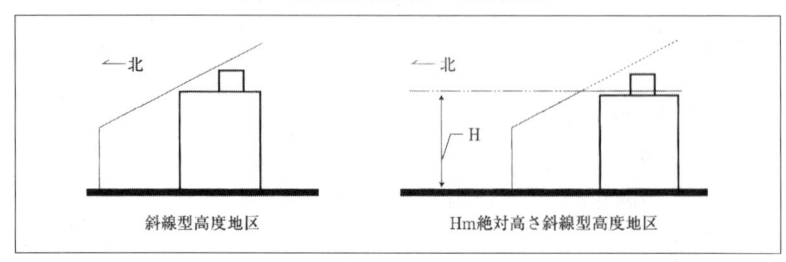

　　　斜線型高度地区　　　　　　Hm絶対高さ斜線型高度地区

る（第7章参照）。実際定められているのは，その殆どが最高限高度地区で，最低限高度地区が定められることは少なく，幹線道路の沿道などに定められる。

　最高限高度地区の方は，大都市の住居系用途地域で広く適用され，通常は斜線制限の形で行われることが多く，日影制限がかからない地区やその対象とならない低層の建物間の日照確保などに活用されているが，絶対高さの制限の形をとることがある。最近の高度地区の活用例として，都市景観の保護のため，高度地区を指定して，絶対高さの制限を行っているところが見られる（京都市，小田原市等）ことについては，第7章において述べたところである。

3　斜線制限

斜線制限には，「道路斜線制限」，「隣地斜線制限」，「北側斜線制限」の三種がある。それぞれ，道路，隣地における日照，採光，通風の確保，住居専用地域の日照等の確保のために設けられた規制である。

〈A〉「道路斜線制限」（建基法56条1項1号）

　①　規制内容

　この制限は，建築物の敷地の前面道路の幅員と道路からの距離に応じて，建築物の高さを規制することにより，道路上の採光，通風，道路上の空間の確保を図り，あわせて建築物の空間環境も確保しようとする高さ制限である。

　その規制の内容は，建築物の各部分の高さは，原則として前面道路の反対側の境界線からの水平距離に1.5（住居系の用途地域の場合1.25[2]）

を乗じて得た高さ以下としなければならないとするものである（但し，適用範囲の限度として，容積率に応じて，道路の反対側からの距離20～50㍍を超える部分には適用がない）。

図：道路斜線制限

（出典：建築基準法令研究会編「新訂わかりやすい建築基準法」より）

② 例外的緩和

この斜線制限には近年多くの例外的緩和規定が設けられてきている。例えば，

i 建築物が道路からセットバックして建てられる場合には，前面道路の反対側の境界線は，後退距離分だけ外側にあるものとして，斜線制限が適用される（56条2項）。

ii 住居系用途地域（第1種・第2種低層住居専用地域を除く）で，前面道路の幅員が12㍍以上ある場合，斜線制限の始点からの距離が，道路幅員にセットバック距離の2倍を加えたものの1.25倍を超えたところから，斜線の勾配は1.5とする（56条3項，4項）。

iii 前面道路が2以上ある場合，幅員が最大の道路の境界線から道路幅員の2倍以内（かつ35㍍以内）の区域又は2番目の道路の中心線から10㍍以上離れた区域内の建築物は，2番目の道路幅員が最大幅員あるものとして道路斜線制限を適用する（56条6項）。

2） 第1種・第2種低層住居専用地域以外の住居系用途地域のうち，特定行政庁が都道府県都市計画審議会の議を経て指定する区域内の建築物については1.5。

iv 前面道路の反対側に公園，水面等がある場合には，前面道路の反対側の境界線は，公園等の反対側の境界線にあるものと見なして道路斜線制限が適用される（56条6項）。

v 建築物の敷地の地盤面が前面道路より1㍍以上高い場合には，前面道路は，高低差の1／2だけ高い位置にあると見なして，道路斜線制限が適用される（56条6項）。

vi 都市再生特別地区内の建築物については，道路斜線制限のみならず，隣地斜線制限，北側斜線制限の適用もない（60条の2）。

vii 天空率との比較による斜線制限の緩和
天空率については，平成14年改正で創設されたものであるが，前面道路の反対側の境界線上の位置で道路斜線制限によって確保される採光，通風などと同程度以上確保されることを天空率という形で比較し，道路斜線制限による天空率への影響と比較し，天空率が低下しない場合，斜線制限の適用がないというものである（56条の7項1号）。

近年，規制緩和の一環として，このような規制の例外措置が急激に増加している。斜線制限に伴う例外措置については，元々斜線制限自体が，絶対高さ制限から自由度の高い容積率制限に代わった際に環境保全の視点から最低限必要な規制として設けられたものであるということに鑑みれば，このような例外的緩和措置はどのように説明されるのか理解に苦しむところがある。

〈B〉「隣地斜線制限」（56条1項2号）

この制限は，隣地境界線からの距離に応じて建築物の高さを制限することにより，隣地の採光，通風などを確保することを目的とする高さ制限である。

第1種・第2種低層住居専用地域では，絶対高さ制限が課せられているため，この制限の適用はない。

この規制の内容は，建築物の各部分の高さは，原則として隣地境界線からの水平距離に2.5（住居系用途地域の場合は1.25）を乗じて得た数値に31㍍（住居系の場合20㍍）を加えた数値以下としなければならない，というものである[3]。

図：隣地斜線制限

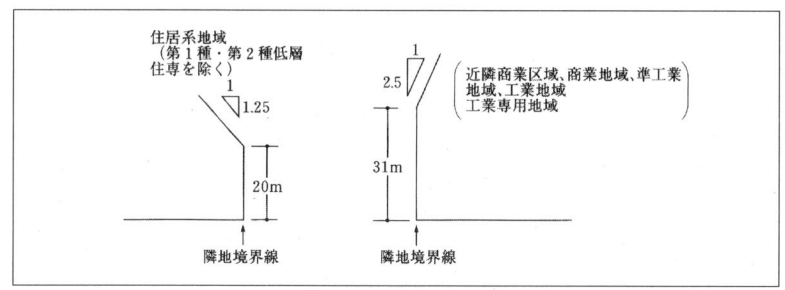

（出典：建築基準法令研究会編「新訂わかりやすい建築基準法」より）

　隣地斜線制限にも，道路斜線制限と同趣旨の例外緩和規定が設けられている。

〈C〉「北側斜線制限」（56条1項3号）

　この制限は，建築物から北側の前面道路の反対側の境界線又は隣地境界線までの真北方向の距離に応じて，建築物の高さを制限することにより，北側隣地の日照などを確保することを目的とする高さ制限である。

　この制限は，日照の確保を特に要請される第1種・第2種低層住居専用地域及び日影規制の対象地域から外れた第1種・第2種中高層住居専用地域について適用される。

　この規制の内容は，建築物の各部分の高さは，北側の前面道路の反対側の境界線又は隣地境界線までの真北方向の水平距離に1.25を乗じて得た数値に5メートル（第1種・第2種中高層住居専用地域の場合10メートル）を加えた数値以下としなければならない，というものである。

　北側斜線制限にも，道路斜線制限等と同趣旨の例外的緩和規定が設けられている。

〈D〉斜線制限の問題点

　斜線制限そのものは，高い建築物がもたらす周辺への影響に対して，道路或いは隣地の日照，採光，通風等の確保を図る見地から行われるもので，その目的自体に問題があるわけではない。問題があるのは，我が国の高層建築物に対して課せられていた31メートル（住居地域は20メートル）の絶対

3）　特定行政庁が都道府県都市計画審議会の議を経て指定する区域についての例外がある。

第2部　都市計画規制

図：北側斜線制限

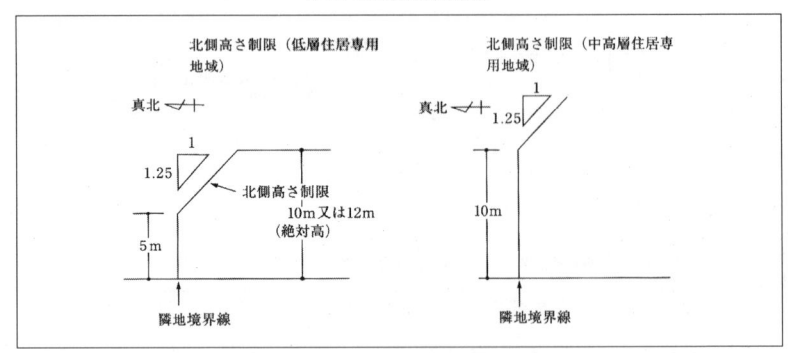

```
北側高さ制限（低層住居専用　　　　　　北側高さ制限（中高層住居専
地域）　　　　　　　　　　　　　　　　用地域）
　真北　　　　　1
　　　　　　1.25　　　　　　　　　　真北　　　1
　　　　　　　　　　　　　　　　　　　　　　1.25
　　　1　　　　　　北側高さ制限
　　1.25　　　　　10m又は12m
　　　　　　　　　（絶対高）　　　　10m
　　5m

　隣地境界線　　　　　　　　　　　　隣地境界線
```

(出典：建築基準法令研究会編「新訂わかりやすい建築基準法」より)

　高さ制限に代わって容積率制限が行われ，建築物の高さが自由になったことに伴い，斜線制限がこれに伴って生じる隣地の日照・採光等を最低限のレベルで確保する手段として設けられたという点である。近年，そのような斜線制限制度については，大幅な緩和が行われており，特に市街地環境の確保が必要な住居系地域での緩和は急速に周辺環境の悪化をもたらしている感がある。現在，かなりの都市において，住居系地域を中心に最高限度高度地区が指定されざるを得ない状況が生じつつある。また，後述するように，このような状況にある斜線制限を適用除外する制度が増加しつつある。斜線制限で守ろうとした公益は，いつの間に高層建築物によってもたらされる私益より低位に置かれるようになったのだろうか。斜線制限で形成される町並みが決して美しいものとは思えないが（我が国の市街地のように小規模敷地にペンシル型の建築物がバラバラの高さで林立している場合は特に），それによって保護される公益はやはり基本的には維持確保されるべきであろう。

　なお，私見に過ぎないが，斜線制限制度は，我が国の都市の景観を非常に損ねたところがある。かつて高層建築物に課せられていた絶対高さ制限は我が国においても市街地に美しいスカイラインを持つ街並みを生み出していたが，土地の有効利用と最低限の日照等の確保という二つの目的を両立させようとした斜線制限制度は，一方でかなり醜い乱雑な都市景観を生んだのではないか。

狭い敷地の多い我が国の都市の場合，個々の敷地の利用に広範な自由を認めながら有効利用を図れば，どうしても全体としての都市空間は環境や景観の面で良好さを損なう結果につながらざるをえないように思われる。

4　日影制限（56条の2第1項）

(1)　規制内容

　この制限は，中高層建築物が敷地の周辺にもたらす日影による影響をコントロールすることにより，周辺敷地の日照の確保を図ることを目的とするものである。

　主として住宅地における日照の確保の必要性が低い又はないと考えられている商業地域，工業地域，工業専用地域には適用がなく，それ以外の都市計画区域（具体的には，第1種・第2種低層住居専用地域，第1種・第2種中高層住居専用地域，第1種・第2種住居地域，準住居地域，近隣商業地域，準工業地域及び用途地域の指定のない区域で地方公共団体が条例で指定する区域）に適用される。

　この制限の対象となる建築物は，第1種・第2種低層住居専用地域では，軒高7㍍を超えるか又は3階建て以上の建築物，その他の地域では，高さ10㍍を超える建築物である。

　この規制の内容は，当該建築物の敷地境界線から一定の距離範囲にある周辺の土地（一定の高さで測定される。第1種・第2種低層住居専用地域では1.5㍍（1階の窓の高さ），その他の用途地域では4㍍（2階の窓の高さ）又は6.5㍍（3階の窓の高さ））の高さの水平面に，一定時間以上日影を作ってはならないとするものである。

　規制は，冬至日の真太陽時による午前8時から午後4時までの8時間内に，周辺の土地にどれだけの時間日影を生じるかを測定し，その時間の長さを規制する仕組みとなっている。（次頁の**表**参照）

第2部　都市計画規制

表：日影による中高層建築物の制限（建基法別表第4）

	(い) 地域又は区域	(ろ) 制限を受ける建築物	(は) 平均地盤面からの高さ	(に) 注	(に) 敷地境界線からの水平距離が5m～10mの範囲における日影制限（北海道は1時間減少する）	(に) 敷地境界線からの水平距離が10mをこえる範囲における日影制限（北海道は0.5時間減少）
1	（第1種・第2種）低層住居専用地域	軒の高さが7mをこえる建築物。階数（除地階）が3以上の建築物	1.5m	(1)	3時間	2時間
				(2)	4時間	2.5時間
				(3)	5時間	3時間
2	（第1種・第2種）中高層住居専用地域	高さが10mをこえる建築物	4m又は6.5m	(1)	3時間	2時間
				(2)	4時間	2.5時間
				(3)	5時間	3時間
3	（第1種・第2種）住居地域，準住居地域，近隣商業地域・準工業地域	高さが10mをこえる建築物	4m又は6.5m	(1)	4時間	2.5時間
				(2)	5時間	3時間
4	用途地域の指定のない区域	イ 軒の高さが7mをこえる建築物，階数（除地階）が3以上の建築物	1.5m	(1)	3時間	2時間
				(2)	4時間	2.5時間
				(3)	5時間	3時間
		ロ 高さが10mをこえる建築物	4m	(1)	3時間	2時間
				(2)	4時間	2.5時間
				(3)	5時間	3時間

※この表において「平均地盤面からの高さ」とは，当該建築物が周囲の地面と接する位置の平均の高さにおける水平面からの高さをいうものとする。

図：日影時間の制限

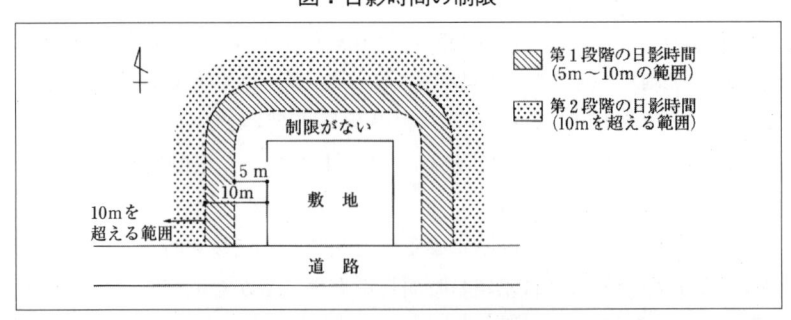

(2) 規制対象区域外にある建築物に対する規制

規制対象区域外にある高さが10メートルを超える建築物で，冬至日に対象区域内に日影を生じさせるものについては，対象区域内にあるものと見なして，日影規制が適用される。

第2節　高さの規制の緩和

　最近高層の建築物，特にマンションの建築を巡る周辺との紛争が増加しているようであるが，これは前述した容積率の緩和だけでなく，斜線制限の規制内容の緩和や適用除外の増加と無関係ではない。建築紛争あるいは景観紛争の大半は，建築物の高さが問題となっている。これらのケースの殆どは，建築基準法の規定に違反しているものではなく，合法な建築物であるが，周辺の空間秩序とは調和しない，著しくかけ離れた高さの建築物を建築するものであり，建築基準法の最低限基準と既存の空間秩序とのフリクションが，規制緩和が原因で増加しているものと考えられる。現行の建築基準法は基本的に個々の建築物や個々の敷地を規制の対象としており，その周辺の状況を含む空間を考慮する基準を有していないだけでなく，周辺との調整の仕組みを有しない（建築確認は適法であることの確認に過ぎない）ことが，高さを巡る紛争の増加に対応できていない要因の一つと言える。

　特に，都心部で非常に多くなってきている超高層建築物は，その高さが周辺の建築物秩序と異常に異なるが故に，日照，通風，採光，景観等空間秩序に多くの影響を与えざるを得ず，既存の空間秩序によって維持されてきた良好な環境を失うこととなる周囲からの反対が強く，訴訟にまで及ぶケースも生じている。このような超高層の建築物の殆どは，通常の都市計画制限を排除することのできる総合設計，特定街区，都市再生特別地区などといった例外的な制度に基づいて建築されており，容積率の大幅な上乗せや斜線制限の適用除外がなされている。本来，このような例外的制度の適用に当たっては，まず都市計画的観点からの適切性が十分検討され，既存の空間秩序の中で生活している地域住民の意見を踏まえて判断がされるべきであるが，現行の都市計画制度がこの点について不十分であるため，実質的調整が行われているとは言い難い状況にある。また，その建築に際しては，事前に十分な環境・景観面での事前評価を行い，その必要性について総合的な視点からの判断を行った上で，建築を認める仕組みが必要であるが，現在の建築確認制度はそのような機能を有していない。

第2部　都市計画規制

　現行の都市計画制度，建築確認制度を前提とするのであれば，既存の空間秩序を排してでも超高層の建築物を建築する必要があるゾーンは現在よりかなり厳格に限定すべきであろう。

　このような視点に立つと，都市計画上のチェックが行われない総合設計制度は，土地利用計画上極めて問題のある制度であると考えられる。最近，行われた総合設計制度の変更（確認型総合設計制度）は，都市の市街地環境のマネージメントを放棄した印象が強く，理解できないものであり，将来の我が国の都市にとって大きな禍根をもたらすのではないかと懸念せざるを得ない（第22章参照）。

第11章　建築確認と違反建築物等

第1節　建築確認制度

　建築主は，一定の建築物について建築等をしようとするときは，その工事に着手する前に，建築主事の確認（又は指定確認検査機関の確認）を受けなければならない。(建基法6条，6条の2)

　「建築確認」は，建築計画が建築基準確認規定[1]に適合しているかどうかを建築工事の着手前に確認する行為であり，確認後，確認済証の交付が行われることにより建築が可能になるという法的効果を与えられた一連の行為である。

　「建築確認制度」は，土地の上の空間が建築物等によって使用される場合，それが建築基準法令に基づく一連の規制を満たしているものであるかどうかをチェックする機能を果たすもので，その建築物の最低限の安全性等の水準を確保・維持し，都市にあっては都市の空間利用の最低限の秩序の維持を図ることを目的としている。

1　建築確認を受けなければならない場合

　建築確認を受けなければならないとされているのは，次頁の表に掲げる建築物又は工作物に係る工事である。

　建築確認の対象となる建築物に関する工事は，対象建築物によって3つに区分される。

　　ⅰ．学校，病院，劇場，百貨店，旅館。共同住宅といった特殊建築物
　　　　（表中ア）
　　ⅱ．一定規模以上の木造又は非木造の建築物（表中イとウ）
　　ⅲ．それ以外の建築物

---

1)　建築基準法並びにこれに基づく命令及び条例の規定その他建築物の敷地，構造又は建築設備に関する法律並びにこれに基づく命令及び条例の規定で建築基準法施行令9条各号に列挙されているものをいう。

第2部　都市計画規制

表：建築確認対象となる建築等

適用対象地域	対象建築物	工事
全　国	ア．特殊建築物で床面積が100㎡を超えるもの	建築，大規模の修繕，大規模の模様替，用途変更してア．に当たるものとする工事
	イ．木造建築物で，次のいずれかに当たるもの ①　階数が3以上／②　延べ床面積が500㎡超／③　高さ13㍍超／④　軒高9㍍超	
	ウ．木造以外の建築物で2階建て以上又は延べ床面積200㎡超のもの	
都市計画区域，準都市計画区域等内	ア〜ウ以外のすべての建築物	建　築
全　国	一定の工作物，ア〜ウの建築物に係る一定の建築設備	設置等

　ⅰとⅱの建築物の場合，その建築物が全国どこにあっても，建築（新築，改築，増築，移転）工事だけではなく，大規模の修繕（主要構造部の1割以上について同様の材料を用いて同様の形状を維持する工事），大規模の模様替（主要構造部の1割以上について異なる材料を用いて異なる形状とする工事），用途を変更して特殊建築物とする工事をする場合も，建築確認が必要とされる。

　これに対して，ⅲに当たる建築物の場合は，それが都市計画区域又は準都市計画区域内で建築される場合のみ，建築確認が必要とされる（大規模な修繕等の場合は不要）。

　都市計画区域又は準都市計画区域内では，集団規制の適用があり，それを担保する必要から，全ての建築物について新築，改築，増築，移転に確認が必要とされている。

　都市計画区域外又は準都市計画区域外でⅲの建築物（例えば木造2階建て120㎡の建物）を建築する場合は，建築確認を受ける必要はない。しかし，その建物が単体規制に違反している場合は，違反是正措置を受けることがある。

2　建築確認の主体

　建築確認を行う主体は，従来都道府県又は市町村に置かれる「建築主事」[2]とされていたが，平成10年建築基準

法改正により指定確認検査機関による確認が認められるようになった。指定確認検査機関の確認を受け，確認済証の交付を受けたときは，その確認と確認済証は，建築主事の行った確認と確認済証と見なされている。(建基法6条，6条の2)

　この建築確認の民間開放は，建築確認の迅速化や違反建築物への行政対応の充実を目的として行われたものであるが，その後，検査機関により不正な確認審査が行われ，違法建築物の建築が続出したため，その対応として平成18年建築基準法が改正された。その主な内容は，一定規模以上の建築物については，建築主事又は指定確認検査機関は，構造計算が適正に行われたかどうかについて，都道府県知事に判定を求めなければならないとした点にある（構造計算適合性判定）。判定は，都道府県知事自ら或いは知事から指定を受けた構造計算適合性判定機関が行うこととされている。(建基法6条5項，6条の2第3項，18条の2)

　この改正により，建築確認の遅れが生じる点を問題視する意見もあるが，そもそも建築確認を建築主事だけでなく，指定確認検査機関にも行わせるようになったことについては，従来より安全の確保の面で不安を指摘する声があった。

　本来，安全の確保は，最も重要な公益目的であり，これを民間機関に委ねることはやはり問題が多いといわざるを得ない。確認申請を行う建設業者の側の採算性が悪化してくると，安全性を軽視した手抜き工事，手抜き設計を行う可能性が高くなり，民間検査機関が供給過多の場合，申請側の意向が確認行為に反映する可能性があることは当然想定されるべきである。利益を追求することを本質としている民間機関に安全を委ねた場合には，このような事態が生じることは容易に予想できた筈であり，仮に安全の確保を民間に委ねる場合は，公的機関による厳しいチェックが常に行われることを担保すべきである。ただ，従来の建築主

---

2) 建築主事は，市町村又は都道府県の吏員で，建築基準適合判定資格者検定に合格した者の中から市町村長又は都道府県知事が任命される。一級建築士としての資格を有し，建築行政等に関し2年以上の実務経験を有している者である。都道府県及び人口25万以上の市は建築主事を置くことを義務づけられているが，その他の市町村は自らの判断により建築主事を置くことができることになっている。

事が行ってきた建築確認においても，このような事態が防げたかどうかは疑問のあるところではある。

3　建築確認の法的性格

建築確認は，対象となる建築物が建築基準確認規定に適合しているかどうかを公権的に判断・確認する行為であり，確認したときには確認済証を交付しなければならず，確認済証が交付されれば，建築が可能になる。建築確認前の着工を禁止しているところから，実質的に許可と同じ性格を有している面が見られることは否めないが，建築基準確認規定に適合している場合必ず確認しなければならないとされているため，裁量の余地のある通常の許可とは異なる性格を有している。建築確認の法的性質について，最高裁は，昭和59年10月26日第二小法廷判決[3]において「建築確認は，建築基準法6条1項の建築物の建築等の工事が着手される前に，当該建築物の計画が建築関係規定に適合していることを公権的に判断する行為であって，それを受けなければ右工事をすることができないという法的効果が付与されており，建築関係規定に違反する建築物の出現を未然に防止することを目的としたものということができる」とし，昭和60年7月16日第三小法廷判決[4]においても，「確認処分自体は基本的に裁量の余地のない確認的行為の性格を有するものと解するのが相当であるから…（中略）処分要件を具備するに至った場合には，建築主事としては速やかに処分を行う義務がある」としているところから確認行為説を採っているように見えるが，裁量の余地のない許可行為説と実質的に区分する実益はないように思える。

なお，建築確認処分（これに係る不作為を含む）について不服がある場合，建築審査会に対して行政不服審査法に基づく審査請求を行うことができるが，建築確認の取消訴訟を起こす場合は，この建築審査会の裁決を経た後でなければならない（審査請求前置主義）。（建基法第94，96条）

---

[3]　判タ542号192頁

[4]　判タ568号42頁

4　建築確認取消訴訟の原告適格等

建築確認の取消を求める訴訟に関しては，確認を受けた建築物の建築によって影響を被る周辺住民に訴訟を提起できる原告適格が認められるかという点が従来から問題となっている。周辺住民が建築によって被る被害には様々なものがあるが，典型的なものには日照等が阻害されるというものや建築物の安全確保ができておらず危険であるというものもある。建築基準法は，建築物の敷地，構造等に関する最低の基準を定めて国民の生命，健康及び財産の保護を図ることなどを目的とするものであるが，建築基準法の具体の規定が，不特定多数者の具体的利益を専ら一般的公益の中に吸収解消させるにとどめず，それが帰属する個々人の個別的利益としてもこれを保護すべきものとする趣旨を含むと解される場合，適切な建築規制の運用によって保護されるべき付近住民の生活上の利益は，単なる事実上の反射的利益というにとどまらず，法によって保護される利益と解するのが相当であり，受忍すべき限度を超えて侵害を受けると認められる者は，原告適格を有すると解されている[5]。

5　建築工事完了後の建築確認取消の訴えの利益

建築確認を受けて行われる建築工事により重大な影響を受ける隣接地

---

[5]　下級審において原告適格を認めたものとして，用途規制違反の建築物（住居地域内のボーリング場）につき，受忍限度を超えて住居環境を破壊されるおそれのある住民に原告適格を認めた例（東京地判昭和48.11.6）判時737号26頁，建基法上の違法建築について，生活環境上の悪影響，火災の危険等を被る近隣居住者に，確認処分の取消を求める法律上の利益を認めた例（静岡地判昭和53.10.31）判タ375号117頁等がある。一方，受忍すべき限度を超えているとはいえないとして建基法48条1項但書の許可に係る隣接居住者につき原告適格を認めなかった例（最判昭和60.11.14）判タ597号72頁。また，（第一種中高層住居専用地域内において建築確認を受けて建築される「公衆浴場」によって受けると主張される騒音，排気ガスによる被害，交通の危険，安眠妨害等に関し，建築基準法及びこの関連法規が具体的な制限基準を設けていない以上）建築基準法の規定が，個々人の個別的利益としてこれを保護すべきものとする趣旨を含んでいないとして，法律上の利益を認めなかった例（高松高判平成10.4.28）判タ992号112頁。なお，総合設計の許可，高度地区の適用除外許可について近隣住民の原告適格を認めたものとして（最判平成14.1.22，最判平成14.3.28）

の所有者等が建築確認の取消訴訟を提起したが，その訴訟中に建築工事が完成した場合，裁判所は，建築確認の取消を求める原告の訴えの利益が失われるとしている。

　この点についての裁判所の考え方[6]は概ね次の通りである。

　すなわち，建築確認にはそれを受けなければ建築工事をすることができないという法的効果が付与されており，違法な建築物の出現を未然に防止することを目的としているが，建築工事が完了した場合，取消訴訟により阻止すべき建築工事が存在しなくなり，未然防止の意味がなくなる。また，仮に建築確認の取消が行われたとしても建築確認なしに建築物を完成させたという手続的違反状態を出現させるに過ぎないので[7]，建築確認の取消しを求める者が目的としている違法建築の解消という訴えの利益は，工事完了時点で失われると考えられる。

　建築基準法は，建築確認による違法状態の未然防止の仕組みの他に，工事完了後の適法性のチェックの仕組みとして工事完了検査と使用制限制度（7条，7条の6）を設けており，また，工事完了後の建築物の違法状況の除去を目的とする違反是正命令制度も存在する。建築確認が取り消されることなくそのままであっても，検査済証の交付を拒否し，違反是正命令を出す上で法的な障害とはならず，また建築確認が取り消されたとしても検査済証の交付を拒否し，違反是正命令を発すべき法的拘束力が生ずるものではないとされる。

　こうした建築基準法の制度的枠組みを考慮すれば，上述した訴えの利益がないとする考え方に問題があるとは考えにくい。しかし，判決までの間に建築物は完成してしまうのが普通であるから，違法性が認められる場合でも建築確認についての法的救済が認められないのは，国民の権利救済或いは行政活動への司法的統制における取消訴訟の機能という点から問題とする意見もある[8]。

---

6)　最高裁昭和59年10月26日第二小法廷判決（判時1136号53頁）
7)　東京地判昭和53．9．28（行裁例集29巻9号1792頁），東京地判昭和54．7．3（行裁例集32巻1号148頁），広島地判昭和55．4．24（判時989号28頁）
8)　荒「建築基準法論Ⅱ」104頁，小林武「民商法雑誌93巻1号106頁

第2節　工事完了検査と使用

　建築工事が完了した場合，建築主は建築主事又は指定確認検査機関による完了検査を受け，建築基準関係規定に適合していると認められる場合には検査済証の交付がなされることになる。(建基法7条，7条の2)
　この検査済証の交付をうけて初めて建築主はその建築物（又はその部分）9) を使用することができることになる。(7条の6)
　この完了検査はできあがった建築物が実体的に適法であるかどうかをチェックするもので，建築計画通りに完成しているかどうかを検査するものではない。
　なお，3階建て以上の共同住宅の床及びはりに鉄筋を配置するなどの特定の工程を含んでいる建築工事等の場合には，中間検査を受けることが義務づけられている。(7条の3)

第3節　建築確認制度の基本的問題

　現行の建築基準法令は，建築物を建築するに当たって守る必要のある最低限の規制を規定しているものであり，建築確認は，その建築基準法令等の規定に適合しているかどうかを確認する，言い換えれば，建築物について守らなければならない最低限のルールを満たしているかどうかを確認する手段として位置付けられている。このため，建築基準法令と建築確認という手段によって防ぐことができるのは，最低限の水準も満たさない問題がある建築物の建築であり，この建築確認という手段によっては良好な都市空間を形成していくことは難しい。建築確認が，建築許可と異なり，裁量の余地を与えられていないのも，建築自由の原則の下で，最低限守る必要のあるルールを守っているかどうかをチェックすれば足りると考えられているからである。この意味で，建築確認は，実質的に都市の空間をコントロールする十分な手段とは言い難い。都市

---

9)　使用制限の対象となるのは，建築確認の対象となっている前掲の表のうち，ア～ウの新築及び避難施設等に関する工事に係るこれらの建築物又はその部分である。

計画規制と基本的に異なり，我が国の建築規制制度は，良好な都市空間を形成していくための建築物のコントロールの手段を持ち得ていないのである。

このため，我が国の都市においては，建築基準法令による規制の外側にある協定や要綱といった手段をも使って，良好な都市の形成を図ってきた。地区計画という都市計画の手段がこの観点から活用されているのもこのような背景を持っている。

単体規制はともかくとして，都市の中の土地の利用について用途・形態の規制を行う集団規制については，現在のように最低限規制として機能させるだけでなく，良好な都市の形成を図るための規制として機能させる必要があり，そのための別途の仕組みを構築すべきである。集団規制にそのような機能を持たせるのであれば，それを実現するための手段としては裁量の余地のない建築確認という制度はふさわしくない。開発許可制度が土地の利用転換のコントロールとしての手段として位置づけられているのと並んで都市の空間をコントロールする集団規制に関しては建築許可制度を設ける形で体系的に都市計画法の中で位置づけを明確にすべきである。

第4節　違反建築物等

1　違反建築物に対する是正措置命令

特定行政庁は，建築基準法令等に違反した建築物又はその敷地について，次のような措置をとることを命じることができる。

i　その工事の施工の停止
ii　相当の猶予期限をつけて，その建築物の除却，移転，増改築，修繕，模様替え，使用禁止，使用制限等違反是正のための必要な措置

その命令の相手方は，建築主，工事の請負人，現場管理者，所有者，占有者である。

これらの措置を命じることのできるのは，原則として特定行政庁であるが，緊急の場合には，建築監視員も，工事の停止，仮の使用禁止，使用制限命令を行うことができる。（建基法9条，9条の2）

違反是正命令は，完成した建築物が建築基準法令等に違反している場合に行われ，建築確認で確認された建築計画に反しているかどうかは関係がない。建築計画に違反していても適法であれば命令の対象にはならず，建築計画に合っていても建築法令等に違反していれば命令の対象になる。

2　保安上危険，衛生上有害な建築物に対する措置

　特定行政庁は，劣化が進み，放置すれば著しく保安上危険となり，又は著しく衛生上有害となるおそれがある場合，その建築物の除去，移転，増改築，修繕，模様替，使用中止，使用制限等の必要な措置をとることを勧告でき，従わない者に対しては措置命令が可能である。また，現に著しく保安上危険であり，若しくは著しく衛生上有害である建築物等に対しても是正措置命令を出すことができる（10条）。

　なお，集団規制に抵触し，公益上著しく支障がある既存建築物については，市町村議会の同意を得て，除却，移転，増改築，修繕，模様替，使用中止，使用制限を命ずることができるが，この場合，命令により通常生ずべき損害を補償する必要がある（11条）。

第5節　既存不適格建築物

　既存不適格建築物とは，建築時には建築基準法又はこれに基づく命令，条例に適合していたが，建築後に行われた法令の改正や都市計画の変更等により，これらの規定に適合しなくなった建築物のことである。違法建築物とは区別され，そのままの状態での存在が許されているが，将来，建築確認が必要な増，改築等を行う場合には，現行規定に適合しない部分を適合するようにしなければならないとされている。（建基法3条2項）

　既存不適格建築物に対する新たな規制の適用除外については，憲法39条の規定（遡及処罰の禁止）の類推適用として説明されることがあるが，建築基準法第3条第2項の規定は，新規定の適用に当たって，既になされた建築行為に対する遡及適用について規定したものではなく，確認が行われ適法に建築行為がなされ，その結果として現在も存在している建

築物について，新たな規制との関係でその状態の存続をどうするかというものである。ここでは，新たな規制が実現しようとしている目的（公益）に照らして，既存の建築物の存在がその目的を達成する上でその存在を許されるかどうかが問題となるのであって，遡及適用とは本質を異にする立法政策上の問題と解すべきである。

従って，殆ど全ての既存建築物が原則として存在を許されている現在の制度が適切なものであるかどうか，すなわち新たな規制に対して既得の状態を優先させていることが本当に問題がないかどうかは，本来個別に検討される必要がある。

例えば，既存の建築物が存在を許されている理由等と比較して，新たな規制が人の生命等に対する危険の防止上必要不可欠なものであり，その実現が急を要する場合，立法政策としてはその規定について既存不適格状態での存在を認めるべきではないということが想定できるのであって，これを遡及適用禁止の考え方で排除することは適切ではない。

ところで，既存不適格建築物を認めている理由として説明されているのは，主として次のような点である。

i．新法令により実現される法益と新法令に適合させるために要する費用とを比較衡量すると後者には膨大な費用を必要とするため適切ではない

ii．余りにも対象となる建築物が多く，費用の点でその全てに新法令を課したのでは建築規制そのものがザル法になるおそれがあり，実現の可能性が少ない

これらはいずれも，建築物の建築等には膨大な費用を要するという特質からくるものであり，一般的には理解できるものである。また，既存不適格建築物のうち，著しく保安上危険であり，衛生上有害である建築物については，その除却，改築，修繕等必要な措置をとることとしているため，社会的に問題がある既存不適格建築物については対処できる仕組みが採られていることも考慮されるべきである。

しかし，その建築物の用途が不特定多数の者が利用するものであったり，病人や身体障害者等の弱者が利用するものである場合等で，新たな建築規制の目的が人の生命等に対する安全を図るためのものであるよう

な場合についてまで，既存不適格建築物としてその存在を認めることが適切かどうかについては疑問がある。所有者・管理者等に利用者等に対する安全等の確保の責務が認められるこのような特別の建築物については，安全・衛生等の視点から課せられる一定の単体規定の適用除外は行うべきでなく，一定の猶予期間中に適合措置を採ることを義務付ける必要性が高い。

　なお，既存不適格建築物には，「現に存する建築物」だけではなく，「工事中の建築物」も含まれており，その範囲が問題となったことは記憶に新しい[10]。工事中の建築物については，現在建築行為が行われていることから，上述した状態責任の問題とともに，行為責任の問題も生じると考えられるが，それが安全・衛生等に係る規定の場合には，既存不適格建築物の範囲を広くするような解釈はやはり問題であろう。

---

10)　いわゆる国立マンション事件である。

● 第4編 ●
都市基盤施設の整備

第12章　都市施設1

第1節　土地利用とこれを支える基盤施設

　都市の土地の上で行われる様々な都市的活動を可能にするためには，その活動を支える都市基盤施設の整備が不可欠である。都市計画法では，必要な都市基盤施設の計画的な整備を図るため，「都市施設」に関する都市計画として，その種類，位置，区域，構造などを都市計画に定めることができることとしている。

　都市計画に定められた「都市施設」は，「都市計画施設」と呼ばれる（都計法4条6項）。

　なお，道路，河川，公園等の都市施設については，その施設の区域の地下又は空間について立体的な範囲を都市計画に定めることもできる。（立体都市計画）

1　都市施設の種類

都市施設として定めることができる施設は，次の通り多彩である（都計法11条1項各号）。

① 道路，都市高速鉄道，駐車場，自動車ターミナルその他の交通施設
② 公園，緑地，広場，墓園その他の公共空地
③ 水道，電気供給施設，ガス供給施設，下水道，汚物処理施設，ごみ焼却場その他の供給施設又は処理施設
④ 河川，運河その他の水路
⑤ 学校，図書館，研究施設その他の教育文化施設
⑥ 病院，保育所その他の医療施設又は社会福祉施設
⑦ 市場，と畜場又は火葬場
⑧ 一団地の住宅施設
⑨ 一団地の官公庁施設
⑩ 流通業務団地

⑪　電気通信事業の用に供する施設
⑫　防風，防火，防水，防雪，防砂又は防潮施設
これらは，
　ア．人や物の移動を支えるためのもの（道路，鉄道等の交通施設①）
　イ．地域の環境を維持するためのもの（公園，緑地等の公共空地②）
　ウ．都市的活動に必要な水やエネルギーの供給，都市活動の結果生じる廃棄物や排水を処理するもの（③）
　エ．学校，病院，市場といった公益施設（⑤，⑥，⑦）
　オ．ものの流通を確保する流通業務施設（⑩）
　カ．情報の流通を確保する情報通信施設（⑪）
　キ．災害から都市を守るための防災施設（④，⑫）
等々様々な機能を果たすものであり，これらがないと都市活動は一日たりとも維持できない。

2　都市施設に関する都市計画の決定基準

(1)　土地利用計画との関係

　都市基盤施設の整備の必要性の程度，種類等は，都市の各区域でどの様な活動がどの程度行われるかによって大きく異なる。このため，都市施設に関する都市計画は，土地利用と空間利用，交通等の現状・将来の見通しを勘案し，円滑な都市活動の確保と良好な都市環境の保持を図るため，適切な規模で必要な位置に配置するよう定めることとされる（13条1項11号）。都市で行われる諸活動の質と量を規定する土地利用計画と基盤施設の整備は，表裏一体の関係にある。

(2)　都市計画基礎調査

　このため，都市計画区域については，概ね5年ごとに，人口規模，産業分類別就業人口の規模，市街地面積，土地利用，交通量，都市施設の利用状況などの現状や将来の見通しについての調査が行われ，その結果都市計画を変更する必要が生じた場合には，都市計画の変更・廃止を行なわなければならないこととされている。この点については，人口が減少しているとの調査結果があるにも関わらず，人口増を前提に道路幅員

を11メートルから17メートルに拡幅する内容の都市計画変更に関し，基礎調査の結果が勘案されることなく都市計画が決定された場合その都市計画決定は違法となるとした東京高裁平成17.10.20判決[1]）がある。（都計法第6条，13条，21条）

(3) ネットワーク構造的存在

都市基盤施設は，その多くが現在及び将来の土地の利用と密接に関係しているため，その位置，区域，構造等が適切であるかどうかの判断は，総合的かつ専門的な性格を強く帯びてくる。土地利用に関する都市計画が面的規制をしているのに対し，都市施設に関する都市計画は，一見，点又は線で決定されるため，一つ一つバラバラにその必要性が議論されることが多いが，都市全体として適正な配置がなされているかということも重要な点である。特に道路等の都市施設などにおいては，人や物の移動という重要なトラフィック機能を果たす上で都市全体のネットワーク構造を視野に入れる必要があると同時に，各土地へのアクセス機能や地区の貴重な空間機能を重視する必要があるため，その決定に当たっては総合的視点からの判断が不可欠とならざるを得ない。

(4) 規模，位置等の決定の視点

都市施設に関する都市計画が定められると，後述するようにその区域内では行為制限が課せられる他，最終的にはその区域内の土地は収用等により買収されることになる。このため，その位置，規模等が適切に定められているかどうかをどのように判断していくかは，大変重要な問題である。ある都市施設が広域的機能を果たすことを期待されている場合は，都市全体で見て最も適切な位置等に定めるなど都市全体の視点が相対的に重要性を持つことになるし，その施設が専ら特定の地区の土地利用を支える機能を果たすことを期待されている場合は，その地区の意向をより強く反映する必要がある。ただ，現在の都市計画決定プロセスにおいては，このような都市施設の性格・機能に応じた仕組みが必ずしも

---

[1]）判夕1197号163頁

十分に講じられていない憾みがあるため，こうした総合的・専門的判断を行政の手に委ね，司法判断においては手続的瑕疵だけを審査すれば足りるという意見に無条件で首肯するわけにはいかない状況にある。(1)で述べた都市計画法第13条１項11号の基準についての最近の判例としては，最高裁第二小法廷平成18年９月４日判決[2]があるが，この事案では，民有地に代えて国公有地の利用が考えられるケースで，都市施設の都市計画の決定に当たって国公有地をまず対象とすべきかどうかが争われたが，判決では，国公有地の利用を優先すべきという考え方を否定しつつ，「民有地に代えて公有地を利用することができるときには，そのことも……(都市計画決定の) 合理性を判断する一つの考慮要素となり得ると解すべきである」とし，(1)で述べた都市計画法第13条１項11号の基準については，具体的な事実に基づいた都市計画決定権者の判断の合理性が存在することを必要とするとした。

(5) 必須計画施設

これら都市施設のうち，道路，公園及び下水道の３種の都市施設については，市街化調整区域を除き，都市計画区域内では必ず定めなければならないこととされており，また，住居系の用途地域内では，義務教育施設を定めることとされている（13条１項11号）。

その他の都市施設は，その都市計画区域において計画的に整備する必要があるものを都市計画に定めればいいこととされている。なお，特に必要がある場合には，都市施設に関する都市計画は，都市計画区域外においても定めることができることになっている（11条１項）。

第２節 都市計画決定された都市施設の区域内の行為規制

都市計画に定められた都市施設（都市計画施設）については，その計画的な実現を図るため，整備のための事業が予定されている。この事業のことを「都市計画施設の整備に関する事業」というが，都市計画施設

---

[2] 判時1948号26頁。いわゆる「林試の森事件」最高裁判決。原判決（東京高判平成15年９月11日判時1845号）を破棄し，原審に差し戻した。

については，都市計画段階から事業段階にかけて，事業を円滑に実施するために必要な規制が行われている。

1　狭義の都市計画制限

都市計画で決定された都市施設の区域内では，事業が行われる前の計画段階においても，将来の事業の支障になる行為が行われることを防止する必要がある。都市計画法では，都市計画施設の区域内において建築物の建築をしようとする者は，原則として，都道府県知事の許可を受けなければならないとする規定を置き，将来の事業の遂行に重大な支障が出ることを防いでいる（53条1項）。

但し，都市計画で定められた都市施設を実現するための事業に着手するまでには，通常相当の時間が必要であるため，この段階で，すべての建築を不許可にする必要性は極めて低く，将来事業を実施するに当たって大きな障害になる可能性の高い建築のみを規制しておけば足りるので，堅固な建物で，除却するのに物理的にも経済的にも容易でないものを除いては，原則として建築を認めるという制度になっている。

具体的には，次の条件を全て満たす建築物の建築については，都道府県知事は，許可をしなければならないこととされている（54条1項）。

　i　階数が2以下で，かつ，地階を有しないものであること
　ii　主要構造部が木造，鉄骨造，コンクリートブロック造その他これらに類する構造のものであること
　iii　容易に移転し，又は除却することができるものであること

2　都市計画制限と補償

この狭義の都市計画制限については，公益性が高く，土地所有者が受忍を強いられる程度も軽いことを理由に一般的には補償を要しないものと考えられている。この制限については，かつて土地所有権に内在する社会的制約としてそもそも補償を要しないものと考えられてきたが，現在では，その制限の内容が最終的に買収時に完全な補償がなされるまでの間の制限であり，しかもその制限の程度が公益に照らして軽度であることから受忍の限度内にある等の理由で一般的には補償を要しないと考えられている。[3]

都市施設に関する都市計画の場合に課せられるこの制限は，用途地域

に関する都市計画などと異なり，いわゆる法令が適用される場合のような一般的制限とは言い難く，偶発的に特定の土地に課せられるものと解する方が自然である。また，用途地域に係る制限には，制限を受ける代わりに，制限の結果実現する利益を享受できるといういわば相隣的関係が認められるのに対して，都市施設に関する都市計画の場合はそのような関係になく，「都市の健全な発展と秩序ある整備を図る」積極目的の制限と言え，区域内の土地所有者にとってこの制限は全体のために払う特別の犠牲であると考えた方が実態に即している[4]。このため，補償を要しないとする主たる理由は，その制限内容と程度が所有権の本質的制限に当たらない軽度なものであることによると考えるのが適切である。制限が軽度であると考えられる理由としては，次のような点が挙げられる。

　ⅰ　容易に移転・除去できる一定の建築物の建築は認められており，侵害の程度が低いこと
　ⅱ　新規の建築を規制するという消極的規制であり，現在の土地利用に対して特別の負担を課しているものでないこと
　ⅲ　制限される期間が買収されるまでの期間に限られていること等

これらを総合的に勘案すれば補償を要すると考えられるような本質的制限ではないと解される。

3）　成田頼明「土地政策と法」107頁，小高剛「行政法各論」225頁，但し，長期にわたる制限については疑問を呈する意見もかなりある。この点については，都市計画決定後13年を経過した土地におけるこの制限について「都市計画の目的，内容，規模及び原告の犠牲の程度その他諸般の事情」勘案した結果，その制限の程度は公共の福祉のため未だ受忍の限度内を出ないものと認められるとした福岡地裁小倉支部昭和57年4月6日判決（訟務月報28巻11号2159頁）がある。なお，この制限が権利に内在する制約故に当然に補償を要しないとする考え方を結果的に否定するものとなったと考えられるものとして最判昭和48.10.18（民集27巻9号1210頁）。

4）　杉村敏正（公法研究29号136頁），尾上実（「建築許可に付した無償撤去の条件」憲法判例百選133頁），安本典夫（土地利用規制と補償（1）　立命館法学223・224号432頁）。反対意見として成田頼明（「土地政策と法」107頁）

3 長期間放置された計画道路の問題

狭義の都市計画制限については，その程度・内容が軽微であり，補償を必要としないと解されているものの，問題がないわけではない。

それは，都市計画決定から事業着手までの期間があまりに長くかかりすぎる場合，たとえ制限自体が軽微であったとしても，補償がいるのではないかという問題である。この点については，従来から多くの議論が行われて来ているが，近年，一定の場合には補償を要すると考える説が多数を占めるようになっているように見受けられる[5]。その背景には，その実質的負担面に着目して，その負担を個人に負わせるより社会全体で負担した方が公平・平等の視点から適切である場合があるという認識が存在することが挙げられる。現在は，その判断を行うに当たって，どのような基準が適切かをめぐって議論がなされているのであって，いかなる長期にわたる場合もそもそも補償を要しないとする考え方を示しているものは少ないようである。

この点について最高裁は立場を明らかにしていない。最近，都市計画決定から約60年が経過してなお事業化されていない道路の区域にかかる制限に関して，放置されたその都市計画決定とこれに基づく建築制限の継続の違法が争点となった事件（最判平成17.11.1）[6]がある。この事件については，「一般的に当然に受忍すべきものとされる制限の範囲を超えて特別の犠牲を課せられたものということが未だ困難であるから，上告人らは，直接憲法29条3項を根拠として上記の損失につき補償請求をすることはできないというべきである。」として，憲法29条3項を根拠とする損失補償請求が斥けられているが，補償の必要性を検討すべき余地があるとの補足意見[7]が付されており，重要な点が指摘されている。

---

[5] 杉村敏正（「土地利用規制と損失補償」行政法の争点（新版）285頁，前掲注4）安本典夫の他に，遠藤博也「計画行政法」226頁，秋山義昭「国家補償法」170頁，西埜章「損失補償の要否と内容」82頁他。なお，制限が長期にわたらずとも補償すべきとするものとして野呂充（「警察制限・公用制限と損失補償」行政法の争点96頁）

[6] 最高裁第三小法廷平成17年11月1日判決（判タ1206号168頁）

その補足意見のポイントは，(都計法53条に基づく制限の内容は)「その土地における建築一般を禁止するものではなく，木造2階建て以下等の容易に撤去できるものに限って建築を認める，という程度のものであるとしても，これが60年をも超える長きにわたって課せられている場合に，この期間をおよそ考慮することなく，単に建築制限の程度が上記のようなものであるということから損失補償の必要はないとする考え方には，大いに疑問がある」という点にあり，その制限によって具体的に上告人らに生じる損失について補償の要否を判断する場合には，「制限によって生じる具体的な損失の程度」と「制限が課せられている期間」の二つのファクターについて考慮する必要があり，単に制限の程度が軽微であるという理由で損失補償を不要とする考え方には問題があるという点が改めて指摘されている。

4　長期間放置された計画道路の問題に関する私見

　この計画制限が課せられることにより，土地所有者に生じることが予想される損失は，その土地に指定されている容積率と2階建てしか建てられないことにより実際に使用できる容積率との差の部分と考えられる。指定容積率については多様なバリエーションがあるが，実際に課せられている制限は，極めて大雑把に言えば，ⅰ低層住居専用地域の場合建ぺい率40％，容積率60％，ⅱその他の住居系用途地域及び工業系用途地域の場合は，同60％，200％と定められている場合が多く，ⅲ商業系用途地域は，同80％，容積率は200％を超えているのが普通である。このうち，大きな損失が生じる可能性があるのは，ⅱとⅲのケースである。用途地域全体の約7割を占めるその他の住居系用途地域及び工業系用途地域（ⅱ）においては，典型的な場合（建ぺい率60％，容積率200％），200％の容積率のうち80％に当たる部分（200／60－120／60〔2階建てで最大限容積率を使用すると120％となる。〕＝80／60）が狭義の都市計画制限によって利用できなくなり，商業系用途地域の場合（ⅲ）は，容積率がさらに高い数値で認められているのが普通なため，この計画制限によって一層大きく建築が制限され，かなりの具体的な損失が生じる可能性があると考えられる。

第 2 部　都市計画規制

　狭義の都市計画制限により本来利用できる範囲が縮小された結果，一定の期間にどの程度の利用価値が失われた可能性があるかを見る方法としては，鑑定評価における年金終価率を用いる方法がある。これは，過去の各年にどの程度の利用価値が失われたかを算出し，それが現時点に

7）　藤田裁判官の補足意見　その要旨は次の通りである。
　ア　都市計画法53条に基づく建築制限は，直ちに憲法29条3項にいう「正当な補償」を必要とするものではないが，「公共の利益を理由としてそのような制限が損失補償を伴うことなく認められるのは，あくまでも，その制限が都市計画の実現を担保するために必要不可欠であり，かつ，権利者に無補償での制限を受忍させることに合理的な理由があることを前提とした上でのことというべきであるから，そのような前提を欠く事態となった場合には，都市計画制限であることを理由に補償を拒むことは許されないというべきである」
　イ　「当該制限に対するこの意味での受忍限度を考えるに当たっては，制限の内容と同時に，制限の及ぶ期間が問題とされなければならない」
　ウ　都市計画法53条に基づく都市計画制限の内容は，「その土地における建築一般を禁止するものではなく，木造2階建て以下等の容易に撤去できるものに限って建築を認める，という程度のものであるとしても，これが60年をも超える長きにわたって課せられている場合に，この期間をおよそ考慮することなく，単に建築制限の程度が上記のようなものであるということから損失補償の必要はないとする考え方には，大いに疑問がある」
　エ　「原審及び第1審判決は，一般的な法53条の建築制限について指摘するに止まり，本件決定から既に60年以上経過しているという本件に特有の事情についての判断が明示されていない，という限りでは，上告論旨には理由がある」
　オ　「ここで問題とされているのは，憲法29条3項に直接基づいた損失補償請求なのだから，上記の問題につき，裁判所が，明確な法律の規定が無いことを理由に判断を避けることは，許されない」
　カ　「原審は，……都市計画制限の及ぶ期間と損失補償の要否の問題につき，一切の判断をしていないのであるから，……本件については，更に上記の問題につきなお審理を尽くさせるため，原審判決を破棄し，……差し戻すということも考えられないではない」
　キ　しかし，「本件土地の所在する地域は，都市計画により，第1種住居地域とされ，容積率10分の20，建ぺい率10分の6と定められ……高度な土地利用が従来行われていた地域ではなく，また，現にそれが予定されている地域でもない」
　ク　本件土地の面積，制限を受けている部分の面積，都市計画法54条3号により認められる最大の建築物の形態と現行の容積率及び建ぺい率の上限数値を考慮すれば，「建築制限が長期間にわたっていることを考慮に入れても，いまだ，上告人らが制限を超える建築をして本件土地を使用することができなかったことによって受けた損失をもって特別の犠牲とまでいうことはできず，憲法29条3項を根拠とする補償を要するとはいえないという評価も成り立ち得る」

おいてどの程度の価値を持つかを算出する手法である。

$$\frac{(1+r)^n-1}{r} \quad r：還元利回り \quad n：年数$$

　仮に200／60の地域において，計画制限の結果容積率が80％制限されたと仮定し，それを制限されていない場合と比較することにより生じる可能性のある損失を推計すると，結果として，過去の還元利回りが平均2％であった場合には，20年間で約5割の価値が失われた可能性があることになり，35年以上制限が課せられると損失が10割を超える。

　容積率の高い商業系用途地域の場合，指定容積率が400％のケースを取り上げると，計画制限により容積率は240％制限され（400％－160％），還元利回りが2％の場合，20年間で7割が失われた可能性があるという結果になり，26年以上制限が課せられると損失が10割を超える。現在の利用を継続する意思がある限り，具体的な損失が生じる訳ではないから，何らかの形で新たな高度利用をする意思表示がなされた時点が損失を算出するスタート時点ということであろうが，30～40年程度制限が課せられた場合の損失は時価を上回る可能性がある[8]。

　このような机上の計算はさておき，現実に損失補償をどの時点から認めるかということになると受忍の限度とのボーダーなど別途様々な問題[9]をクリアする必要がある。

　立法政策としてみた場合，一定の段階から，地権者による買取請求を認める方法，あるいは将来の事業の実施に重大な支障を及ぼさない範囲

---

[8]　現実には敷地のすべてに都市計画道路等がかかっているという場合はそれほど多くないことが想定され，計画制限は敷地の一部にかかっているという場合が多いと考えられるため（前述の平成17年11月1日最高裁判決の場合もこのケースであった），計画制限にかかっていない敷地の部分を有効に利用することで指定容積率一杯の利用を実現できる場合も少なくないので，このような結果になるとは限らない。

[9]　前述した最高裁平成17年11月1日判決における藤田判事の補足意見に，次のような指摘がある。「補償の要否の判断に，制限が課せられた期間の長短を考慮に入れることとする場合，そもそもどの時点をもって補償不要の状態から要補償の状態に移行したと考えるのか，といった問題が生じよう。これは本来，立法措置によって明確化されるべき問題であると言えよう。

で，制限の内容を緩和する方法などが考えられ，後者については既に一部の都市において一定の場合3階建ての建築物を認める形がとられているが，この方法で解決できるケースは限定されるので，前者の地権者からの買取請求を認める制度を検討すべきであろう。

第3節　事業予定地内における建築の制限

　都市計画段階の建築の制限では，将来の事業の実施に大きな障害となるおそれのある一定の範囲の建築物を規制すれば足りるのであるが，都市計画事業の実施が近づいてくると，上記（第2節−1−ⅰ〜ⅲ）のような2階建て建築物であっても，許可すれば，すぐに移転・除却等の必要が生じてしまう。このことは，社会的に見た場合に極めて不経済であるし，また土地所有者にとっても，建築を行ったすぐ後に，その建築物を除却したり，移転したりすることになり，不合理である。このため，都道府県知事は，都市計画施設の区域内の土地でその指定したものの区域（事業予定地）内において行われる建築物の建築については，53条1項の許可をしないことができる（55条1項）こととしている。

　この場合，不許可処分を受けた土地所有者に生じる不利益を回避するため，事業予定地の土地については，所有者からの申出に応じた買取り，土地の先買いが認められている。この買取請求は，広い意味での補償であると解することができる。

　なお，施行予定者が定められている都市計画施設については特例が認められているが，現在，施行予定者が定められているものが殆どないため，説明を省略する。

第13章 都市施設 2

第1節 都市計画決定された都市施設の実現
――都市計画施設の整備に関する事業

　都市計画のうち，用途地域等の土地利用を規制する都市計画（地域地区，区域区分等）については，実際に開発行為や建築行為が行われる際に，開発許可制度又は建築確認制度によって，都市計画に適合しているかどうかがチェックされ，その実現が担保される形となっている。これに対して，都市施設に関する都市計画は，都市計画に定めるだけでは実現せず，その整備に関する事業を実施して初めて実現する。都市計画法は，都市計画施設の整備に関する事業を「都市計画事業」とし，強力な行為制限と収用権等を付与しており，都市計画施設の確実な実現を担保している。

1　都市計画事業と事業制限等

(1) 事業の施行者
　都市計画事業は，市町村が都道府県知事の認可を受けて施行するのが原則であるが，市町村が施行することが困難又は不適当な場合等には都道府県が施行者になることができ，国の利害に重大な関係がある場合は国の機関も施行者になることができる。さらには，民間企業も事業の施行に関して免許等（鉄道事業，電気事業等）を受けている場合施行者になることができる。

(2) 事業の認可・承認の基準
　都市計画施設の整備を行う事業が確実に行われるためには，強制力を持った規制によって事業の実施を妨げる行為を制限する必要があり，必要な用地を強制的に取得する権限が必要である。都市計画法は，その事業がこのような強制力を付与するにふさわしいものであるかどうかを都

第2部　都市計画規制

道府県知事又は国土交通大臣の認可又は承認によってチェックする仕組みを採っている（都計法59条）。

認可等の基準としては，
- i 申請手続が法令に違反せず
- ii 事業内容が都市計画に適合し
- iii 事業施行期間が適切であり
- iv 事業の施行に必要な免許等の処分を受けているか受けることが確実である

ことが必要とされている（61条）。

上記の要件のうち，iiの事業内容が都市計画に適合しているという要件については，単に現在定められている都市計画に適合していれば足りるという趣旨ではなく，ここで適合しなければならないとされる都市計画は，「適法に定められた都市計画」と解されている。

「違法」に決定された都市計画の場合，その都市計画に適合していても事業認可等は違法とされる[1]。この都市計画が違法かどうかを判断する時点については，その都市計画が決定された時点と解されており[2]，その時点の法制度等に照らして違法性が認められれば，事業認可等の処分も違法ということになる。

ところで，都市計画決定から事業認可等の時点までに長期間を要する場合があるが，その間に決定された都市計画を巡る状況が大きく変化したり，関係する法制度そのものも改変されることがある。そのような場合，当初の都市計画が違法であったとしても，その違法性が治癒されたり，あるいは当初は違法性がなくても，現在の法制度に照らせば問題を生じている場合はどうなるのか。この点については，必ずしも明確になっていないきらいがあり，上記の注[2]に掲げた裁判所の判断においても当初決定の後に生じた状況や法規定を視野に入れているなど，どこまでの事情を考慮して判断すべきかについて問題があることが指摘されている[3]。

当初の都市計画決定の違法性がその決定時点で判断されるのは当然で

---

1) 最判平成11年11月25日判時1698号66頁
2) 東京高判平成15年9月11日判時1845号54頁（林試の森事件控訴審判決）

あるが，その後，その都市計画が変更されている場合は，当初決定から変更時点までの諸状況の変化を踏まえ，その都市計画は全体が再検討されていなければならない筈である。従って，変更時点で都市計画が適法なものと判断できるものであれば，当初の都市計画の違法性が極めて重大なものでない限り，その時点で違法性が治癒される場合がありうるものと考える。また，事業認可等の時点まで都市計画の変更がない場合においては，その間の諸状況の変化に伴い，都市計画の変更をすべきであるにもかかわらず，変更しなかったことが違法となる場合もあると考えるべきである。都市計画事業の場合，その前提となっている都市計画の違法性については，当初決定時点，変更時点，事業認可等の時点のそれぞれについて判断を行った上で，違法性の有無，違法性の重大さの程度，違法性の治癒等を勘案した判断を行うことが必要ではないかと考える。

(3) 建築等の制限

都市計画事業の認可又は承認後に行われる告示があると，事業が実施段階に入ったことを意味するため，それ以降，対象となっている土地（事業地）に対しては，計画段階とは異なる一段と厳しい規制が課せられている。

すなわち，事業地内で，都市計画事業の施行の障害となるおそれがある次の行為をしようとする者は，都道府県知事の許可を受けなければならない（65条1項）。

  i 土地の形質の変更
  ii 建築物の建築
  iii その他工作物の建設
  iv 重量が5トンをこえる物件の設置若しくは堆積

なお，不許可処分が行われたことに対する補償の規定は置かれていないが，この段階で土地所有者はその土地の買取請求を行うことができるため，その必要性がないものと考えられたことによる。

---

3) 下山憲治「目黒公園都市計画決定における裁量統制」（福島大学地域創造第16巻第1号94頁）

(4) 先買権・買取請求

事業認可等の公告後10日を経過すると，事業地内の土地建物等を有償で譲渡する場合，施行者に対する届出が必要となる。届出後30日間は譲渡が禁止され，その間に施行者が買い取る旨の通知をすると，施行者と届出者との間に予定対価（届出があった有償譲渡予定価格）の額相当額で売買が成立したものと見なされる（67条）。

他方，事業地内の土地所有者は，施行者に対し，その土地を時価で買い取るべきことを請求することができる（68条）。

2 都市計画事業と収用

土地収用法は，収用権を付与することのできる事業を限定列挙しているが（3条1項各号），実際に土地収用法に基づき収用を行うためには，

ⅰ．収用法3条1項の収用適格事業に該当しているだけでなく，

ⅱ．具体の事業が土地を収用するに足りる公益性があると認められること

ⅲ．事業計画が土地の適切かつ合理的な利用に寄与すること

ⅳ．起業者が事業を遂行できる意思と能力を有すること

が必要とされ，この要件を満たしている場合に事業認定が行われ，起業者に収用する権利が生じる仕組みが採られている（土地収用法第3章）。

都市計画法の都市計画事業に関する規定においては，これらの収用法の仕組みについての例外が規定されている。

まず，都市計画事業については，収用法の収用適格事業と見なされ，土地収用法の規定が適用される（69条）。次に，都市計画事業の認可等は，その告示をもって土地収用法26条1項の規定による事業の認定の告示と見なされる（70条1項）。

従って，都市計画事業については，土地収用法の事業認定を受けなくても，事業に関する認可等があれば，事業者に収用することができる権利が付与される。この事業の認可等は，事業認定同様，取消訴訟の対象となる処分であると解されている。

なお，土地収用法の事業認定の有効期間は1年とされ，告示のあった日から1年以内に限り収用委員会への裁決申請ができることになってお

り，その期間が過ぎると事業認定は将来に向かって失効するが（土地収用法29条），これに対して，都市計画事業の場合，事業の施行期間中，事業認定の効力が存続し，収用又は使用の裁決の申請が可能である。

第2節　都市基盤施設の整備主体・整備費用負担・整備手法

　以上に述べてきたのは，都市に必要な基盤施設を都市計画に定めることにより実現する仕組みである。しかし，様々な都市基盤施設の全てが都市計画に定められた上で実現されるわけではなく，現実には，その多くは，民間の手によって，市場原理の下で実現される。では都市計画により強制力を背景に実現されるもの以外の都市基盤施設は誰によって，どのような手法で整備されるのか，またどのような問題があるのか等について概観する。

1　市街地の機能を担うこれらの都市基盤施設は，それぞれ，誰の負担で誰によって整備されるのか

　都市基盤施設の多くは一定の公益性を有していることが多いが，同時に特定の私益につながる性質をも併せて有していることもある。このような都市基盤施設は必ずしも公的主体によって，また必ずしも公的負担で整備されるわけではない。都市基盤施設の整備主体，費用負担等は，主としてその施設がどの様な機能と役割を果たすものか，その実現により生じる効果が誰に帰するか，その施設の設置維持に必要な費用等を利用者に料金等の形で負担させることが適切か等様々な事情によってそれぞれ異なるということになる。

　様々な都市基盤施設のうち，基幹的な道路や河川，公園など一般公共のために整備されるものは公的主体により公的資金で整備されるのが原則であり，その都市にとって計画的に整備する必要があるものは，都市計画において定められた上で整備される仕組みになっていることは既に述べた。他方，都市基盤施設に当たるものであっても，その利用者が特定され，利用者の負担で整備されるべき性格のもの（区画道路や小緑地等の地区施設など）は，利用者による受益者負担の形で整備されるのが

原則である。なお，病院，都市高速鉄道，電気，ガスなど公益性を有するが料金を徴収することにより採算性がとれる都市基盤施設は，民間事業主体によって整備されることがあり，そのような施設であっても都市の中の特定の場所に整備することが公益上必要な場合，都市計画として定め，強制力を用いてその実現が図られることになる。

2　整備手法

都市に必要な基盤施設を整備する手法としては様々なものがある。

　A．強制力を背景に確実に整備を行う必要があるものについては，都市計画にこれを定め，都市計画事業の実施によってこれを実現する形と都市計画法以外の法律制度に基づく強制力等を用いて整備が行われるものがある。

　また，B．強制力を背景とせず，全くの任意で整備が行われるものもある。

　Aの仕組みによって整備されるものには，その基盤施設に強い公共性が認められる必要がある。

　道路を例にとって見てみても，その整備手法は，〔A－1〕道路事業や街路事業のように公的主体がその用地を主として強制力を背景に取得して直接整備する方式と〔A－2〕面的な市街地整備事業として宅地の開発等と併せて整備が行われる場合，〔B〕主として民間主体が原則として強制力の背景を持たずに整備する方式に大きく三分されている。

　さらにA－1の方式には，ア．都市計画施設の整備に関する事業で行う場合とイ．道路整備事業で行う場合があり[4]，A－2の方式には，市街地開発事業として都市計画に定められた事業の実施の中で整備される場合（例えば土地区画整理事業等において減歩等の手段を用いて整備される場合等）がある。

　Bの方式としては，ア．私道の位置指定によって築造される場合，イ．開発許可を受けて行う宅地の造成に併せて築造される場合，ウ．市街地開発事業に関する都市計画に定められずに行われる土地区画整理事業等[5]がある。

　区画道路などは，都市計画に定められることなく，個別の宅地開発な

どが行われる際に，併せて整備されることが多い（例えば，開発許可を受けて行われる宅地開発において整備される区画道路，私道の位置指定を受けて整備される道路等である）が，土地区画整理事業等の面的整備事業の場合，区画道路等についても都市計画に定められた形で整備される。

第3節　都市内の道路に見た都市施設に関する都市計画の問題点

都市基盤施設については種類が多く，それぞれ様々な問題が存在するが，その典型的なものとして道路を取り上げて具体的な問題点を示すこととする。

1　量的・質的不足

道路に関する最近の議論を見ると，依然として経済振興的視点に立った必要性を巡るものが多い感があるが，我が国の都市内の道路状況を見る限り，土地利用を十分に支えるだけの量と質を満たしているとは言い難い状況にあるところが多い。特に，既成市街地では区画道路の整備水準は著しく低く，地区から生じる交通を幹線道路へとつなぐ補助幹線道路が都市計画決定される場合も少ない。区画道路の多くは小規模宅地開発の際に建築基準法の最低限規制の一つである「接道義務」を満たすために整備されたものであり，歩道もなくただ

4）　直接買収方式の道路の整備を，通常の道路整備事業と都市計画事業のどちらで行うかの区分は，基本的に，その道路が都市内の基盤施設としての機能の発揮が期待され，都市にとって必要であるかどうか，都市内の土地利用との調整を必要とするか，都市の区域を超えてより広く圏域全体にとって必要なものとして位置づけられているかといった様々な実質的視点から判断されるべきであるが，現在その区分は，その道路が存在する地域によって区分されている。これは，中央省庁の組織が関係しており，道路部局が担当するか，都市部局が担当するか，予算をどの部局が要求するかという観点から，専管領土的に定められているものである。このため，都市全体から見て総合的判断が必要であるにも関わらず，あるいは都市の土地利用との調整が必要であるにもかかわらず，そういった点が行われないまま，道路の整備が行われるという状況が生じている。

5）　土地区画整理事業等には，都市計画に定められた上で，都市計画事業（市街地開発事業）として実施されるものと都市計画に定められずに任意で実施されるものとがある。

アクセスできるだけの機能しかなく，良好な市街地とはほど遠い状況が至るところで見られる。土地区画整理事業が施行された区域等を除き，道路率も道路の質も低く，再編を必要とする市街地が広範に存在する。道路率に関しては住宅地で必要な20％程度の半分にも満たない状況の市街地が広範に存在する中で，道路をはじめとする都市の基盤施設の充実は，依然として我が国の市街地整備の大きな課題である。

2 基幹道路と最低限幅員区画道路との間の空白域の存在

我が国の道路は，整備費用負担という視点から見た場合，公的主体が整備責任を持つ基幹的道路と敷地の所有者が自らの負担で整備する区画道路に大別される。開発許可や土地区画整理事業等により面的に形成された市街地を除き，我が国の市街地の道路の多くは，公的主体が整備できる範囲が限られているところから，数少ない基幹道路と最低基準の区画道路の二つから構成されている。

我が国では，区画道路は，基本的に受益者負担的視点から敷地の所有者が負担するのが原則となっており，その結果，幅員4メートル（或いは2項道路として4メートル未満のものもかなりある）の最低限のレベルのものしか整備されないという状況となっている。国からの補助の対象となる基幹道路は限られているため，基幹道路と幅員4メートルの道路との間は，整備負担制度上の空白域となっている。これは，主として都市全体を鳥瞰して定める都市計画と主として個々の敷地単位で最低基準を定める建築基準法の狭間の問題であると言える。良好な市街地を形成していくためには，区画道路の整備責任ルールと費用負担ルールの分離見直しを行うべきである。主として一般交通を受け持つ道路か敷地へのアクセス交通を主として受け持つ道路かによって，整備責任と負担区分を明確に区分している現行の費用負担制度は，再考しなければならない必要が出てきていると思われる。少なくとも，地区計画等で幅員4メートル以上の区画道路の整備計画が定められる場合，4メートル相当部分については地権者による費用負担を求め，幅員4メートルを超える部分については公的な負担の対象とする制度を整備することを検討すべきであろう。

3　街づくりと連動した道路等の基盤施設の整備

今後，既存の道路に関する更新投資や管理費用に膨大な費用がかかることは明らかであり，財政状況の逼迫が予想される中で新規に投資できる道路が急速に縮小することが予想される。こうした中では，何のために道路を整備するかということが現在より一層厳しく問われるようになって来るであろう。例えば，市街地の中心部の混雑を解消するためバイパス道路を整備したが，バイパス沿道の土地利用のコントロールを放置したため，それが中心市街地の衰退を招いているなどの事態は各所で散見される。道路の整備をはじめとする都市基盤施設の整備が都市の土地利用に大きな影響を与える以上，それらを街づくりの中でどのように位置づけるかということを明確にしなければならず，限られた整備対象をどのように街づくりと連動させるかという視点からの総合的な検討が不可欠である。なかでも，都市計画の決定段階で，沿道の土地利用との十分な調整が行われる必要がある。住居地域の中を幹線道路が走るという状況や郊外のバイパス沿道に大規模小売店舗やファスト・フード店舗が進出することが常態化しているが，調整を十分に行うことを通じて，道路がもたらすプラスと（騒音や公害等の）マイナスの影響に対応し，きめ細かい土地利用規制の変更を行うことが必要である。

4　公共空間としての道路の重視

我が国においては，道路が果たす機能のうち交通部分のみが注目されがちであるが，道路がもたらす空間は市街地における貴重な公共空間であり，この空間機能をより一層重視する必要がある。この部分については，通常，電気，ガス，上下水道，通信といった施設の収納機能が議論されることが多いが，街路樹に彩られた歩行者のための豊かな空間，民間敷地の前庭としての道路空間，人の交流や散策などの豊かな時間を過ごすことのできる広場を含む道路空間など，道路の上空空間が果たしうる都市機能をより重視し，高く再評価していく必要がある。こうした機能を有する道路が都市にもたらすものは極めて大きなものがあり，交通機能を担う道路にどれだけこ

のような空間機能を担わせるかについては，その整備・管理を行う行政だけでなく，沿道土地所有者，利用者の意見を前提とした判断が行われる仕組みが必要である。

第14章　市街地開発事業

第1節　市街地開発事業総論

1　市街地開発事業とは

都市の市街地は，農地や山林から宅地への土地利用転換の積み重ねによって形成されていくが，市街地は，宅地の造成と市街地を支える道路や上下水道や公園や緑地といった都市基盤施設の整備が同時に行われてはじめて，その機能を発揮することができる。

宅地の造成と基幹的都市基盤施設の整備は，通常，別々の主体によって行われるため，その調整が難しく，財政上の問題から都市基盤施設整備が遅れ，最低限の幅員の狭い道路しか整備されない市街地が生じたり，下水道も公園も備わっていない，密集市街地が形成される場合も多い。

「市街地開発事業」は，面的にまとまりのある地区を対象として，「宅地の造成」と「都市基盤施設の整備」を同時に行うことを内容とする事業に関する都市計画であり，計画的に良好な市街地の形成を行うことができるものである。

2　市街地開発事業の種類

「市街地開発事業」は，7種の事業の総称（新住宅市街地開発事業，工業団地造成事業，新都市基盤整備事業，土地区画整理事業，市街地再開発事業，住宅街区整備事業，防災街区整備事業。）であるが，これには，基本的に，次の二つのタイプの事業がある。（都計法12条1項）

 A 事業区域内の土地をいったん事業者が買収して，宅地の造成と基盤施設の整備を行う「全面買収方式」タイプ

 B 買収を行わず，土地所有者の負担により宅地の造成と基盤施設の整備を行う「非買収方式」タイプ

前者Aの例としては，新住宅市街地開発事業や工業団地造成事業があり，

後者Bの例としては，土地区画整理事業や（第1種）市街地再開発事業がある。

第2節　全面買収方式の代表例としての「新住宅市街地開発事業」

1　事業の概要

(1)　事業の目的・特色等

この事業は，「新住宅市街地開発法」に基づいて行われ，人口集中の激しい市街地の周辺地域で「低廉で居住環境の良好な住宅地の大規模な供給」をすることを目的に，全面買収方式により大規模な住宅市街地の開発を行おうとするものである。この事業は，事業主体が，強制力を背景に事業地内の土地を全面的に買収し，必要な用地をすべて取得した上で宅地の造成等と基盤施設の整備を行い，これらの宅地や施設を住宅に困窮する国民のために適切に供給するという仕組みとなっており，高度成長期に都市に集中した膨大な住宅需要に対応して，住宅中心のニュータウン（計画人口6000～1万人以上）を建設する手法として整備されたものである。代表例として，千里NT，多摩NTなどがある。

(2)　新住宅市街地開発事業と都市計画

この事業は，全て市街地開発事業として都市計画決定された上で，都市計画事業として施行される（新住法5条）。

(3)　事業の施行者

地方公共団体，地方住宅供給公社が施行者となることができるが，例外的に，施行区域内に10%以上の土地を所有している民間法人も施行者となることができる場合がある（6条）。

(4)　新住宅市街地開発事業により整備された宅地等の処分

事業の実施により整備された宅地は，強制力を背景に取得したものであるため，その処分が適正に行われる必要があり，施行者は「処分計

画」を作成し，（国土交通大臣又は都道府県知事の）認可又は同意を得なければならない。

処分計画では，造成施設等[1]の処分方法と処分価額に関する事項，処分後の造成宅地等の利用の規制に関する事項を定めなければならず，次の基準が定められている。

　ⅰ．公募によること
　ⅱ．公正な選考を行うこと
　ⅲ．事業により買収された者に対する優先分譲を行うこと
　ⅳ．居住用の場合造成原価で処分すること，等

また，宅地を譲受した者は，原則として，3年以内に処分計画で定める建築物を建築しなければならず，工事完了公告の日から10年間，宅地や建物を譲渡したり，使用収益権を設定移転するときは都道府県知事の承認が必要である。

2　新住宅市街地開発事業の問題点

(1)　新規計画の必要性の減少

この事業は，私用収用の典型例でもあり，国民の住宅に対する強いニーズを背景に，都市計画に定められることによって公共性が認められ，その実現には都市計画事業として収用権が付与されているが，近年の住宅需要の変化により，このような強制力をもって大規模な住宅市街地開発を行う必要性そのものが低下していると認められ，近年，新たに都市計画決定されることが少なくなりつつある。この制度は既に果たすべき機能を終えたものと考えられるが，今後，この制度の改善を図るとすれば，その対象を住宅市街地の形成から，複合的な機能を有する都市市街地の形成・再編に向けるとともに，対象規模を縮小することが不可避であろう。

---

[1]　造成施設等とは，事業により造成された宅地その他の土地及び整備された公共施設その他の施設をいい，造成宅地等は，造成施設等のうち公共施設及びその敷地以外のものをいう。（新住法2条9項，10項）

(2) 既存ニュータウンの再編

かつてこの事業が盛んに行われた時点では，地区内に建設された住宅の入居者は，30代から40代の同一世代に属する青壮年層が主体だった。また，この事業によって整備された市街地は，収用権との関係で，住宅以外の土地利用が日常生活品の販売・サービスなどの商業に限定された単純な住宅市街地となっているのが通常である[2]。このため，現在，入居者の多くがほぼ一斉に高齢化し，地区内の居住者数が減少し，市街地は高齢者の街と化しており，中心部の商業センターは採算がとれず，商店の撤退が見られ，小中学校は廃校となっている。

このような市街地を，このまま市場に任せてその再編（あるいは荒廃）を待つのではなく，公共主導で強制力をもって緑と公共空間に溢れたゆとりのある落ち着いた生活を過ごすことのできる市街地に再編していく必要性は高いと考える。このような再編を実現する仕組みとして，再度その市街地を強制力をもって全面買収し，再編を行うことができるよう新住法の改正活用を検討する余地があるのではないか。その際，既存の住宅地を譲渡した権利者が，再編した市街地に再び住み続ける希望がある場合に対応して還付制度を設けるとともに，住宅地の再供給に当たっては，所有権分譲方式ではなく，所有権を公的主体が有したまま，長期の借地権分譲方式で行うこととすべきであろう。

第3節 非買収方式の代表例としての「土地区画整理事業」

1 土地区画整理事業とはどのような事業か

「土地区画整理事業」は，土地区画整理法に基づき，都市計画区域内の土地について，「公共施設の整備改善」及び「宅地の利用の増進」を図ることを目的として行われる土地の区画形質の変更及び公共施設の新設又は変更に関する事業をいう。(土地区画整理法2条1項)

土地区画整理事業は，我が国の市街地整備の主力面的整備事業で，こ

---

[2] 昭和61年改正により，特定業務施設として，事務所，事業所等の業務施設で居住者の雇用機会の増大・昼間人口の増加による都市機能の増進に寄与する施設が認められるようになったが，それまでは公益的施設しか認められていなかった。

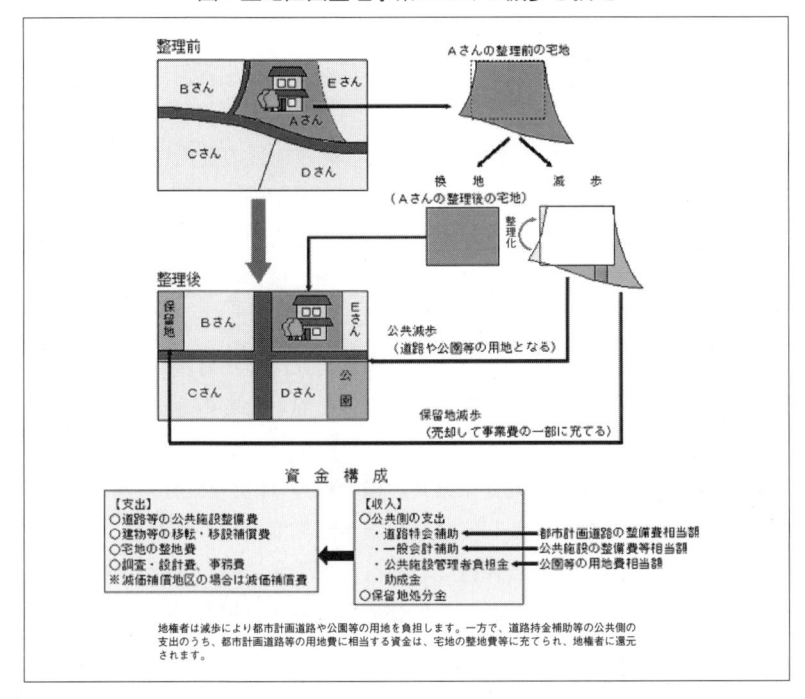

図：土地区画整理事業における減歩と換地

れまでに我が国のＤＩＤ（120万ヘクタール）の約１／３に当たる約36万ヘクタールが，この事業によって整備されてきた。

2　事業手法

本事業の特色は「減歩」「換地（処分）」「清算」という手法にある。その基本的仕組みは，施行地区に必要な「公共施設の用地」と事業の費用に充てるための「保留地」を「減歩」によって生み出し，「換地（処分）」と「清算」によって地権者に対し受益と負担の公平を保証するところにある。

(1)　「減歩」

土地区画整理事業は，新設・変更される公共施設の用地等を，事業の対象となる施行地区全体の宅地の区割りや形状の変更を行う換地処分によって生み出すことを特色としているが，全体の区域面積は一定である

から，公共用地等の面積を増加させれば，当然に事業後の宅地の面積は縮小する。無償で行われるこの縮小のことを「減歩」という。公共用地を生み出すための減歩を「公共減歩」，「保留地」を生み出すための減歩を「保留地減歩」という。

「保留地」は，主として土地区画整理事業の施行の費用に充てるために，換地として定めることをしない土地のことであるが，これを処分することによって得られる利益を事業費に充てるものである。個人又は組合以外の施行者の場合は，事業施行後の宅地の価額の総額が施行前の宅地の価額の総額を上回る場合に限り，その上回る範囲内で保留地を定めることができることとなっている。事業費に充てる場合の保留地の地積は，基本的に総事業費から諸公共負担金等を除いたものを保留地処分単価で除したものとなる。

◇ 保留地地積＝（総事業費－公共負担金等）／保留地処分単価

保留地減歩はともかくとして，公共減歩が無償で行われる理由は，減歩によって生み出される公共施設の利益を享受するのが施行地区の地権者であることによる。減歩は，その意味で受益者負担と言える性格を有している。ただ，区画整理事業において幹線道路等が整備される場合，それらは区画道路とは異なり施行地区内の地権者のみが受益するものではないため，地権者が減歩で負担すべきものとはいえないところがある。このため，土地区画整理法では「公共施設管理者負担金」という制度を置き，このような道路については本来の管理者によって土地の取得に要する費用が負担される形となっている。

区画整理事業によってどの程度の減歩が生じるかは，事業を行う区域によってかなり大きな差が生じるのが普通である。都市近郊の丘陵部で行われる場合には，従前からある公共施設が少ないのが普通であるから，減歩率は大きくなるが，既成市街地の中でその再編を目指すような区画整理事業の場合には，既にかなりの基盤施設が存在するため，減歩率は低くなる。丘陵部の土地区画整理事業では減歩率が50％に達することがあり，既成市街地では10％程度に留まることがある。

(2) 「換地」「換地処分」

減歩によって生み出された公共用地或いは保留地を換地計画で定められた位置に集めることに伴い，従前の宅地はその面積を減少させたうえで，新しい位置に移動する。従前の宅地に代わるべきものとして交付される宅地を「換地」と呼び，換地を定める処分（法的に従前の宅地とみなす行為）を「換地処分」と呼んでいる。

換地処分は，土地の交換分合のための強制的な処分であるから，強制処分により無償で宅地の面積を縮小させることが違憲ではないかという考え方がある。この点については，土地区画整理事業によって市街地環境が整備され，換地の位置・形状が整理されることから，施行地区内の宅地の利用価値は増大し，評価額も増加するため，宅地面積の減少が直ちに補償を要する損失の発生には結びつかず，減歩に対して憲法29条3項に基づく補償義務が生じるものではないとするのが判例の立場である（最高裁第1小法廷判決昭和56年3月19日）。しかし，このような交換価値に重点を置いた考え方には些か問題があると思われる。本来，（公共）減歩は，それによって生み出される施設等の利益を自らが享受するための手段であるから，減歩によって整備される公共施設が，本来受益者負担によって整備される性格のもの……宅地周り施設としての街路など…の場合，その負担は基本的に受益の対価として考えるべきである。減歩の評価は交換価値よりも使用価値に着目すべきであり，仮に交換価値が下回ったとしても（事業により十分地価が上昇しなかったとしても），本質的に損失が生じたことになるかどうかは疑問である。

なお，減歩という受益者負担を強制することになる公共団体施行等の区画整理事業については，減価補償金制度が予定されているが，これは強制的に土地区画整理事業を実施することに伴うリスクをカバーするために設けられている制度であり，個々の減歩に伴う損失とは直接的に関係がない。事業反対の地権者が事業への参加を強制される仕組みを持つ組合施行の土地区画整理事業に減価補償金制度（後述4－(5)参照）が義務づけられていないことを考えれば，この二つの制度は明確に区分して考えるべきである。

(3) 「清算」

　換地計画で換地を定めるに当たっては，換地照応の原則により換地間に不公平が生じないようにされているが，換地の不交付等の例外があることや換地の設計によって多少の不均衡が生じることは避けがたいため，換地を定め，又は定めない場合において不均衡が生ずると認められるときは，従前の宅地及び換地の位置，地積，土質，水利，利用状況，環境等を総合的に考慮して，金銭により清算するものとされる。現実には，従前の宅地の各筆の価格に平均的な利用増進率（整理前の宅地総価格の整理後の宅地総価額に対する割合）を乗じて得た額と現実に定められた宅地の評価額との差を清算するのが普通である。

　清算金は，換地処分の公告があった日の翌日に確定するが，施行者は，確定した清算金を徴収し，又は交付しなければならない。

3　施行者

　主な施行者としては，ⅰ．個人，ⅱ．土地区画整理組合，ⅲ．土地区画整理会社3)，ⅳ．都道府県，市町村，ⅳ国土交通大臣等（事業の緊急な実施を要すると認められる場合，これまでのところ，国土交通大臣施行の例はない），ⅴ．その他…独立行政法人都市再生機構，地方住宅供給公社があるが，土地区画整理組合と市町村が施行者となるケースが多い。

　土地区画整理事業は，都市計画で土地区画整理事業を行うことが定められた区域（施行区域）において都市計画事業として行われることが多いが，個人施行，組合施行，会社施行の土地区画整理事業は，都市計画区域内であればそれ以外の区域（都市計画で定められている施行区域の外）でも行うことができる（その場合は，都市計画事業として行われない）。

4　土地区画整理事業の流れ

　土地区画整理事業の流れは，施行者によって異なるので，ここでは，土地区画整理組合が都市計画に定められた施行区域内で（都市計画事業として）土地区画整理事業を行う場

---

3)　区画整理会社は，土地区画整理事業の施行を主たる目的とした株式会社で，知事の認可を受けて土地区画整理事業を施行することができる。2005年土地区画整理法改正で制度化されている。区画整理法3条3項

合を念頭に置いて主要な流れを説明する。

(1) 設立認可，事業計画と行為制限

　土地区画整理組合を設立して区画整理事業を行う場合，施行地区内の7人以上の土地所有者等が共同して定款と事業計画を定め，その設立について都道府県知事の認可を受ける必要がある。事業計画の決定に先立って組合を設立する必要がある場合は事業計画に代えて事業基本方針を定め，知事の認可を受けることができる（区画整理法14条）。組合は認可により成立する。

　この認可申請に当たっては，定款及び事業計画（又は事業基本方針）について施行地区内の土地所有者の2／3以上，かつ借地権者の2／3以上の同意を得ていなければならず，更に，同意をした者が所有する宅地地積と借地地積との合計が区域内の宅地総地積と借地総地積の合計の2／3以上でなければならないとされている（18条）。

　事業計画には，ⅰ施行地区，ⅱ設計の概要，ⅲ事業施行期間，ⅳ資金計画が定められ，換地計画の内容を拘束する。設計の概要には，減歩率，保留地の予定地積，公共施設の整備改善の方針，設計図が定められる（16条）。

　都市計画で定められた施行区域で行われる組合施行の土地区画整理事業については，設立認可があると，都市計画事業の事業認可があったものとみなされ（14条4項）[4]，施行地区内の宅地について所有権又は借地権を有する者は，全員その組合の組合員とされる（25条）。

　設立認可の公告があった日後，換地処分の公告がある日までは，施行地区内で事業の施行の障害となるおそれがある土地の形質の変更，建築物その他の工作物の新・改・増築，一定の移動の容易でない物件の設置等を行う場合，原則として都道府県知事の許可を受けることを必要とする（76条）。なお，組合設立の公告の前の段階（都市計画段階）においては，都市計画法に基づく建築制限が課せられている。

---

[4］　組合施行の土地区画整理事業については，その設立認可には処分性が認められている（最判昭和60年12月17日民集39巻8号1821頁）。

(2) 換地計画

換地計画は，換地処分を行うための基準となるものであり，換地設計，各筆換地明細，各筆各権利別清算金明細，保留地等特別の定めをする土地の明細等が定められる。換地計画については，施行者がこれを定めるが，施行者が組合の場合は都道府県知事の認可を受ける必要がある[5]。

i 換地照応の原則

換地計画において換地を定める場合に基準としなければならない原則に「換地照応の原則」がある。この原則は，換地に当たって，地権者間の公平を維持するための基本原則であり，「換地及び従前の宅地の位置，地積，土質，水利，利用状況，環境等が照応するように定めなければならない」というものである（87条）。

ここでいう「照応」の意味は，位置，地積，土質等の諸条件を考慮して，従前の宅地と換地が大体において同一条件にあると認められる状態にあることを指すとされている。この照応の原則は，従前地と換地との間の照応（縦の照応）の他に，権利者間の公平を求める意味の照応（横の照応）の二つの意味を有している。

なお，いわゆる「飛換地[6]」が位置に関して照応の原則に反しないかという点については，土地区画整理法自体が95条1項で飛換地を認めていること，現実に公共施設の整備を実現するためには飛換地を行わなければならない場合が生じること等から，これを直ちに違法とするのは妥当性を欠き，法所定の諸要素を総合的に勘案して，大体同一条件を保ち，公平を維持しているかということで，照応の適否が判断されることになると考えられている。

ii 換地照応の原則の例外

この換地照応の原則の例外として，良質な市街地の形成を図る観点から，換地計画において過小宅地や過小借地（商業地で65㎡未満，その他の

---

[5] 換地計画は事実上換地処分の前に行われることが多く，現実には仮換地は換地設計案に基づいて行われている。

[6] 従前の宅地の位置からかなり離れたところに換地を定めることをいう。これに対して，従前の宅地とほぼ同じ位置又はこれに近接したところに換地を定めることを現地換地という。

地域で100㎡未満）とならないよう「増換地」をしたり，換地を交付しない「換地不交付」ができること7)，鉄道，学校，病院などの公益施設の用地については，位置，地積等に特別の考慮を払うことができること（創設換地）等の規定が置かれている。また，所有者の同意があれば，換地計画では換地を定めないことができることになっている（90，91，92，95条）。

(3) 換地設計案と仮換地

具体的な工事に入る前に従前の宅地の位置，地積等を基に，換地の位置，地積を設計した換地設計案が作成され，それを基に仮換地の指定が行われる。

ⅰ 仮換地の指定の必要性

仮換地の指定は，専ら事業の円滑な進捗を図る目的で行われる。換地処分に先立ち，仮換地を指定しなければならない主な理由は次の通りである。(98条)

　ア．公共施設の新設・変更や宅地の造成工事を進めていく上で従前の土地の上にある建築物の移転等が順次必要となること
　イ．かなり長い事業期間が必要とされる中で，できる限り早く新たに使用収益できる土地を指定して利用状況を安定させる必要があること
　ウ．事業区域がかなり広面積にわたり，換地処分によって従前の使用を一挙に換地に移行させることは事実上不可能であること

ⅱ 仮換地の指定の効果

仮換地が指定されると，その効力の発生の日から換地処分の公告の日まで，仮換地について従前の宅地について有する権利内容と同一の使用収益を行うことができ，他方で従前の宅地については使用収益が停止される。(99条)

---

7) この宅地地積・借地地積の適正化制度は，法規定上は組合施行の土地区画整理事業には適用されないことになっている（区画法91条，92条）が事実上組合施行の場合も関係者合意の下で行われているようである。

(4) 換地処分

ⅰ 換地処分

「換地処分」は，従前の宅地に代わる換地等の確定をはじめとして土地区画整理事業に係る権利を終局的に確定するため，権利者の意思いかんに関わらず行われる公法上の形成的処分であり，換地計画に係る区域の全部について工事が完了した後，遅滞なく，関係権利者に対して換地計画に定められた事項を通知することで行われる。(103条)

ⅱ 換地処分の効果について

換地処分の公告があると，その公告の日の翌日において，次のような効果が生じる。(104条～106条)

ア．換地計画で定められた換地は，従前の宅地と見なされる。

　換地計画で換地を定めなかった従前の宅地について存する権利は，消滅する。また，所有権と地役権以外の権利又は処分の制限については，換地計画において換地について定められたこれらの権利又は処分の制限の目的となるべき宅地又はその部分は，従前の宅地について存したこれらの権利又は処分の制限の目的である宅地又はその部分と見なされる。但し，地役権は，行使する利益がなくなったものを除き，なお従前の宅地上に存続する。

イ．換地計画に定められた清算金が確定する。

ウ．保留地は施行者が取得する。

エ．事業の施行により廃止される公共施設の代替の公共施設の用地は，廃止される公共施設の敷地が国有地の場合は国に，公有地の場合は地方公共団体に，それぞれ帰属する。新設された公共施設の用地は，その公共施設を管理すべき者に帰属する。なお，新たに新設された公共施設は別段の定めがある場合を除き，市町村が管理する。

(5) 清算と減価補償金について

換地を定め，又は定めない場合において不均衡が生ずると認められるときは，従前の宅地及び換地の位置，地積，土質，水利，利用状況，環境等を総合的に考慮して，金銭により清算するものとされる (110条)。

なお，個人施行，組合施行又は会社施行以外の場合，事業施行後の宅

地の総価額が従前の宅地の総価額より減少した場合には，その差額相当額を，一定の基準に従い，関係権利者に「減価補償金」として交付しなければならない。(109条)

5　事業計画決定の処分性

既に見てきたとおり，都市計画には，Ａ．地域地区に関する都市計画のように都市計画決定がなされるとそれによって行為規制の内容が定まり，その後は各行為に対して許可等の処分が行われるだけという形をとっているもの（いわゆる完結型都市計画）とＢ．都市施設や市街地開発事業に関する都市計画のように都市計画決定に続いて都市計画事業が予定されているもの（非完結型都市計画）の二つのタイプが存在する。

　ＡのタイプもＢのタイプも都市計画決定の段階においては，処分性が認められていないため，これを抗告訴訟で争うことはできないが，Ｂのタイプについては，どの段階から処分性を認め，その取消しを争うことができるかについて判断が分かれるという状況が続いていた。例えば，都市計画施設の整備に関する事業については，事業認可の段階で処分性が認められていたが，これは，権利を侵害された者が，事業認可の段階でその違法性を争うことができなければ，強制的に取得されてしまうことになり，実効的に救済されないことになるおそれがあると考えられたためであった。同様の趣旨で，第2種市街地再開発事業（後述**第4節－1**参照）の事業計画の決定は，土地収用法上の事業認定と同一の効果が認められるため，これに対しても処分性が認められていた。また，土地区画整理事業についても，組合施行の場合は，その設立認可の段階で認可処分に処分性が認められていたが，これも組合の設立により，事業の実施に反対である者も強制的に組合員とされることから，その違法性を争わせることが適切と考えられていたためである。

　これに対して，公共団体施行の土地区画整理事業については，最高裁は，著名な青写真判決（昭和41年2月23日大法廷判決）で，土地区画整理事業の事業計画について処分性を否定し，事業計画の決定段階での訴えの提起を認めていなかった[8]。その理由は，主として，次の三点にあった。

第一に，事業計画は，直接特定個人に向けられた具体的処分でなく，この段階では，権利者に対してどのような影響が生じるのか明確でないこと（いわゆる青写真論)[9]，

　第二に，事業計画の決定の公告後に課せられる建築規制は法が特に付与した附随的効果に過ぎないこと（いわゆる附随効果論)[10]，

　第三に，権利救済という点からは，この事業計画の決定段階で争わせなくても，続く仮換地処分や換地処分の段階で争うことが可能であり，事業計画は訴訟事件として取り上げるに足るだけの成熟性や具体性を欠いていること（争訟の成熟性論）

　これらの点については，従来から多くの批判が行われていたが，最高裁は，平成20年9月10日大法廷判決[11]で，従来の判例を変更し，事業計画決定について処分性を認めた。

　処分性を認めるに至った論理は，次の通りである。

　第一に，事業計画により減歩率や公共施設等の位置・形状が明らかにされることは，権利者への影響がある程度具体的に予測できることであり，事業計画は単なる青写真に留まるものではないこと

　第二に，事業計画の決定が行われると，特段の事情がない限り，宅地所有者等は一定の規制を伴う土地区画整理事業の手続に従って換地処分を受けるべき地位に立たされること

　第三に，換地処分等の後続の処分の段階では事情判決を受ける可能性が相当程度あり，宅地所有者等の受ける権利侵害に対して実質的な救済

---

[8]　最大判昭和41.2.23　（民集20巻2号271頁）
[9]　事業計画決定は，「特定個人に向けられた具体的な処分とは著しく趣を異にし，事業計画自体ではその遂行によって利害関係者の権利にどのような変化を及ぼすかが，必ずしも具体的に確定されているわけではなく，いわば当該土地区画整理事業の青写真たる性質を有するにすぎないと解すべきである」
[10]　事業計画の公告に伴う行為制限は，「当該事業計画の円滑な遂行に対する障害を除去するための必要に基づき，法律が特に付与した公告に伴う附随的な効果に止まるものであって，事業計画の決定ないし公告そのものの効果として発生する権利制限とはいえない。」としている。この点については，附随的効果なのか事業計画の公告の本来的効果なのかの区分は必ずしも明確ではなく，実質的に個人の権利が侵害される以上は処分性を認めるべきとする意見が多かった。
[11]　民集62巻8号2029頁

が十分果たされるとは言い難いこと

　これらは，昭和41年の青写真判決における反対意見をほぼそのまま採用したように見えるが，この認識の差が生じた理由は，行政機関が行う行為によって生じる私人の権利利益の侵害について，実効的な権利救済を図るという視点から，その行為を抗告訴訟の対象として取り上げるのが合理的かどうかという判断における差によるものと考えられる。[12]

　その意味で，本判決では，理論的には第二の論理が処分性を支える根拠となっているものの，第三の事由が判例変更の実質的な理由であったと考えられる[13]。

---

[12]　増田稔「土地区画整理事業計画訴訟最高裁大法廷判決の解説と全文」（ジュリスト1373号65頁）

[13]　従って，この判決における涌井裁判官の「土地区画整理事業の事業計画の決定については，それが上記のような建築制限等の法的効果を持つことのみで，その処分性を肯定することが十分に可能であり，またそのように解することが相当なものと考えられる」という意見に対して，藤田裁判官の補足意見が，「涌井裁判官の意見のように，この論拠のみで必要かつ十分であるとする場合には，当然のことながら，同じく私人の権利を直接に制限する法的効果を伴う他の計画決定行為（例えば都市計画法上の地域・地区の指定等，いわゆる完結型の土地利用計画）についてどう考えるのかが，直ちに問題とならざるを得ない。」「私人の権利義務に対し直接の法的効果をもたらす各種の計画行為の中で，他を差し置いても土地区画整理事業計画決定について処分性を認めなければならない理由は何か」それは，「土地利用計画と異なる土地区画整理事業決定の固有の問題は，本来換地制度を中核的骨格とするこの制度の特有性からして，私人の救済の実効性を保証するためには事業計画決定の段階で出訴することを認めざるを得ないというところにあるものと考える。」として，第二の論理だけでなく，権利救済の実効性という第三の論理が必要としている点に表れている。なお，藤田裁判官補足意見が「行政計画については，一度それが策定された後に個々の利害関係者が個別的な訴訟によってその取消しを求めるというような権利救済システムには，そもそも制度の性質上多少とも無理が伴うものと言わざるを得ないのであって，立法政策的見地からは，決定前の事前手続における関係者の参加システムを完全なものとし，その上で一度決まったことについては，原則として一切の訴訟を認めないという制度を構築することが必要というべきである。問題はしかし，現行法上，このような構想を前提とした上での計画の事前手続の整備はなされていないというところにあ」る以上，「行政訴訟における国民の権利救済の実効性を図るという課題に鑑みるとき，当裁判所として今行うべきことは，事案の実態に即し，行政計画についても，少なくとも必要最小限度の実効的な司法救済の道を判例上開くということであろう。」と述べていることは，このことをよく表している。

6 土地区画整理事業の問題点

i 地価の下落

　減歩は土地所有者の負担による公共施設の整備と土地区画整理事業費用の確保という性格を有しているが，他方で宅地としての収益力の向上があるから，面積の減少があっても全体として価値の上昇があれば，これをカバーすることができるため，通常の場合問題は顕在化しない。

　しかし，地価が大きく下落すると，土地の収益力の増大は，地価の下落によって相殺されてしまい，土地所有者の負担が直接顕在化することになる。

　この結果，当初の事業計画で定められていた事業費を賄うための保留地が不足することになり，地権者に対して追加的賦課金徴収や再減歩を行うことが検討されるなど事業自体も行き詰まるおそれが出てくる。現在，組合施行の土地区画整理事業などにおいて，事業に反対しながら強制的に参加を余儀なくされた地権者からの事業継続に対する反対意見等，多くの問題が顕在化しつつある。

　また，このような状況下で，新たに土地区画整理事業を行おうとするケースが急激に減少している。これまで市街地整備に大きく貢献してきた土地区画整理事業は転機を迎えているといえる。

ii 非効率性

　土地区画整理事業については，事業が完成しても，宅地の所有者には建築物の建築が義務づけられているわけではないので，土地区画整理事業施行済地では，都市基盤施設が完成しているにもかかわらず，建物が建たないまま，長期間放置されている宅地が多い。建築物が建ち，実質的市街化が進捗していく率は，年3～5％程度であるので，市街地になるまで20～30年かかるのが普通である。このため，公共投資の効率が悪いという指摘がある。特に，道路や上下水道が完備した宅地の上で，農業が行われているケースが見られることには従来から強い批判がある。

第4節　再開発事業

　市街地再開発事業は，市街地の改善を図るため，①敷地の統合，②土地の高度利用を図る建築物の建築，③必要な公共施設の整備の三つを同時に達成することを内容とする市街地開発事業の一種である。
　市街地の中で再開発を行う必要のあるゾーンは広範に存在しているが，これまで市街地再開発事業で対応してきたのは，前身の市街地改造事業を含めても，僅かに709地区，1120.1㌶に過ぎない。しかも，市街地の中で，改善が急がれる密集住宅市街地の再編に対しては，この事業は余り活用されていないと言ってよく，商業地の高度利用のための事業になってしまっている。

1　市街地再開発事業の種類

　市街地再開発事業には，「第1種市街地再開発事業」と「第2種市街地再開発事業」の2種類がある。
　A　「第1種市街地再開発事業」は，非耐火（木造等）建築物の割合が高く，公共施設が整備されていない不健全な市街地で，土地の高度利用を図る必要があると都市計画で位置づけられているゾーンを対象として実施される
　B　「第2種市街地再開発事業」は，第1種市街地再開発事業の実施が必要な区域のうち，より災害の危険性が高く，或いは不良な環境の改善の必要性が高いゾーンで，複雑な権利関係を早期に調整して，迅速に市街地再開発を実施する必要がある場合に行われる。
　両者は，事業の方法が異なっており，
　A　第1種事業は，従前の土地建物に関する権利の強制取得を伴わない「権利変換方式」が用いられている。
　B　第2種事業は，従前の土地建物に関する権利をいったん施行者が取得し，支払われるべき対償に代えて，再開発地区内に残留を希望する権利者に，再開発によって建築される建築物の床と敷地の共有持分を給付する「管理処分方式」がとられている。

第2部　都市計画規制

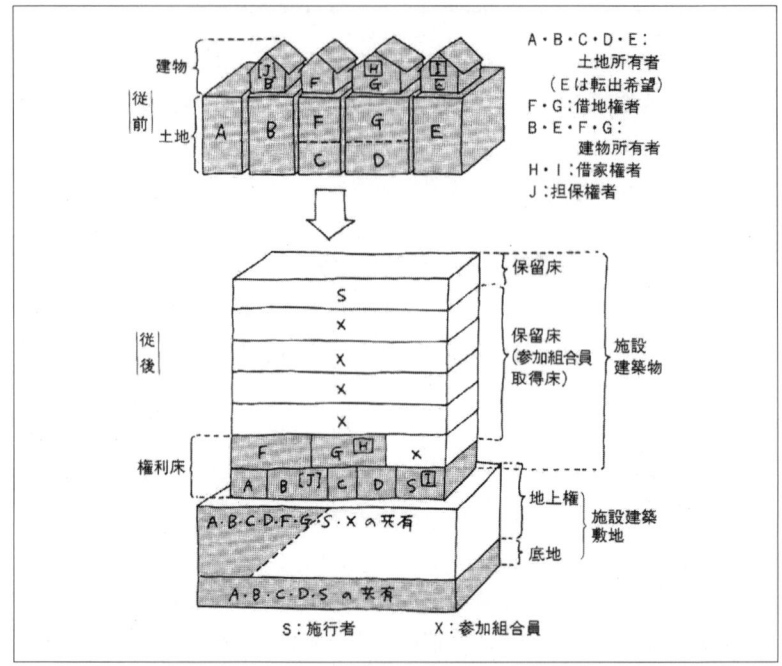

図：市街地再開発事業の権利変換のモデル

A・B・C・D・E：
土地所有者
（Eは転出希望）
F・G：借地権者
B・E・F・G：
建物所有者
H・I：借家権者
J：担保権者

S：施行者　X：参加組合員

((旧)建設省「図解市街地再開発事業」より)

（1）　権利変換方式

　第1種事業における「施行地区内にある宅地，建築物，借地権，借家権等の権利を，事業により新たに建築される施設建築物及びその敷地（施設建築物敷地）に関する権利に変換又は移行させ，地区内から転出を希望する者の権利は消滅させて金銭補償するという一連の手続」のことを「権利変換」という。

　権利変換に当たっては「地上権設定方式」と地上権を設定せずに施設建築物所有者がその敷地も共有する「土地共有方式」や「全員同意方式」があるが，地上権設定方式では，従前の宅地は合筆されて1筆となり，従前所有者の共有となる。その敷地の上に地上権が設定されて，施設建築物が建築されるが，施設建築物については，従前土地所有者，従前借地権者，保留床取得者等が区分所有することとなり，地上権は施設建築物の所有者全員の共有となる。

(2) 管理処分方式

　第2種事業における「施行地区内にある宅地，建築物，借地権等の権利を，いったん施行者が取得し，事業により建築される建築施設の譲受けを希望する権利者に，従前の宅地，借地権，建築物の対償に代えて，建築施設の一部とその敷地の共有持分を譲渡する方式」を「管理処分方式」と呼んでいる。

　この場合，従前の宅地，建築物，借地権等を取得するに当たって収用による強制取得が認められている。

2　市街地再開発事業の施行区域

(1) 第1種市街地再開発事業の施行区域

　第1種市街地再開発事業が施行できる区域は，市街地再開発促進区域内あるいは次の要件を満たす区域である（3条）。

① 高度利用地区内，都市再生特別地区又は特定地区計画等の区域[14]内にあること
② 一定の耐火建築物の建築面積の合計が区域内の全建築物の建築面積合計の概ね1／3以下又はその敷地面積の合計が区域内の全宅地面積の概ね1／3以下であること
③ 十分な公共施設がないこと等により，土地の利用状況が著しく不健全であること
④ 土地の高度利用を図ることがその都市の機能の更新に貢献すること

(2) 第2種市街地再開発事業の施行区域

　第2種市街地再開発事業が施行できる区域とされているのは，第1種市街地再開発事業の施行区域の要件を満たす区域で，次の要件のいずれかに該当する0.5ha以上の区域とされる（3条の2）。

---

[14] 特定地区計画等の区域とは，地区計画，防災街区整備地区計画，沿道地区計画で，その地区整備計画の中において高度利用地区の都市計画で定める事項が定められ，かつ，建築基準法に基づく条例でそれらの制限が定められているものの区域を指す。

第2部　都市計画規制

① 安全上・防火上支障がある建築物が多数密集しているため，災害発生のおそれが著しく，あるいは環境が不良であること
② 区域内に駅前広場や避難用の公園等の重要な施設を早急に整備する必要があり，かつ，その公共施設の整備と併せて建築物及び敷地の整備を一体的に行うことが合理的であること
③ 被災市街地復興推進地域にあること（被災市街地復興特別措置法19条）

3　事業の施行者

① 第1種事業を施行できるのは，個人，市街地再開発組合，再開発会社，地方公共団体，独立行政法人都市再生機構，地方住宅供給公社である（2条の2）。事業施行者以外の者が事業に関与できる制度としては，次のものがある。
　 i　特定建築者制度——権利床がなく保留床のみからなる施設建築物について，施行者に代わって施設建築物の建築工事を行い，建築後，保留床として，その施設建築物を取得する制度。
　 ii　参加組合員制度——保留床の購入者として，あらかじめ定款に定められた者で，一般の組合員と共同して事業を行うものである。参加組合員は，取得する保留床の価格に相当する金銭を負担金として組合に支払う。

② 第2種事業を施行できる者は，第1種市街地再開発事業の施行者から個人，組合を除いた者である。

4　市街地再開発事業の流れ

(1)　市街地再開発事業に関する都市計画

　個人施行の第1種市街地再開発事業を除き，市街地再開発事業は，都市計画事業として施行される。すなわち，市街地再開発事業は，原則として，都市計画において定められた市街地再開発事業の施行区域内で行われる。

（2） 事業に関する認可等

　市街地再開発組合を設立して第1種市街地再開発事業を行う場合，施行区域内の宅地について所有権又は借地権を有する者が5人以上共同して定款と事業計画を定め，その設立について都道府県知事の認可を受ける必要がある。事業計画の決定に先立って組合を設立する必要がある場合は事業計画に代えて事業基本方針を定め，知事の認可を受けることができる（再開発法11条）。組合は認可により成立し（18条），施行地区内の宅地について所有権又は借地権を有する者は，すべてその組合の組合員となる（20条）。

　この認可申請に当たっては，組合の設立について，施行地区内の土地所有者の2／3以上，かつ借地権者の2／3以上の同意を得ていなければならず，更に，同意をした者が所有する宅地地積と借地地積との合計が区域内の宅地総地積と借地総地積の合計の2／3以上でなければならないとされている（14条）。

　地方公共団体が市街地再開発事業を施行しようとする場合は，施行規程と事業計画を定めなければならないが，事業計画において定めた設計の概要については，都道府県の場合国土交通大臣，市町村の場合都道府県知事の認可を受ける必要がある（51条）。地方公共団体が施行する市街地再開発事業の場合，その認可をもって都市計画法の59条の都市計画事業認可があったものとみなされる。

（3） 権利変換計画の認可

　第1種事業の施行者は，設立認可の公告あるいは事業計画の決定，認可の公告後一定の手続期間を経て，「権利変換計画」を定め，国土交通大臣又は都道府県知事の認可を受けなければならない（72条）。

（4） 権利変換処分

　権利変換に関する処分は，権利変換計画の認可の公告と併せて行う関係権利者に対する通知によって行われる（86条）。

　関係権利者の権利については，権利変換期日において，権利変換計画の定めるところに従い，変換される。すなわち，施行地区内の土地につ

いては，所有権以外の従前の権利は消滅し，権利変換計画に従って，新たに所有者となるべき者に帰属する。また，施行区域内の建築物については，施行者に帰属し，その建築物を目的とする所有権以外の権利は原則として消滅する（87条）。施設建築物の敷地となるべき土地には，権利変換計画に従って，施設建築物の所有を目的とする地上権が設定されたものとみなされ，施設建築物の一部は，権利変換計画において，これとあわせて与えられることと定められていた地上権の共有持分を有する者が取得する（88条）。

工事が完成すれば，工事完了公告が行われ，従後建物についての登記が行われる。保留床については，施行者が処分を行って，事業費に充てる。

5 市街地再開発事業の事業計画の処分性

第2種市街地再開発事業の事業計画決定については，Ⅲの5で前述したとおり，処分性が認められている[15]。公共団体施行の第1種市街地再開発事業の事業計画決定については，土地区画整理事業の事業計画に関する最高裁の判例変更（最大判平成20.9.10）により，処分性が認められることになろう。

6 市街地再開発事業が直面する問題点

(1) 採算性の悪化──採算性が前提となっている再開発事業の仕組み

現在，市街地再開発事業が直面している大きな問題点は，一般的な地価の下落が影響して著しく事業の採算を圧迫しており，採算割れを起こしているものが増加していること，再開発実施ゾーンにおける商業収益の低下によりキーテナントの撤退が見られ，保留床の売却が進まないことである。このうち，市街地再開発事業の採算割れの問題は，基本的に，市街地再開発事業が保留床の売却益に左右される仕組みとなっていることにある。地価の下落は，商業床の価格の下落を招いており，特別な地域を除いて，通常の商業ビルと需要が競合し，保留床の価格下落も顕著である。権利変換制度を用いて行われる再開発事業は，事業期間が長期

---

15) 最判平成4年11月26日（民集46巻8号2658頁）

間に及ぶため，リスクが大きく，新たに再開発事業に着手される例は減少しつつある。現在，都市再開発事業が，駅前のような商業地でしか行われなくなっているのは，この採算性を必要とする仕組みが組み込まれているからで，そもそも，この仕組み自体が問題と言える。再開発の対象となるべき地区のなかには，その改善が高い公共性を持つものもあり，こうしたゾーンについては再開発が採算性によって左右されることなくその実現が図られるよう，都市の市街地の再編に見られる公共性に着目した公費の投入の仕組みを充実すべきである。

(2) キーテナント不在

第二の問題点は，従来再開発が行われることが多かった中心市街地や鉄道ターミナル周辺が，次第に商業中心から外れる傾向が見られ，従来再開発ビルの主要なテナントであった大規模小売店舗がその立地を郊外に移していることから，キーテナントを確保できない状況が生じていることである。キーテナントが確保されないことからくる空いた保留床を，公共施設等の公的な施設で埋めている例が急速に増加しているが，地方財政の厳しい状況はこのような対応を不可能にしつつある。収益性が高く，規模が大きい利用用途を確保することは，事業期間が長くかかる事業では，大変難しくなっており，今後，商業系の市街地再開発事業は次第に減少していく可能性が高い。

第5編
詳細計画

第15章　地区計画制度1

◆ I ◆　地区計画制度

　地区計画は，一般の都市計画が都市全体から見て必要な根幹的な施設や事業あるいは基本的な土地利用規制を定めるものであるのに対し，より住民の生活エリアに近い比較的小規模な街区を単位として，一般の都市計画では対応できないような
　① 　きめの細かい地区レベルの土地利用や建築の規制を行うとともに，
　② 　その地区に必要な細街路や小公園等の施設を一体的に定めることにより，
その地区の置かれているそれぞれの状況にふさわしい態様を備えた良好な環境の市街地を整備し，開発し，保全するための計画である。
　地区計画制度は，街づくりのための重要な手段であり，活用可能な範囲が広いことから，居住環境の維持形成，景観の維持，土地の有効利用など様々な目的で使われている。
　わが国の土地利用に関する実定法制度においては，地域の街づくりに関し都市住民の意向を反映するために設けられている手段は極めて限られており，地区計画制度はその代表的なものであるが，この制度は，地域の街づくりに留まらず，近年では，土地の有効利用を目指す規制緩和の手段としても使用され，その目的が大きく変化しつつある。この章では，その制度の概要について説明する。

第1節　地区計画の機能

　地区計画は，旧西ドイツのBプラン（詳細土地利用建築計画）をモデルとして，1980年に創設された都市計画の1種である。しかし，その本質的な機能には大きな差が存在する。ドイツの都市計画では，建築物の建築・開発ができるところが限定されていて，それ以外のところ（外部

地域と呼ばれる）では原則として建築・開発が禁止されている。Bプランは，建築・開発が禁止されている外部地域における禁止の解除の手段として位置づけられており，Bプランが策定されることにより，開発・建築が可能になる仕組みとなっている[1]。これに対して，我が国の地区計画制度にはそのような機能は与えられていない。我が国の地区計画制度は，主要な街路等で囲まれた比較的狭い地区を対象として，その地区にふさわしいきめ細かい規制を定めたり，その地区に必要な居住者等が利用する施設を定めたりするもので，詳細計画という機能を持つという点では共通点を有している。

一般的な詳細計画を持たなかった我が国の都市計画制度の中で，地区計画は，その地区の特別な事情や特別の要請に応えて，よりキメの細かい制限を定めたり，通常の都市計画では定めないような地区住民のための小規模な道路や公園のような施設（地区施設）を定めたりすることができるため，住民の意向を反映した街づくりを行うための重要な手段として，急速に各地で活用されるようになっている。しかし，他方で，このような良好な街づくりのために規制を厳しくするという方向とは逆に，有効利用のため既存の規制を緩和するための手段として活用される傾向が生じつつあることには些か懸念を感じるところである。

第2節　地区計画の活用状況

地区計画決定状況は次の通りである。

（地区数）

	地区計画	防災街区整備地区計画	沿道地区計画	集落地区計画	再開発地区計画	住宅地高度利用地区計画	計
1997. 3	1867	—	27	3	84	8	1989
2002. 3	3582	5	31	11	140	18	3787
2006. 3	4742	10	46	13	—	—	4811
2007. 3	5003	12	47	13	—	—	5075

（2007. 3.31）

1）　藤田宙靖「西ドイツの土地法と日本の土地法」283頁（創文社1988年）

第3節　地区計画同種の計画と地区計画の類型

　都市計画では，①地区計画のほかに，同種の計画として，②防災街区整備地区計画，③沿道地区計画，④集落地区計画を定めることができることとなっており，これらの計画を総称して「地区計画等」と呼んでいる（12条の4）。この章では，このうち地区計画について概観する。

　地区計画には，基本型の地区計画（12条の5）の他，地区整備計画に特別な定めをすることができる次のような類型がある。

　①　誘導容積型地区計画（12条の6）
　②　容積適正配分型地区計画（12条の7）
　③　高度利用地区型地区計画（12条の8）
　④　用途別容積型地区計画（12条の9）
　⑤　街並み誘導型地区計画（12条の10）
　⑥　立体道路型地区計画（12条の11）

　また，プロジェクトを促進する目的で，地区計画の中に促進区を定めた地区計画として次の二つの類型がある。

　i　再開発等促進区を定めた地区計画（12条の5第3項）
　ii　開発整備促進区を定めた地区計画（12条の5第4項）

参考　〈地区数〉

地区数

一般型	誘導容積型	容積適正配分型	用途別容積型	街並み誘導型	立体道路型	調整区域内型	地区計画合計
3375	42	1	19	31	4	110	3582

（2002.3）

第4節　地区計画の策定

1　策定主体

　地区計画は，地区レベルの都市計画であるが故に，市町村が定める都市計画とされている（15条）。

2　策定対象区域

地区計画を定めることができる対象区域は次の通りである（12条の5第1項）。

　A　用途地域が定められている土地の区域については，その全域で定めることができる

　B　用途地域が定められていない土地の区域については，次の三つの区域のいずれかに該当する場合に策定が可能とされている。

①　住宅市街地の開発その他建築物若しくはその敷地の整備に関する事業が行われる，又は行われた土地の区域（これは，事業関連の土地の区域であり，事業の実施に先だってあるいは併せて開発等を誘導する目的あるいは事業実施後の良好な環境を維持する目的の「事業関連型」と言えるもので，現実の地区計画にはこのタイプが多い）

②　建築物の建築又はその敷地の造成が無秩序に行われ，又は行われると見込まれる一定の土地の区域で，不良な街区の環境が形成されるおそれがあるもの（これは，いわゆるスプロール進行区域で，ミニ開発を抑止し，放置すれば整備されない細街路，公園等の地区公共施設を確保する目的の「スプロール対応型」ともいうべきものであるが，このタイプは少ない）

③　健全な住宅市街地における良好な居住環境その他優れた街区の環境が形成されている土地の区域（これは，既に良好な市街地が形成されている土地の区域であり，敷地規模の細分化や用途の混在化等によって環境が悪化することを防止する目的の「保全型」地区計画である。このタイプは，かつて建築協定などが締結されているような地区で，建築協定の更新を機会に建築協定から地区計画に変更するという形で定められるケースが多い）

地区計画制度が整備された当初は，ベースとなる都市計画に対して上乗せ規制をかけることを理由に，策定対象地区要件が限定的であった（B要件に該当する場合に策定可能とされていた）が，その後，地区計画の街づくり手段としての機能が重視されるに至って，用途地域全域で定めることができるようになった。

第2部　都市計画規制

図：スプロール市街地の整備イメージ

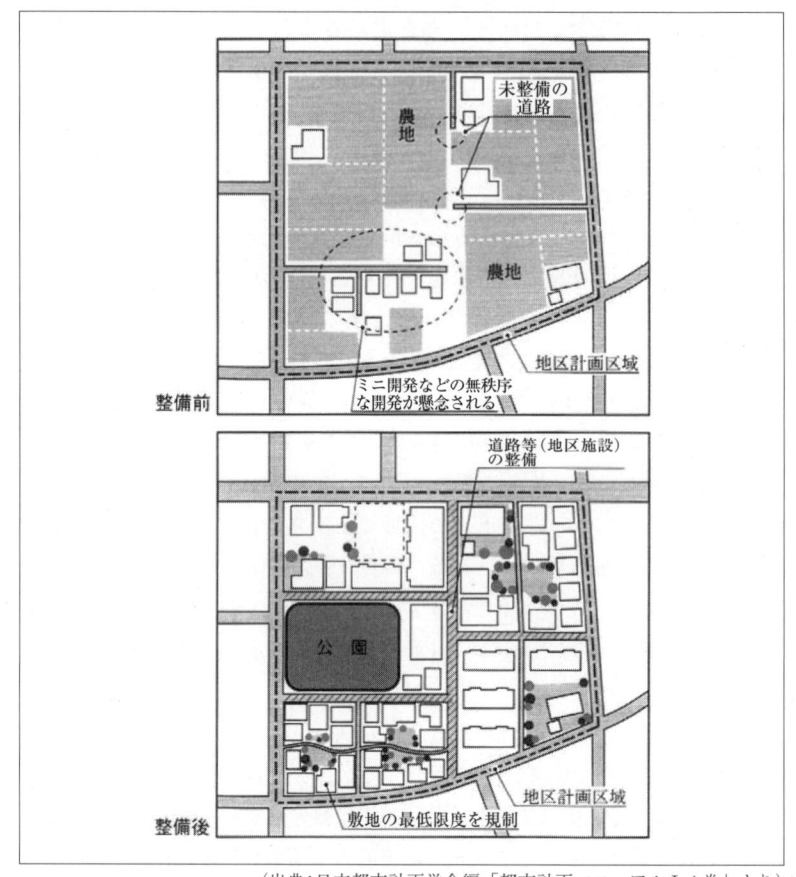

(出典：日本都市計画学会編「都市計画マニュアルI4巻」より)

第5節　計画の内容

1　地区計画について都市計画に定められる事項

地区計画について都市計画に定められる事項は，種類，名称，位置，区域等のほか，次の通りである（12条の4第2項，12条の5第2項）。

- i　当該地区計画の目標
- ii　当該区域の整備，開発及び保全に関する方針
- iii　地区整備計画（地区施設[2]）及び建築物等の整備並びに土地の利用に

関する計画）

　都市計画では，ⅰⅱの事項のみ定め，ⅲの地区整備計画を定めない地区計画を認めている（地区整備計画を定めることのできない特別の事情がある場合，例えば，地区の中で住民たちがこれから具体的な内容を検討しつつある場合など）が，地区計画の本来果たすべき役割から見れば，ⅲの地区整備計画が重要である。

2　地区整備計画
(1)　地区整備計画に定める事項

　地区整備計画においては，次に掲げる事項のうち，地区計画の目的を達成するため必要な事項を定めることとされている。

　ⅰ　地区施設の配置及び規模
　ⅱ　建築物の用途の制限，容積率の最高限度又は最低限度，建ぺい率の最高限度，建築物の敷地面積又は建築面積の最低限度，壁面の位置の制限，壁面後退区域における工作物の設置の制限，建築物等の高さの最高限度又は最低限度，建築物等の形態又は色彩その他の意匠の制限，建築物の緑化率の最低限度，垣又はさくの構造の制限
　ⅲ　現に存する樹林地，草地等で良好な居住環境を確保するため必要なものの保全に関する事項
　ⅳ　その他土地利用の制限に関する事項…政令未制定

　この地区計画で定めることのできる内容のうち，ⅰでよく見られるのは，地区計画の区域内の居住者が利用する区画街路である。区画街路が整備されるべき位置などが定められる他，行き止まりになりがちな区画街路を通過できるような形に配置するなどの例が見られる。ⅱの例は枚挙に暇がないほど多様なものがあるが，用途の制限については，その地区の一般用途制限では認められているワンルームマンションの建設を制限したり，風俗店の制限を定めたりする場合も見られる。容積率等の制限では良好な環境を維持するため一般の容積制限で認められる限度を引

2）　主として街区内の居住者等の利用に供される道路（細街路），公園等の施設

き下げる定めをする場合等である。建築物の敷地面積の最低限度を定めて敷地の細分化を防止する例も多い。建築物の高さについては，低層住居専用地域において3階建ての建築物を制限することもある。建築物の外壁や屋根の色彩を落ち着いた色にコントロールするような形で使われたり，敷地境界の垣や柵を生け垣にするよう定めることも多い。

なお，iiの定めについては，ベースとなる土地利用制限を緩和する中で一部の規制を残しておくという形で使用されることもある。例えば，低層住居専用地域から中高層住居専用地域に用途地域を変更し，建築できる建築物の高さを緩和するが，建築物の用途についてはそのままにしておきたいという場合に，地区計画で用途の制限を課すようなケースである。

これらの内容については，実態的に地区の住民等のコンセンサスを背景に定められるのが普通であるが，建築協定のように所有者等の全員の合意を必要としてはいない。

(2) 地区整備計画に定めた事項の実現手段

上記のiiに定める制限については，後に述べるとおり，開発行為や建築行為の際に，開発許可や建築確認により，あるいはこれらの対象となっていない行為については届出の対象となる形でコントロールされ，実現することになるが，iの地区施設の整備については，都市計画施設の場合と違って，その実現のための事業を実施して積極的に実現していくのではなく，土地所有者の負担と責任で実現していく形になっている（土地区画整理事業の中で実現がされる場合もある）。このため，計画的にみるとなかなか地区施設の計画が作られないのが現実であるし，計画されてもなかなか実現に結びつかないという問題を抱えている。この点は地区計画の一つの弱点であるが，次章で詳述する。

なお，地区整備計画については，この他にも様々な特例的定めをすることができるが（12条の6～11），その詳細についても次章で触れる。

第15章　地区計画制度 1

表：地区計画の概要

地区整備計画区域	幹　線　通　り　地　区		
まちづくりの方針 （土地利用の方針）	幹線道路に隣接する地区として商業業務施設及び沿道サービス施設を中心とした建築物の立地を図る。		
地区施設の配置及び規模	道路　幅員6.0m　延長約97m 　　　幅員9.0m　延長約306m（左図のとおり）		
ま ち づ く り の ル ー ル （ 地 区 整 備 計 画 ）	A 用途の制限	下記の建築物は建築できません。 ・一階（都市計画道路〇〇線に面する部分に限る。）を住宅、共同住宅、寄宿舎、下宿、長屋の用途に供するもの ・マージャン屋、ぱちんこ屋、射的場、勝馬投票券発売所、場外車券売場にその他これらに類するもの ・工場（店舗内に附設されるものを除く。） ・ホテル・旅館 ・自動車教習所 ・畜舎	
^	B 敷地面積	200㎡以上	
^	C 壁面の位置	道路境界（地区施設含む）より……1.0m以上離すこと（緩和規定あり） 鉄道敷境界より………………2.0m以上離すこと（　〃　）	
^	^	（図）	
^	D 形態・意匠	1．建築物の屋根及び外壁の色彩は、周辺環境に配慮した色調とする。 2．屋外広告物は、美観・風致を害しないものとし、都市計画道路〇〇線に突き出してはならない。	
^	E かき・さくの構造	道路等に面して設ける部分のみ ①生垣　　②植栽を併用した透視可能な金属柵等	
用　途　地　域 容積率(%)/建ぺい率(%)	第2種住居地域 200%/60%		

3　再開発等促進区

(1)　再開発等促進区を定めた地区計画

　地区計画には，1と2に述べた事項の他に，市街地の再開発や開発整備を行うべき区域として「再開発等促進区」を定めることができることになっている（12条の5第3項）。

　都市の市街地には，経済社会状況の変化に伴い，低・未利用地となっているゾーンが生じることがあるが，これらの中には，ある程度の規模

の都市基盤施設の整備を行うことにより，時代の要請にあった都市機能を発揮することができる地区に再整備することが可能かつ適切なものがある。このような地区に対応して，都市基盤施設の整備と再開発等を一体として行う前提となる詳細な計画を定めるのが，再開発等促進区を定める地区計画である。

この再開発等促進区として予想される典型的なケースとしては，次のようなものがある。

ⅰ．工場跡地，鉄道操車場跡地，港湾施設跡地等の相当規模の低・未利用地で，公共施設の整備を行いつつ再開発する場合
ⅱ．住居専用地域内の農地，低・未利用地等を住宅市街地へ一体的に転換する場合
ⅲ．老朽化した住宅団地の建替えを行う場合
ⅳ．木造住宅密集市街地の再開発等の場合

(2)　2号施設（12条の5第5項2号）

通常の地区計画の場合，地区整備計画に地区施設の配置及び規模が定められる（第5節-2-(1)-ⅰ）だけなのに対して，この再開発等促進区を定める地区計画には，「2号施設」と呼ばれる都市基盤施設の配置と規模が定められる。上記に掲げた再開発等促進区を定める典型的ケースからも分かるように，この再開発等促進区では，基盤施設が整備されていないために高度利用が困難であるという状況に置かれている場合が多いことが予想される。この点を克服し，地区計画で容積率制限等の特例を定めるために必要な条件の整備を図るという視点から，2号施設という特別な基盤施設が定められる。この2号施設は，都市計画施設と地区施設の中間的施設で，地区の土地利用の転換を行うに当たっての前提となる施設である。例えば，道路でいうと，地区施設が幅員6メートル程度であるのに対して，2号施設は12メートル程度であるが，これは都市全体にとって必要な基幹的道路まではいかないが，地区施設としての道路の機能を超え，その地区の高度利用を図る上で必要と考えられるようなものである。

(3) 再開発等促進地区内の建築制限の緩和（建基法68条の3）

再開発等促進区内においては，再開発等を進める観点から，次のような規制の緩和措置が設けられている。

i まず，地区計画で定められた土地利用に関する基本方針に適合し，特定行政庁が許可した建築物について用途制限の適用が除外される。

ii 次に，容積率，建ぺい率制限の適用が除外され，地区計画で定められた容積率，建ぺい率の最高限度が適用される。

iii 区域内に有効な空地が確保されている場合で，特定行政庁が許可した建築物については，斜線制限の適用が除外される。

この緩和措置については，周辺地区との関係において問題が生じる場合が想定される。再開発等促進区を定めることができる地区要件は，土地利用状況の激変が予想される地区であり，高度利用を図ることが必要な地区であるとされているが，この制度では用途・形態制限の適用除外が可能なため（例えば，ある敷地の容積を他の敷地の容積に移転する形での高度利用も可能とされている），既に定められている用途地域との調整が

図：再開発等促進区

（出典：国土交通省HPより）

どのような形で行われるのかが問題となる。緩和後の土地利用が既存の土地利用秩序から見て異質な土地利用を生じさせるおそれがあるからである。本来，地区計画は，その基礎に，その地区を含むより広い地域の基調となる土地利用と調和がとれている範囲内で，地区の意向や独自性を反映させる手段として評価されてきたところがあるが，この制限の緩和は，基調となる用途制限や形態制限を除外するというものであり，仮に周辺隣接地区との調和がとれない異質な土地利用あるいは空間利用が行われることになれば，周辺隣接地区への影響は避けられない。この制度は，緩和型の地区計画に共通する問題点を有しているので，内容を定めるに当たっては，周辺を含む土地利用・空間利用秩序との十分な検討調整が必要である。都市計画法は，13条1項14号ロにおいて，再開発等促進区を定める地区計画についての都市計画基準を規定しており，住居環境の保護の視点から第1種・第2種低層住居専用地域の場合のみ調整規定を置いているが，いわゆるプロジェクト型の緩和タイプの都市計画に共通の問題として，現実にはフリクションが起きる可能性がないわけではなく，他の住居系用途地域についても調整規定を置くべきであろう。

4　開発整備促進区（12条の5第4項）

この開発整備促進区制度は，いわゆるまちづくり三法の見直しの一環として行われた平成18年都市計画法改正で，用途を緩和する地区計画制度として創設されたものである。具体的には，この時の都市計画法の改正によって，新たに第2種住居地域，準住居地域，工業地域，都市計画白地地域においても，大規模小売店舗等の立地が制限されることとなったが，これら新に立地が制限されるようになった地域においても，この開発整備促進区を定めた地区計画が定められ，大規模小売店舗等の立地を誘導することが適切な区域が定められれば，その立地制限を除外することができるというものである。開発整備促進区を定める地区計画では，土地利用に関する基本方針，道路，公園等2号施設の配置・規模が定められるとともに（同5項），誘導すべき特定大規模建築物[3]の用途と利用すべき土地の区域を

3）　特定大規模建築物とは「劇場，店舗，飲食店その他これらに類する用途に供する大規模な建築物」をいう。

定めることができることとされている。(12条の12)

　この開発整備促進区についても，プロジェクト型の用途緩和であるため，やはり周辺地区との調和が問題となる。特に，特定大規模建築物の立地を認めることにより商業の利便の増進が図られるため，基調となる制限が住居系の場合（具体的には第2種住居地域，準住居地域），開発整備促進区の周辺の住居環境の保護の視点から支障が生じないよう定める旨の調整規定が置かれている。(13条1項14号ハ)

第6節　地区計画の策定手続き

　地区計画等については，市町村が定める都市計画の一般の策定手続きに加えて，案の作成段階で，条例（地区計画手続条例[4]）の定めるところにより，その案に係る区域内の土地所有者等一定の利害関係者[5]）の意見を求めて作成することが義務づけられている（16条2項）。これは，区域内の土地所有者等に具体的な制限・負担が課せられるため，設けられているものである。

　市町村は，地区計画手続条例の中で，住民・利害関係者が地区計画等の案の内容としたい事項を申し出る方法を定めることができる（16条3項）。この申出制度については，その対象が利害関係者に限定されず，住民も申出が可能である。

　市町村は，地区計画の作成に当たって必要な上記の手続を定める条例を定める必要がある。典型的な地区計画手続条例の内容は，次のように

---

[4]　この条例は，次章で説明する予定の地区計画建築条例とは異なるものであることに注意されたい。

[5]　利害関係者は，区域内の土地について対抗要件を備えた地上権，賃借権又は登記した先取特権，質権若しくは抵当権を有する者，それにその土地若しくは上記の権利に関する仮登記，差押え登記又は買戻しの登記の登記名義人に限定されている。これは，地区計画により，予期しない制限がかかることにより，権利の価値が変動することに着目したものである（令10条の3）。利害関係者の中に借家人が入っておらず，地権者主義が採用されているが，権利制限的視点からすれば，やむを得ない。しかし，住環境保護的視点からすれば，範囲が狭いとも考えられる。

なっている。

- i 目的
- ii 地区計画等の原案の提示方法…公告等により提示する必要のある内容と縦覧場所を定める
- iii 説明会の開催等
- iv 地区計画等の原案に対する意見の提出方法…利害関係者が意見書を提出できる期間を定める
- v 地区計画等に関する申出方法…地区計画の申出ができることになっている住民・利害関係者が申出を行う方法，要件等を定める
- vi 申出に対する措置…申出を受けた市長のとるべき措置を定める
- vii 委任…その他必要な事項を別に定める旨を規定

第16章　地区計画制度2
——地区計画の内容の実現

◆ II ◆　**地区計画に定められた内容は，どういう形で実現されるか。**

　地区計画（地区整備計画）には，第15章で述べたように，「土地利用や建築に関する制限」と「地区施設の配置及び規模」が定められるが，このうち，「土地利用や建築の制限」に当たる部分については，実際に，開発行為や建築等が行われる際に，その内容が地区計画に適合しているか否かをチェックすることを通じてその実現が担保される。また，「地区施設の配置及び規模」に当たる部分については，最終的には，その実現は地権者の責任と負担に委ねられており，道路についてのみ道路位置の指定及び予定道路の指定という実現補助手段が用意されているが，通常の都市施設に関する都市計画のように都市計画事業の対象となるわけではない。このため，地区にふさわしい地区施設が計画的に見て十分適切に定められているとは言い難い状況となっている。

第1節　地区計画の内容の実現手段1
——土地利用・建築規制手法

1　開発許可基準としての地区計画　地区計画が定められた区域内で開発許可を必要とする開発行為を行おうとする場合，地区計画に定められた内容は，その開発許可の基準として機能することになっており，開発行為の内容が地区計画で定められた内容と異なる場合には許可がなされない。このことを通じて，地区計画の内容の実現が担保されている。

具体的には，地区整備計画，再開発等促進区または開発整備促進区が定められている地区計画の区域内で開発行為が行われる場合，予定建築物等の用途又は開発行為の設計が地区計画に定められた内容に即して定められていなければ，許可が受けられない（33条1項5号）。

例えば，地区整備計画で地区施設としての道路の位置が決定されていた場合で，申請された開発計画ではその場所が宅地として整備される予定となっている場合には開発許可が受けられない。地区計画の内容に沿って開発許可が行われた後，開発行為が実施されれば，結果としてその開発行為を通して地区施設としての道路が実現されることになる。

2 市町村の条例による制限

開発行為に続いて，地区計画が定められた区域内で建築確認が必要とされる建築行為を行おうとする場合，地区計画に定められた内容が建築確認（建築確認の場合，後述するように一定の条件が必要）の基準として機能すれば，地区計画の内容の実現が担保されることになる。しかし，開発許可の場合と異なり，地区計画に定められた「建築物の敷地，構造，設備又は用途に関する事項」は，そのままでは建築基準法上の制限としては働かない。

地区計画に定められた「建築物の敷地，構造，設備又は用途に関する事項」を建築基準法上の制限とするためには，市町村は，条例で，地区整備計画の内容として定められた「建築物の敷地，構造，設備又は用途に関する事項」を建築基準法の制限として定めなければならない（建基法68条の2）。地区計画に定められた事項が条例で定められた場合にはじめてその内容に反する建築物に対して建築確認が拒否されることになる。

単に地区計画に定められているだけで，条例で定められていない建築制限の場合，その地区計画の内容に反する用途の建築物であっても，他の建築基準法令の規定に違反していなければ建築確認を受けることが可能である。

地区計画で決定されただけで建築確認の基準とならない理由は，
① 形式的には，建築基準法6条の規定が，建築確認は「建築基準法並びにこれに基づく命令及び条例の規定その他建築物の敷地，構造

又は建築設備に関する法律並びにこれに基づく命令及び条例の規定で政令で定めるもの」に適合するかどうかを見るものとされていることによるものであるが，1)

② 実質的には，建築基準法令の規定が必ず実現される必要がある最低限的基準として強制力を備えているのに対して，地区計画で定められた建築制限の内容は必ずしもそのようなものではなく，その内容に建築基準法上の強制力を付与するためには，議会による諒解が不可欠と考えられているためである。

この点は，建築協定と類似の問題を含むが，開発許可の場合とのバランスを考えれば，全ての内容について条例化を必要とする考え方には疑問が残り，強制力の背景にある公共性とは何か，という基本問題に立ち入って検討する必要がある。

3 届出勧告制度

次に，地区計画が定められた区域内で開発許可を必要としない開発行為や建築行為を行おうとする場合，例えば，市街化区域内で200㎡の区画形質の変更を行う場合などは原則として開発許可を受ける必要がないが，そういった場合でも，その行為をする前に，市町村長への届出が義務付けられており，その届出内容に関して地区計画への適合性がチェックされることとされている。

すなわち，地区整備計画，再開発等促進区または開発整備促進区が定められている地区計画の区域内で，土地の区画形質の変更，建築物の建築等を行おうとする者は，その行為に着手する日の30日前までに，所定の事項を市町村長に届け出なければならない（58条の2第1項）。

市町村長は，その届出に係る行為が地区計画に適合しないと認めるときは，設計の変更その他の必要な措置をとることを勧告することができる（同3項）。

この届出・勧告制度は，地区計画の内容を実現するためには，前述した開発許可の対象とならない一定の行為に対しても，何らかのコントロールを行う必要があるという観点から整備されたものである。ただ，

---

1) 地区計画に定められているだけでは，これに該当しないと解されている。

この届出勧告制度は，それに従わない場合の強制履行措置が存在せず，市町村長が勧告を受けた者に対して，土地に関する権利の処分についてのあっせんその他の必要な措置を講ずる努力義務が規定されているに過ぎない（同4項）ので，事実上，違反に対する強制力はないといっても良い。

第2節　地区計画の内容の実現手段2——地区施設

　第1節-1～3が地区計画で定められた土地利用や建築の制限の実現手段であるのに対し，地区計画で定められた地区施設の配置及び規模に当たる部分については，一般的な実現手段が予定されておらず，道路についてのみ，道路位置の指定及び予定道路の指定に関して一定の実現手段が用意されている。

1　道路位置指定に関する特例

地区計画等に「道の配置及び規模又はその区域」が定められている場合，建築基準法上の「道路位置指定」は，原則として，当該地区計画に定められた道の配置又はその区域に即して行われなければならない（建基法68条の6）。

　周知の通り，都市計画区域内の建築物の敷地は，建基法上の道路に2㍍以上接していることを必要とする（建基法43条）が，開発にあわせて新たに私道を築造する場合，それが建築基準法の道路として認められるためには，特定行政庁からその位置の指定を受けなければならないとされている（建基法42条1項5号の規定による道路の位置の指定）。地区計画において，道の配置等が定められている場合は，この道路の位置の指定に当たって特例規定が置かれており，位置の指定は地区計画に定められた道の配置又はその区域に即して行う必要があるとされているのである。この結果，開発が実施されれば，地区施設として定められた道の配置及び規模等に沿って道路が整備されることになる。

2　予定道路の指定

特定行政庁は，地区計画に「道の配置及び規模又はその区域」が定められている場合で，次の要件のいずれかに該

当するときは，公開による利害関係者からの意見の聴取を経，建築審査会の同意を得た上で，当該計画に定められた道の配置及び規模又はその区域に即して，「予定道路の指定」を行うことができるとされている（建基法68条の7）。

　ⅰ　敷地となる土地の所有者等の利害関係者の同意を得ているとき
　ⅱ　区画整理事業等により主要な区画街路が整備されている場合で，その道路が接続することにより一体として細街路網を形成するとき
　ⅲ　地区計画で定められた道の相当部分が整備されている場合で未整備部分に建築物が建築されると整備済みの道の機能を著しく阻害するとき

　この予定道路の指定が行われれば，その予定道路は，建築基準法上の道路と見なされ，予定道路に沿った建築が可能になるが，他方，予定道路の敷地には道路内建築制限（建基法44条）がかかることになる。

3　地区施設の実現のための責任と負担

　地区計画に定められた道路に関する上記（1，2）の二つの実現手段を除き，細街路や小公園といった「地区施設」については，一般の都市施設の都市計画と違って，その整備のための事業の実施が予定されているわけではない。その実現は，開発行為などが行われるに際し，開発者が道路として整備することなどを通じて，次第に，地区施設が実現されていく仕組みとなっている。

　この点については，地区施設が主として街区の住民によって使用されるいわゆる「宅地周り施設」である以上，受益者負担の見地から，その整備費用負担が受益者に課せられることになるのは，基本的にやむを得ないと考えられる。しかし，その整備費用負担については，地区計画の上で施設が位置している土地の地権者がそのすべてを負担すべきものとは思えず，広く街区内の地権者の間で負担される必要があると思われる。

　現行都市計画法では，この点についての負担ルールが明確にされているわけではないので，その決定と整備に当たっては，関係者間で費用負担に関する調整を行うことが必要となっている。地区内の各地権者間で

の費用負担問題は，今後検討すべき課題の一つである。

　また，このような地区施設は，受益者負担で整備されるのが原則だとしても，それが計画的に整備されることにより市街地の整備水準は大きく向上するのだから，その整備費用の一部を行政側が負担することは不自然なことではない。我が国では，このような場合の行政側との費用負担区分については，ルール化が行われていないが，この点についても残された検討課題の一つであろう。

　なお，地区施設の整備に見られる公益性に着目して，市町村が独自の補助事業を行っているケースが見られる[2]他，用地の買収，賃借を行ったり，地方税の特別措置を講じているケース[3]も見られる。なお，国の補助事業で，街並み・まちづくり総合支援事業，まちづくり総合支援事業，街並み環境整備事業などを活用している例もある。

第3節　地区計画の内容の実現手段3──誘導的手法

　地区計画の実現のための制度としては，以上のほか，次のような誘導的手法が規定されている。これらの多くは，公共施設の整備や空地の確保などの見返りに容積率等の緩和を地区計画で定める形となっており，いわゆる緩和型の地区計画となっている。

1　誘導容積型地区計画制度（都計法12条の6，建基法68条の4）

　この制度は，土地の有効利用が必要であるにもかかわらず，公共施設が十分に整っていないため有効利用が十分に行われていない状況に置かれている地区について，公共施設の整備を行えば，有効利用を認めることとして，公共施設を伴った適正かつ合理的な土地利用の実現を誘導しようとする制度である。

　具体的には，地区整備計画において容積率の最高限度を定める場合，公共施設の整備が行われた後のもの（目標とする容積率）と整備が行わ

---

[2] 例えば，茨城県鹿島市等の例がある。

[3] 例えば，地区施設としての公園の敷地について，固定資産税，特別土地保有税等の減免の例がある。

図：誘導容積型地区計画制度

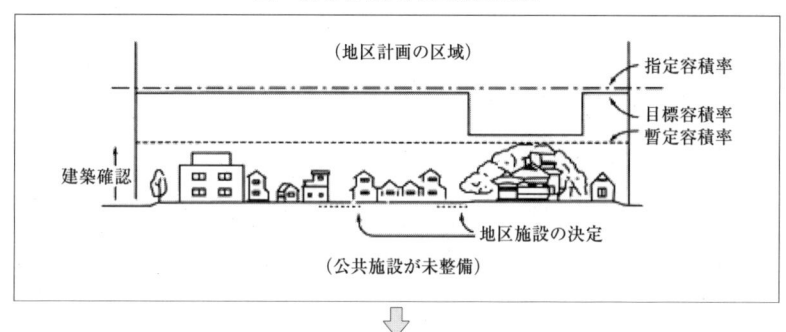

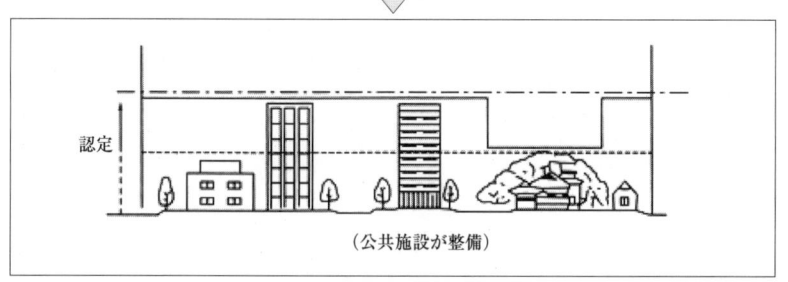

（出典：国土交通省資料）

れる前のもの（地区の公共施設の現状に合った容積率（暫定容積率。目標容積率より低い））と二つの容積率を定めるものとし，公共施設が不十分な状況の下では暫定容積率を適用して市街地環境を保全し，地区整備計画で定められた地区施設の整備の条件が整って特定行政庁の認定を受ければ，目標容積率を適用するというものである。二つの異なる容積率という手段を用いて，公共施設の整備を誘導し，地区計画の内容を実現しようとするものである。この制度は，老朽化した木造住宅の密集市街地などで，公共施設の整備の進展に併せて，土地の有効利用を進める場合等に活用が予定されている。

2　容積率適正配分型地区計画制度
（都市計画法12条の7，建築基準法68条の5）

この制度は，地区整備計画の区域を区分して容積率の最高限度を定めることにより，区域内の合理的な土地利用の実現を図ろうとする制度である。

第2部　都市計画規制

図：容積適正配分型地区計画制度

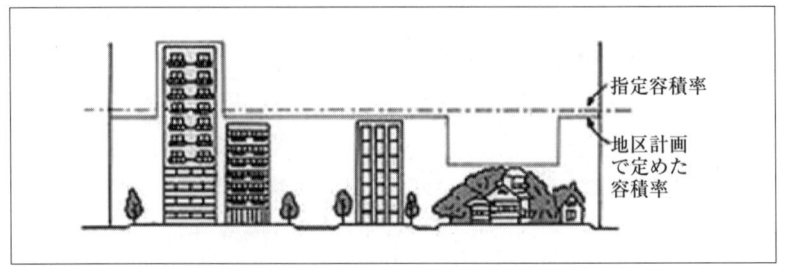

（出典：国土交通省資料）

　地区整備計画区域内の指定容積率によって算出された総容積の範囲内で，環境等の保護のため指定容積率よりも容積率を抑えるゾーンと有効利用のため指定容積率を上回る容積率を認めるゾーンを区分し，それぞれに適正に総容積を配分するよう，きめ細かく容積率を定めることができる地区計画である。

　例えば，伝統的な建造物とその周辺環境の保存を図るために，指定容積率よりも低く容積率を定めるゾーンと，一方で，そこで使われない容積を，地区施設の整備と併せて，有効利用しようとするゾーンに移転して，高い容積率を認めるゾーンというケースなどが想定されている。この地区計画では，本来敷地ごとに適用される指定容積率が適用されず，ある敷地から別の敷地への容積の移転が可能となることから，容積移転制度として位置付けられている。第22章（大都市の再生と法）第4節－4を参照。

　この制度を適用するためには，ⅰ．容積率の最低限度，ⅱ．敷地面積の最低限度，ⅲ．壁面の位置の制限が条例で定められていることが必要とされている。これは，指定容積率よりも高い容積率を認めることによって，ａ．小規模な敷地に高密度な利用が生じ，ｂ．市街地環境が悪化することが予想されるため，これを避けるために，強制力を持った条例による規制が必要とされることによる。（建基法68条の5）

第16章　地区計画制度２——地区計画の内容の実現

図：高度利用型地区計画制度

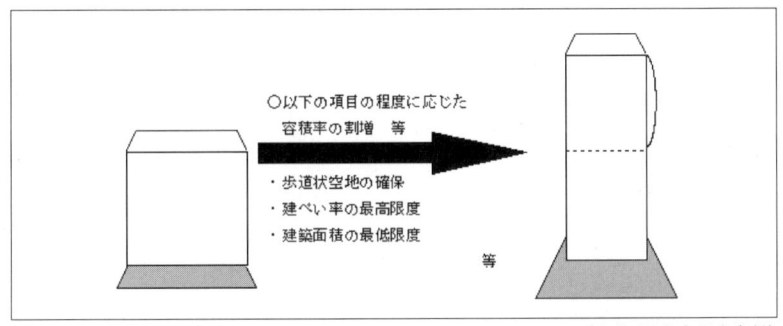

○以下の項目の程度に応じた
　容積率の割増　等
・歩道状空地の確保
・建ぺい率の最高限度
・建築面積の最低限度
等

（出典：国土交通省資料）

3　高度利用型地区計画制度
（都計法12条の8，建基法68条の5の2）

　これは，既に十分な公共施設が整備されているにもかかわらず，低・未利用の状況にある地区について，空地を確保しつつ，土地の高度利用と都市機能の更新を図る目的で定められる地区計画である。

　例えば，枢要な商業用地，業務用地等で現在の使用容積率が指定容積率より著しく低い地区，高次都市機能が集積しているにもかかわらず建築物の老朽化が進行しつつあり建築物の建替えを通じて都市機能の更新を誘導する地区等が対象とされている。

　この地区計画では，敷地内に有効な空地を確保する場合に，容積率の最高限度を割増する点に特徴があり，建ぺい率の最高限度，壁面の位置の制限を定め，空地を確保する代わりに，容積率を嵩上げして，建物の建築を促進誘導しようとしている。なお，この地区計画では，同時に，建築物の建築面積の最低限度を定めることにより，小規模建築を抑制することとしている。

4　用途別容積型地区計画制度
（都計法12条の9，建基法68条の3第3項）

　この制度は，都市の中心部付近で，定住人口が減少しているような場合に，住宅を含む建築物とそうでない建築物を区分して，住宅を含む建築物の容積率の特例を定めることができる地区計画である。

第2部　都市計画規制

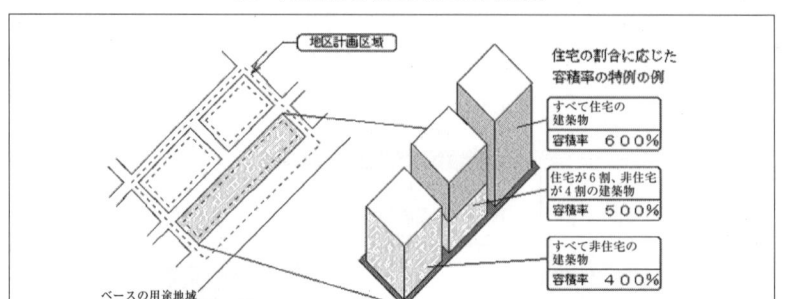

図：用途別容積型地区計画制度

（出典：国土交通省資料）

　住宅の供給が必要とされる地区で，住宅部分の割合に応じて，指定容積率を割り増す（最大1.5倍まで）ことにより，住宅スペースの供給増加を誘導することをめざす地区計画である。この制度は，第1種住居地域，第2種住居地域，準住居地域，近隣商業地域，商業地域，準工業地域内においてのみ適用される。地区整備計画に，容積率の最高限度[4]と最低限度，敷地面積の最低限度，壁面の位置の制限を定める必要がある。

5　街並み誘導型地区計画制度
　　（都計法12条の10，建基法68条の3第4項）

この制度は，地

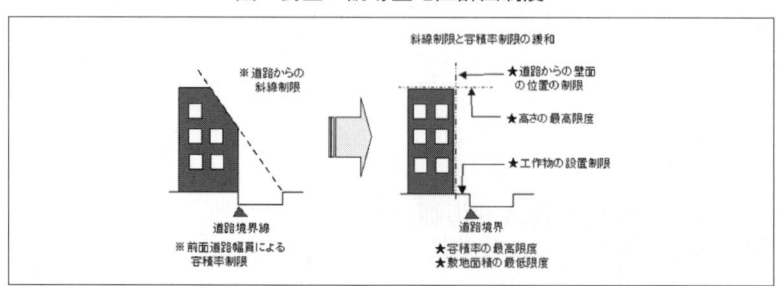

図：街並み誘導型地区計画制度

（出典：東京都都市整備局資料）

---

[4] 住宅の用途に供する建築物に係る数値が指定容積率の1.5倍以下で定められていることが必要である（建築基準法68条の3第3項2号）。

区の特性に応じて，街区単位で，建築物の高さや配列，形態を整えることにより，スカイラインの美しさや街並みの整然さを確保することを目的とするものである。地区整備計画に，容積率の最高限度，敷地面積の最高限度，壁面の位置の制限，建築物の高さの最高限度等が定められた場合，その区域内にある建築物で，特定行政庁が交通上，安全上，防火上及び衛生上支障がないと認めるものについては，前面道路幅員による容積率制限や斜線制限を適用しないこととして街並みの整合性の確保が実現できるようにしている。

6 立体道路型地区計画
（都計法12条の11，建基法44条1項3号）

大都市の都心部のような稠密な土地利用が行われている場所で自動車専用道路等を整備する必要がある場合，道路による地域の分断を防ぎつつ，その区域に必要な土地利用も確保し，貴重な土地の有効利用を図っていく必要がある。この制度は，都市計画施設である自動車専用道路等の整備と併せて，その道路の上下の空間に商業施設，駐車施設などの建築物等を一体的に整備すること（立体道路）を目的とし，道路として利用する空間と建築物等として利用する空間が共存するためのルールを定める地区計画である。

具体的には，地区整備計画において，道路の区域のうち建築物等の敷地として利用すべき区域（重複利用区域）と建築物等の建築ができる上下の限界（建築限界）を定め，本来禁止されている道路内の建築を可能にするものである。

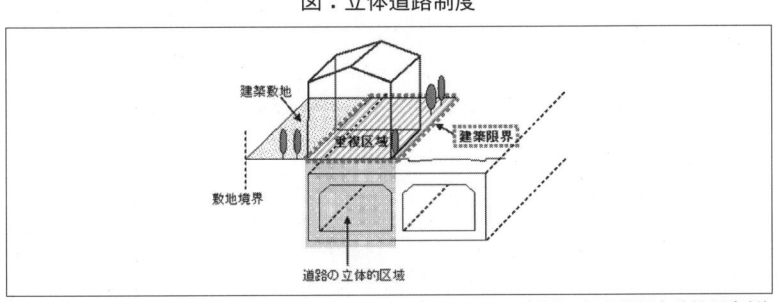

図：立体道路制度

（出典：東京都都市整備局資料）

第4節　地区計画の公共性

地区計画には，①一般的に適用されるベースの規制（例えば用途規制，形態規制）をさらに強化することを通じて，地区の土地利用のニーズに対応していくタイプ（規制強化型）と②これとは逆にベースの規制を緩和する形で地区の土地利用のニーズに応えていくタイプ（緩和型）がある[5]。

1　規制強化型地区計画に見られる公共性と他の都市計画との関係

地区計画制度が整備された当初のものの殆どは，基本的に，土地利用規制の詳細化・強化を進めることを目的とした規制強化型であった。

この型の地区計画は，地区の住民等の街づくりに対する意向や地区の特別な事情を反映して，詳細な土地利用のコントロールと地区施設の整備を行うという点に特色がある。その計画の内容は，地区の置かれているそれぞれの状況にふさわしい態様を備えた良好な環境の市街地を整備し，保全するという視点から，都市計画法や建築基準法等の一般ルールでは対応できない点に対応することを主たる目的としたものとなっており，ベースの都市計画規制を基本的に大きく逸脱しない，つまり全体の都市計画秩序の中で許容される範囲内のものであると考えられる。

この型の地区計画で実現を企図される公共性の多くは，いわば，住民の生活に近い，身近な公共性であり，一般的に何が何でも実現しなければならないというものではなく，その地区をより良好なものにするという「地域の空間秩序」の維持や形成に重点の置かれたものであるのが普通である。

通常の都市計画の場合，都市全体のために必要なものであるという強

---

[5]　厳密に言うと，もう一つのタイプとして，一般的に適用されているベースの規制そのものを緩和する際に（例えば第1種住居地域を準工業地域に変更），それによって生じる土地利用上の問題を回避するため，地区計画により利用に当たっての条件をかけるという形のものがある。これは形式的には規制強化型であるが，実質的には緩和型に属するものである。

い公共性を背景に，原則としてその実現に強制力が認められているが，地区計画の場合，そのような強制力は当然には認められておらず，地区施設の整備も，その地区のためのものであるから，原則として税金を使った公共事業によって実現する形とはなっていない。

　地区計画に関する規制が基本的に誘導型をとっていたり，その実現手法が届出・勧告という行政指導に近い比較的緩い規制パターンをとっているのは，その規制内容が，通常の都市計画に基づく規制や建築基準法令による規制よりも上乗せされたものとなっているためであると考えられ，その内容の実現については，強制力を付与する形よりは，地域の合意があることを前提として，土地所有者等の地域の手によって，その内容の実現が図られることが期待されているからであると考えられる。

2　規制強化型地区計画における公共性と強制力

　このように，地区計画の内容の実現について土地利用や建築に関する比較的緩い制限しかできない理由，あるいは地区施設の実現のために税金を使用しない理由は，都市全体から見て必要があるというレベルの「公共性」，いわゆる「大公共」とは異なり，地区計画が対象としているのが，比較的狭い地区レベルの「公共性」，いわゆる「小公共」であることからくるものである，従来一般的にはそのように考えられてきた。

　しかし，大公共か小公共かの違いは，主として秩序の対象としている範囲の問題であって，公共性の強さとは必ずしも直接結びつかない。強制力が与えられるべきかどうかは，その実現の必要性の程度の問題であって，小公共の場合であっても，常に，実現の必要性が一般の都市計画と比較して当然に弱いということにはならない。地区計画が一般の都市計画と比較して弱い実現手段しか与えられていないのは，小公共であることとは別の理由によるものである。

　地区計画における比較的緩い規制の根拠は，その地区を良好なものとするという地区レベルの「公共性」とこれを支える一種の合意がそこに存在することにあるが，たとえ比較的狭い範囲で認められる公共性であっても，それがどうしても実現しなければならない強い必要性を有し

ているのであれば，全体の都市計画・建築秩序との整合性がとれているという条件の下で，強制力による実現が認められてもおかしくないと考えられる。現行法は，「建築物の敷地，構造，設備又は用途に関する事項」について，市町村が条例でこれを定めたときは，強制力を備えた建築基準法上の制限とすることができることとしているが，これは，地区計画の制限内容が，全体の土地利用・建築秩序の中で許容され，かつその実現に強い必要性が認められる場合には，その点について議会による了解が存在することを前提に強制力を認めるということを示している。

3 最近の緩和型地区計画に見られる公共性の問題

　規制強化型の地区計画制度は，地区の置かれているそれぞれの状況にふさわしい態様を備えた良好な環境の市街地を整備し，保全するという視点から，都市計画法や建築基準法等の一般ルールでは対応できない点に対応することを主たる目的としているので，ベースの都市計画規制を前提に上乗せ規制を行うのが普通である。

　しかし，近年急速に増加している緩和型の地区計画では，主としてその地区の空間の有効利用を図るため，ベースとなる都市計画規制を一部緩和したり，排除したりする形がとられている。なかには，再開発等促進区を定めた地区計画のように，正面からベースとなっている都市計画規制を大きく排除した上で計画内容の実現を図ろうとするものもある。有効利用が期待されるような既成市街地の区域においては，地権者にとって経済的にマイナスが多い規制強化型の地区計画は策定するインセンティブに欠け，いきおい緩和型の地区計画が主流を占めることにならざるを得ない。

　このような緩和型地区計画については，規制型地区計画を支えている考え方で説明できない点も多い。例えば，規制強化型の地区計画では不可欠の仕組みであった地権者の意見を求めるプロセスは，地権者に経済的に有利な内容となる緩和型地区計画では，必要度が大きく異なることになる。

　緩和型地区計画の最大の問題は，地区計画の背景となる公共性に関し

第16章　地区計画制度2——地区計画の内容の実現

て，地区計画の対象となる狭いエリアに認められる公共性（小公共）が，そのエリアを含むより広いエリアで認められる公共性（大公共）を排除するだけの強い公共性であるかどうかという点にある。特に土地の上の空間の有効利用が，ベースとなる規制の適用を排除するに値するものであるかどうかが問題である。既に述べたように，現在我が国において行われている用途規制や形態規制は，建築自由の原則の下での最低限規制としての性格を有している。規制強化型の地区計画の場合，その最低限規制を上回る規制を行うことにより，より良き環境を創り出す点に公共性を見出しているのであるが，緩和型の地区計画の場合，最低限規制を下回る規制を行うことにより，そのエリアに生じる何に公共性を見出そうとするのであろうか。さらに，最低限規制すら犠牲にして実現しなければならない公共性とは何かという問に，緩和型地区計画は答えられるのだろうか。

　仮に，都市全体から見た場合に，そのエリアの有効利用等がもたらす効果に公共性を見出すとしても，それはそのエリア内に見られる公共性（小公共）ではなく，大公共として説明されるべきであり，それが故に，都市全体のなかでの必要性とともに，周辺地区を含む広いエリアの土地利用秩序との整合性が説明されなければならない。

　有効利用を図るために定められた緩和型地区計画の影響を受ける周辺地区との間で軋轢が生じる可能性が予想されることに対して，現行法制度は，僅かに住居環境の保護の視点から抽象的な規定を置いているのみで，具体的な周辺地区との調整を図る仕組みは用意されていない。

　緩和型地区計画は，ある種の高度利用プロジェクトの実施を前提としたものが多いが，このような地区計画は，本来，都市全体の土地利用との整合性が極めて重要であるため，地区内の合意と調整を前提とする詳細計画に重点が置かれた規制型地区計画とは異なり，全体の都市計画の中での位置づけ，周辺地区との調整に重点が置かれるべきものである。都市計画の性格としては，特定街区や都市再生特別地区に近い性格を有していると考えられ，それらとの違いをどのように整理するかは大きな課題である。私見では，地域地区としての位置づけを行うことの方が適切であり，地区計画制度の中に位置づけるべきではないと考える。

第5節　地区計画の問題点と検討課題

1　地区施設の整備費用負担

地区整備計画の内容となっている地区施設については，本来宅地周り施設としての性格を持つものとして位置付けられているために，その整備責任と整備費用負担は土地所有者等に帰せられている。その背景には，基幹的施設の整備費用は公側が負い，それ以外の宅地周り施設の整備費用は私的な負担とするという関連公共施設整備費用負担の原則の存在がある[6]。しかし，その施設の整備責任と負担がその施設が定められた土地の所有者等にあるということでは処理しにくいのが，地区施設である。まず，地区施設については，その位置・場所でなければならないという必然性を説明するのが難しい場合が多い。加えて，その整備による利益・効果が地区全体に及ぶという性格が認められること等から，どうしてその土地の所有者が負担しなければならないかという疑問が土地所有者側に存在する。地区施設には，このような地区内の公共性といった性格が認められるため，単なる私道と同じ考え方では処理できず，それらの整備に要する費用等を地区内で「公平に負担する仕組み」と「公側が何らかの負担を負う仕組み」が必要である。この点については，地区施設の整備に関して市町村が独自の助成措置や地方税の減免等を行っている例があることを述べたが，土地区画整理事業の減歩のような考え方や地区施設整備費に対する助成金制度などが検討されるべきである。

2　地区計画制度の変貌

地区計画制度の導入に当たって期待されていた主たる効果は，前述したように①用途地域制度による規制が粗すぎて，地域の独自の要請に応えにくいことに対応してきめ細かな規制を可能にすること，②基幹的施設の整備では不足する地区レベルで必要な施設の整備を計画的に行うこと等にあった。この機能・効果については，基本的に評価され，その活用につながっているが，他方で，現実の地区計画の中には，その目的からずれて，土地利用や空間利用に関する

---

[6]　生田長人「市街地開発における公共施設整備費用と公私間での負担配分のあり方に関する研究（二）」自治研究66巻3号99頁

規制の緩和を図る形のものや規制の厳しい地域から規制が緩い地域への変更に際して緩和しすぎる部分を地区計画で規制する（例えば市街化調整区域から市街化区域への編入等に際して緩和しすぎる部分を地区計画でコントロールする）という形のものが多く見られるに至っている。特に，近年，規制緩和の流れに対応する形で，地区計画を緩和の条件として活用するという，本来の地区計画の趣旨に沿わないものが主流を占めつつあるようになっている。さらに，再開発等促進区を定める地区計画のように，ベースとなる用途規制そのものの適用を除外するものまで生じてきている。このような緩和型の地区計画については，その公共性の再確認，異なる公共性間の調整，周辺地区との調整の仕組みが検討されるべきであろう。

3　複雑な地区計画制度の再編

地区計画制度は，近年，緩和型のものを中心に多くの種類が整備され，その機能・計画内容などについては，普通の市民が理解できない程複雑になっている。本来，この種の詳細計画制度は，地域のニーズに対応したわかりやすく，使いやすいものである必要性がある。近年新設された地区計画のパターンを見ると，その殆どが緩和型であり，プロジェクト型である。これらについては，街区単位の計画制度として存在する「特定街区」や「都市再生特別地区」「特例容積率適用地区」などとの関係についても基本的に整理する必要があるのではないか。さらに，都市計画と無関係に地区の有効利用を促進する「総合設計」「一団地の総合的設計」といった制度も含め，つぎはぎ的な制度を再編する必要性が高まっていると考えられる。

4　地区計画の内容を争う手段

地区計画の内容となる事項については，地区計画の策定過程で利害関係者の意見が徴される等の措置がなされているものの，その全員一致が必要とされているわけではない。地区計画に反対する地権者がその内容の違法性について争おうとした場合，地区計画の計画内容については，地区整備計画が定められている場合にも，処分性が否定されており[7]，具体的に開発許可や建築確認が行われてはじめて，計画内容についての違法性を争うことができると考

えられている。

　また，緩和型の地区計画については，地区周辺の近隣住民がその地区計画の策定過程で意見を言える機会は限られており，その地区計画に対して違法な点があることを理由に取消訴訟を起こそうとしても原告適格が限定されている。都市計画制度の仕組みのなかで，決定段階における対象地区の外との調整の仕組みとともに，地区計画に対する異議申し立て制度等の整備が必要であろう。

　7）　最高裁第二小法廷判決平成6年4月22日（判時1499号63頁）

● 第6編 ●
土地利用転換のコントロール

第17章 開発許可制度

第1節 開発許可制度の創設の経緯と目的

　第5章で述べたように，高度経済成長を背景として，都市に集中する人口等により惹き起こされた市街地の無秩序な膨張をコントロールするため，昭和43年（1968）の新都市計画法の制定の際に市街化区域・市街化調整区域制度が創設されたが，「開発許可」制度は，この線引き制度を実質的に実現する手段として整備された。

　開発許可の対象となっている「開発行為」の本質は，土地の利用を「非都市的土地利用」（例えば農地，山林等）から「都市的土地利用」（例えば宅地）へ転換する行為に他ならない。この意味で，開発許可制度の主目的は，土地利用を都市的用途に転換する行為（市街化）をコントロールすることにあるといえる。

　この制度は，整備時の経緯と目的から，ⅰ．市街化調整区域において原則として市街化につながる開発を認めず，市街地の無秩序な拡大の防止を図るとともに，ⅱ．市街化区域をはじめとして開発を認める区域では開発により形成される市街地が備えていなければならない水準を確保することを通じて，良好な市街地の形成を図るという二つの機能を果たすことを目的としたものとなっている。

第2節 開発許可制度の基本枠組み

　都市計画法は，「開発行為」に対して，「開発許可」を必要とするという仕組みを設け，許可を通じて市街化につながる開発行為をコントロールすることとしているが，制度の創設の経緯・目的から，
① 開発行為によって拡大する市街地がスプロールにつながることを防止すること
② 開発行為によって形成される市街地の整備水準を維持すること

の二点を実現する基本的な枠組みが採られている。

　制度の創設当初は，爆発的に拡大する市街地をコントロールすることに重点が置かれ，①の開発地のコントロールが重視されていたが，後述するように，都市が成熟期を迎えると次第に重点は立地コントロールから②の市街地水準の確保に移っていく。

　制度の創設当初，都市計画区域内に限られていた開発許可を必要とする地域的範囲は，次第にその適用範囲を拡大し，現在では，準都市計画区域で行われる開発行為及び都市計画区域・準都市計画区域外で行われる開発行為にも適用されるに至っている。

　現在の開発許可を受けなければならないとされる場合は，次の通りである。

　　i 都市計画区域又は準都市計画区域内で開発行為を行おうとする者は，予め，都道府県知事（指定都市，中核市，特例市の区域内では，その都市の長。以下同じ）の許可を受けなければならない。

　　ii 都市計画区域及び準都市計画区域外の区域においても，一団の市街地を形成すると見込まれる一定規模以上の開発行為（10000㎡）を行おうとする者は，予め，都道府県知事の許可を受けなければならない。

　開発許可によって①の立地コントロールがなされるのは，このうちの市街化調整区域に限られており，制度制定後これまでに拡大されてきた許可対象区域では，②の視点から，市街地水準の確保のためのコントロールが行われているのみである。

第3節　開発許可の対象とされている「開発行為」
　　　　──全ての開発行為がコントロールの対象となっているわけではない

1　開発行為の定義

　都市計画法で規制の対象となる「開発行為」は，「主として建築物の建築又は特定工作物[1]の建設の用に供する目的で行う土地の区画形質の変更」をいうとされている（4条12項）。

　この定義に当てはまる開発行為は，かなり狭いものである。

　　i まず，建築物・特定工作物の敷地に使用するためのものである必

要があるので，青空駐車場や資材置き場に使うための造成行為，農地の造成等は，都計法上の開発行為にあたらない。このため，とりあえず，資材置き場に使うということで造成し，しばらく後に建築確認だけを受けて建築物を建築するということが見受けられる[2]）。

ⅱ 次に，区画形質の変更，つまり宅地造成行為が必要であるとされているため，単なる分合筆や造成行為を伴わない建築物の除却・建築は，開発行為にあたらない。

　このように，規制の対象となる開発行為が狭いものとなっているのは，この制度が作られた目的と密接に関係している。つまり，この制度の目的の一つが，市街地がスプロールしないよう規制を行うというところにあったので，すべての都市的土地利用への転換行為や都市的土地利用における重要な変更行為を広く対象に含めることをせず，人が住み，働くことにつながる建物等の建築を目的とする土地利用の転換行為に限って規制の対象とするという限定されたものになったのである。

　ところで，開発規制の対象となっている開発行為は，土地に手を加え，利用転換を図る行為であるため，建築物を建築する行為は，開発行為とは区別され，この許可の対象とはなっていない。我が国では，開発行為と建築行為とを概念的に分離しており，建築行為をするには，別途建築確認が必要とする制度となっている。

　ちなみに開発許可制度を整備する際に参考とされた英国では，開発許可で開発行為，建築行為両方を同時にコントロールしているだけでなく，土地や建物の利用の重大な変更も許可の対象となっていて，規制の対象が極めて広範に及んでいる。我が国でも開発許可制度の検討に当たって

---

1) 特定工作物とは，コンクリートプラント，危険物の貯蔵・処理のための工作物等周辺の地域の環境の悪化をもたらす恐れのある工作物で政令で定めるもの（第1種特定工作物）又はゴルフコース，野球場，遊園地等の運動レジャー施設等1ha以上の大規模な工作物で政令で定めるもの（第2種特定工作物）をいう（都計法4条11項）。
2) この点について、国土交通省の担当官が編集している「開発許可制度の解説（改訂版）」37頁では「(開発行為に当たるかどうか？) 議論のあるところである」として言葉を濁している。

開発許可の規制対象に建築行為を含ませるかどうかについての検討がなされた結果，建築行為については規制の対象から除外されることとなり，開発行為と建築行為のコントロールが別々に行われるという形のまま現在に至っている。

我が国の開発許可制度については，規制に当たって，建築行為と開発行為を分離した点と小規模開発を許可の対象から除外した点の二つが，その後の市街地形成に大きな問題を生じた原因となっていると思われるが，これらの点については別に述べる。

2　小規模開発の適用除外

(1)　開発許可規模要件

市街化調整区域を除いて，許可を受けなければならない開発行為は，一定面積以上のものに限定されている（都計法29条1項1号）。

現行開発許可制度では，開発行為概念が狭いだけでなく，さらに，許可を受けることを必要としない小規模開発の例外が認められている。これは通称「足切り」と言われているもので，各区域において次の面積に当たる開発行為は開発許可を必要としない。

　ⅰ　市街化区域…原則として1000㎡未満（三大都市圏の既成市街地等では500㎡未満）

　ⅱ　非線引き都市計画区域…3000㎡未満

　ⅲ　準都市計画区域…3000㎡未満

　ⅳ　都市計画区域外…1ヘクタール未満

市街化調整区域…足きりはなく，規模の如何を問わず許可の対象となっている

(2)　ミニ開発

この開発許可の対象から外れた小規模開発は，市街化区域では「ミニ開発」と呼ばれることがあるが，開発許可制度の適用がないため適切な都市基盤施設を伴っていないことが多く，基盤整備が十分でない開発の代名詞となっている。例えば，市街化区域や既成市街地で建物を建てる目的で行う小規模開発の場合，建築基準法のいわゆる接道要件などを満

たしていれば，開発許可を受けることなく造成ができ，建築も可能である。開発許可の対象となる開発行為の場合，後述する許可基準（第4節-2）により公共施設等が整っていなければ許可がなされないが，この対象から外れた小規模開発の場合最小限の幅員の道路があれば開発が認められることになる。この結果，市街化区域では開発許可を必要としない1000㎡未満の規模で，道路位置指定を受けて私道を築造する形で市街地の形成がされることが非常に多く，現在でも良好とは言い難い市街地の拡大が進んでいる。

　急速に市街化が進み，そのコントロールを行う行政側の体制が不十分であった制度創設当初であればともかく，現在でも，建築部局の最低限の規制による劣悪な市街地の形成を放置しているこの足切り制度は，極めて問題があるものといわざるを得ない。

(3)　白地地域の開発許可規制等

　なお，市街化区域・市街化調整区域が定められた地域以外で行われる開発行為（上記(1)ⅱ～ⅳ）については，スプロールをコントロールする必要がない地域だから，開発は自由に認められるべきであるという考え方が基礎にあるため，周辺に大きな影響を与えるおそれがある大規模開発や一団の市街地を形成すると見込まれるものについてのみ，宅地として備えていなければならない一定の水準を維持させる必要から規制が行われるものの，それ以外のものについては，開発許可の対象から外されているものである。

(4)　小規模開発により形成された市街地水準の低さ

　開発許可は，個々の建築物の敷地が備えていなければならない最低限の要件のチェックを行い，劣悪な市街地ができるのを防ぐという目的も有している。開発許可自体，良好な市街地を積極的に創り出していくというものとは言い難いものであるが，さらに，上記のような許可の対象にならない開発を大量に認める制度となっているため，我が国では開発許可制度から外れた小規模開発が連担してできあがった質の悪い市街地がそこここに見られる。

以上のように，開発許可の対象となっている開発の規模が限定されているため，それに満たない小規模開発行為は，開発者にとって規制を受けずに自由にできる有利なものであるということになる。我が国の開発規制制度は，基本的に，その構造からして，問題を有していると言うべきである。

3　面積以外の開発許可が要らない開発行為
　　（29条1項2号以下）

　開発後の利用目的の性格上，開発許可の適用除外としても問題がないと考えられるものについては，開発許可の適用が除外されている。
- ⅰ　市街化区域以外で行う「農林漁業用建物」「農林漁業者住宅」用の開発行為
- ⅱ　駅舎，図書館，公民館等の公益上必要な建築物のうち開発区域及びその周辺の地域における適正かつ合理的な土地利用及び環境の保全を図る上で支障がないものの用に供する開発行為
- ⅲ　都市計画事業等の施行として行われる開発行為
- ⅳ　非常災害のため必要な応急措置として行う開発行為その他

　平成18年の都市計画法改正が行われるまで，ⅱについては，広く「学校，病院，社会福祉施設など公益施設のための開発行為」も許可の対象から外れており，また「国，都道府県等が行う開発行為」も許可の例外とされていた。これらの施設が市街地から遠く離れた市街化調整区域などに立地し，公的スプロールが生じていたり，市街地中心部空洞化を招く一因となっているとの批判が強かったため，平成18年，中心市街地活性化法などと併せて行われた都市計画法改正において，現在のように，例外が縮小されることになった。

第4節　開発許可の基準

　第2節で見たように，開発許可制度は，市街地の無秩序な拡大を防止することと市街地水準を維持することの二つの目的を有している。このため，開発許可の基準も，それぞれの目的に沿った形で，次の二つのも

のが設けられている。
　　i　市街化調整区域内の許可基準
　　ii　一定の水準の市街地を形成するための基準

1　市街化調整区域における開発許可基準

　市街化調整区域は，都市計画法上市街化を抑制すべき区域とされているが，実際に市街化が抑制できるのは，市街化調整区域内で原則として開発行為が禁止されているからであることについては，既に述べた。

　開発行為が市街化調整区域内で行われる場合の許可基準は，当然のことであるが市街化につながると考えられる開発か否かが基準となっており，市街化の促進につながる開発行為には，原則として許可が下りないことになっている。ただ，市街化調整区域においても，全ての開発行為が禁止されているわけではなく，市街化を促進する恐れが少ない開発行為，市街化区域で行うことが不適切であるような開発行為，市街化調整区域で行うことが適切な開発行為などに対しては，例外的に許可が認められることになっている。限定的に許可が行われる場合として，列挙されているものは次の通りである。なお，本質的に市街化の促進要因にならないと考えられている第2種特定工作物の建設[3]のための開発行為には，この基準の適用はない[4]。

　① 市街化を促進するおそれが少ないと考えられているもの
　　i　開発区域の周辺居住者の利用に供する公益上必要な建築物又は日常生活上必要な物品の販売等を行う店舗・事業場等のための開発行為（都計法34条1号）

3）　第2種特定工作物とは，ゴルフコースその他大規模な工作物で政令で定めるものをいう。政令では野球場，庭球場，陸上競技場，遊園地，動物園その他の運動・レジャー施設，墓園で1㌶以上のものが定められている。都市計画法施行令1条2項。

4）　周辺環境の悪化をもたらすおそれのある第1種特定工作物のための開発行為は，市街化調整区域での規制の対象とされているが，交通の負荷の増大，災害の惹起のおそれがあるものの市街化を促進するとは言い難い第2種特定工作物については，市街化調整区域での立地規制の対象とならず，第4節-2）の基準を満たしていれば開発が可能とされている。

ii 農林水産物の処理，貯蔵，加工に必要な建築物等のための開発行為（同4号）
iii 中山間地農林業の活性化のために行う開発行為（同5号）
iv 市街化区域に隣近接して一体的な日常生活圏を構成しており，概ね50戸以上の建築物が連担する既存集落の区域で条例で指定されるものの内の開発行為で，条例で指定された範囲以外のもの（同11号）

② 市街化調整区域であっても適切又はやむを得ないと考えられているもの
i 調整区域内の資源の有効活用に必要な建築物等のための開発行為（同2号）
ii 中小企業等の活性化のために行う開発行為（同5，6号）
iii 調整区域内の既存工場と密接な関連のある建築物等のための開発行為（同7号）
iv 地区計画又は集落地区計画で定められた内容に適合する建築物等（同10号）

③ 市街化区域で行うことが不適切なもの
i 危険物の貯蔵，処理用の建築物等市街化区域内で建築等をすることが困難又は不適当な建築物等　（同8，9，12，14号，3号政令未制定）

④ その他
i 市街化調整区域指定時に既に自己居住用，業務用の土地を有しており，6ヶ月以内に届出を済ませている者が届出内容通りの建築物等のための開発行為を行う場合（同13号）
ii 乱開発につながらず，市街化区域で行うことが困難または著しく不適当な開発行為で，開発審査会の議を経たもの（同14号）

市街化調整区域でも開発が認められるこれらの例外ケースは，それぞれ適切又はやむを得ないものに限定されているものの，現在でも市街化圧力の強い大都市周辺ででは，その運用において厳格さを欠く傾向があり，特に個別審査に委ねられており，裁量の幅が大きい④のii等により，市街化調整区域のなし崩し的な市街化が進行しているところも見られる。

2　一定の水準の市街地を形成するための許可基準

開発行為を許可制度の対象としてコントロールする必要があるもう一つの理由は，開発行為によってできる市街地が劣悪なものにならないよう，一定の水準を確保することである。このため，この基準は，市街化調整区域をはじめとしておよそすべての開発行為に対して適用されるものとなっている。

この基準は，大きく分けて四つの部分から成っているが，法制度上は，これらの基準を満たしている場合，必ず開発許可をしなければならないとされている（33条1項）。

① 第一は，開発後に建てられる予定建築物の用途が用途地域等の土地利用計画（用途地域，特別用途地区，特定用途制限地域，地区計画等）に適合していることである。

② 第二は，その土地を利用する上で必要な公共施設（道路，公園，広場等の公共空地，給・排水施設，大規模な場合には輸送施設）・公益施設が整っていることである。例えば，道路，公園，広場等の公共施設については，開発区域の規模，形状及び周辺の状況，予定建築物の用途，敷地規模等を勘案して，環境の保全上，災害の防止上，通行の安全上又は事業活動の効率上支障がないよう配置され，開発区域内の主要な道路が開発区域外の相当規模の道路に接続していることが要請されている。また，排水施設については，下水を有効に排出するとともに，開発区域とその周辺の地域に溢水等による被害が生じないような構造・能力で定められていることが要請されている。

③ 第三は，災害に対して安全な措置（危険区域を含まない，がけ崩れのおそれがある場合は擁壁の設置等）が講じられていることであり，1 ha 以上の開発では騒音，振動等による環境の悪化を防止する措置が講じられていること等である。例えば，開発区域内に災害危険区域，地すべり防止区域，土砂災害特別警戒区域，急傾斜地崩壊危険区域内の土地を含まないこと等が要請されている。

④ 第四は，申請者に開発行為を行う資力・信用，施行者に工事完成

能力があり，区域内の土地所有者等の相当数の同意がとれていること5)である（工事実施の確実性）。

具体的に開発許可基準を適用するについては，より詳細な基準が技術的細目等の形で政省令において定められている（2項）。これらの許可基準を満たすことにより，開発後に形成される宅地は，少なくとも劣悪な市街地となることのないよう，コントロールされるのである。

なお，近年の改正で，この基準については，

ⅰ 地方公共団体が，条例で，その地域の個別の事情に対応するため，制限の強化・緩和を行うことができる（3項）
ⅱ 地方公共団体が，条例で，敷地面積の最低限度に関する制限を定めることができる（4項）
ⅲ 景観計画区域内では，条例で，景観計画に定められた制限を，開発許可の基準として定めることができる（5項）
ⅳ 上記の①第一に関し，用途地域等が定められていない場合，劇場，映画館，店舗，飲食店，展示場，遊技場等で，その床面積が1万㎡を超えるものは建てられない（平成18年改正）。

こととなった。

第5節　開発許可と公共施設との関係

開発行為が行われた結果，市街地ができ，都市的土地利用が行われるようになると，公共施設・公益施設が必要になるが，都市計画法は，開発許可に関連する公共施設等について，次のようなコントロールを行っている。

---

5) 開発区域内の土地所有者等の全員の同意を得ている必要はなく，地権者の数の2／3，地積の2／3の同意があれば足りるとされている。なお，同意していない者の土地の上には，当然のことながら開発許可に伴う建築等の制限（都計法37条）はかからない。

211

1　開発許可を受ける場合の事前協議と同意制（32条）

(1)　既存公共施設の管理者との協議・同意

開発許可を申請しようとする者は，予め，開発行為に関係がある既存の公共施設の管理者と協議し，その同意を得なければならない（1項）。これは，開発行為によって影響が生じる道路や河川などの公共施設がある場合，その機能を維持する観点から，申請者に義務付けられているものである。…例えば，開発によって道路が渋滞する，あるいは河川の治水機能が低下するおそれがあるケースなどである。

(2)　新設の公共施設を管理することとなる者との協議

また，開発許可を申請しようとする者は，予め，開発行為によって設置されることとなる公共施設を管理することとなる者等と協議しなければならない（2項）。これは，開発行為によってできた公共施設の管理がスムーズに引き継がれることを目的として，開発申請者に義務付けられたものである。例えば，開発区域内に道路ができた場合，これを市町村に管理してもらうというケースである。この場合は，必ずしも協議が成立する必要はないと解されている。

(3)　大規模開発の協議特例

なお，開発規模が大きい場合，次のような者との協議が義務付けられている。
- a．20㌶以上の場合，義務教育施設の管理者と水道事業者
- b．40㌶以上の場合，一般電気事業者，一般ガス事業者と鉄道事業者等

(4)　協議・同意の趣旨

開発許可の申請に当たっては申請書に，関係する既存の公共施設の管理者の同意を得たことを証する書面を添付する必要があり，管理者が同意しなかった場合には，同意書の添付がない不備のある申請として許可がなされない。自らの市町村の管轄内で行われる開発行為に対して許可

権限を持たない市町村が，地域の意見を反映させるために，従来からこの制度に基づいて同意を留保することが見受けられた。このため，この不同意の適法性を巡って取消訴訟を提起することができるかどうか，すなわち，同意に処分性が認められるかどうかが議論になっており，学説・判例では意見が分かれていたが[6]，最高裁は，平成7年3月23日第一小法廷判決において，同意の処分性を否定していた[7]。平成12年都市計画法改正で追加された第32条3項は，これらの制度が，公共施設の適切な管理を確保する観点から協議を行うものであることを明文で明らかにしたものである。

2　開発行為でできあがった公共施設の管理

開発行為によって出来上がった公共施設は，工事が完了した後に行われる完了公告の日の翌日に，原則としてその公共施設がある市町村の管理に属することとされ（39条），その敷地は，その公共施設を管理すべき者に帰属することとされる（40条2項）。

ときおり，管理を市町村に引き継がず，土地所有権も開発者が持ったままにしておく例があるが，悪質なケースでは，それが第三者に売却され，大きな影響がでることがある。例えば，公園が突然宅地に変わったり，斜面緑地に家が建ったりするケースがあるが，周辺と深刻なトラブ

---

[6]　処分性がないものとするものとして東京地判昭和63.1.28（判時1272号）宇賀克也「都市計画法32条の同意・協議」（ジュリスト906号），処分性を肯定するものとして仙台高判平成5.9.13（判例自治122号），阿部泰隆「都市計画法32条にいう開発許可に対する公共施設管理者の同意」（判例時報1291号）

[7]　行政機関が，「同意を拒否する行為は，公共施設の適正な管理上当該開発行為を行うことは相当でない旨の公法上の判断を表示する行為ということができる。この同意が得られなければ，公共施設に影響を与える開発行為を適法に行うことはできないが，これは，法が前記のような要件を満たす場合に限ってこのような開発行為を行うことを認めた結果に他ならないのであって，右の同意を拒否する行為それ自体は，開発行為を禁止又は制限する効果を持つものとはいえない。従って，開発行為を行おうとする者が，右の同意を得ることができず，開発行為を行うことができなくなったとしても，その権利ないし法的地位が侵害されたものとはいえないから，右の同意を拒否する行為が，国民の権利ないし法律上の地位に直接影響を及ぼすものであると解することはできない。」

ルに至っている。

　なお，従前の公共施設に代えて新たな公共施設を整備するケースの場合，新たな公共施設の敷地が国・地方公共団体に帰属する代わりに従前の公共施設の敷地は開発者に帰属することとされている（40条1項）。

3　開発行為で整備される公共施設の費用負担

(1)　開発者負担原則と根幹的施設の用地取得費用負担

　開発行為で整備される公共施設の整備費用は，土地の取得費も含めて，原則として，開発者が負担するのが原則である。但し，その公共施設が都市計画施設である幹線道路等の主要な公共施設であるときは，その土地の取得費相当分を国又は地方公共団体に対して請求することができることとされている（40条3項）。

(2)　調整区域内の公共施設整備費用負担原則

　なお，市街化調整区域内の開発の場合，基本的に行政による都市基盤施設整備が行われないので，開発者が負担して整備しない限り，都市基盤施設の整備は行われず，それには多額の費用がかかるため，開発は既存の基盤施設（例えば道路）が存在し，それを利用できる場合（市街化区域に隣・近接する既存集落など）に事実上限定される傾向にある。

　大規模開発の場合は，開発者が必要な基盤施設の整備を，開発と同時に行うことが普通となっている。

第6節　宅地開発指導要綱

1　各種指導要綱等が果たしている機能はどういうものか

　上記に述べた開発許可に関する法制度上の規制は，いわば劣悪な市街地を形成しないよう，一定の水準を開発行為に求めるものであるが，地域がより良い水準の市街地を目指したり，地域の特別な事情を考慮しなければならない場合には，法制度上の規制だけでは，対応が難しい場合が生じていた。また，許可の対象となる開発行為の範囲が狭いため，規制の対象から外れている行

為に対しても，地域によっては規制をかける必要がある場合もあった。さらに，急激に開発が集中するところでは，開発に伴って必要となる公共公益施設の整備費用の増加に財政的に対応ができないところが多かった。

また，開発が行われると，何らかの形で周辺に影響が生じるのが普通であるが，周辺との調整の仕組みが法制度上整備されていないため，周辺地域との紛争が生じることもしばしば生じていた。

法制度では対応することが難しいこのような状況に対応するため，地方公共団体は，開発行為に関する行政指導を行うに当たっての基準となるルールを定め，その遵守を開発事業者に行政指導の形で要請した。これが「宅地開発指導要綱」である。

その内容は，時代により，地域により様々であるが，基本的に，開発行為を行う前に，自治体と協議を行うことを求めることは共通している。初期の時代には開発に伴う公共公益施設の整備費用の負担を開発事業者に求めるものが多く，次いで周辺住民との事前調整の実施など開発に当たって周辺地域との間で発生する紛争を予防するためのものや法の対象とならない開発行為に対しても開発ルールを遵守することを求めるものも多かった。現在は，法律が要求する最低の基準を超えるレベルの施設の整備の要請（道路の幅員，公園・緑地等の確保，防災調整池の設置，駐車場の確保等）が大半を占めている。

2　要綱の性質と事実上の強制力

宅地開発指導要綱に基づいて行われる行政指導は，行政機関による非権力的な事実行為であり，これに従うか従わないかは全く相手側の自由であるが，かつて，自治体側が事実上これを強制して開発事業者に過大な負担を負わせるケースが多く，その内容の妥当性を含め，強制的にこれに従わせていることの違法性を巡って争われることが多かった。判例[8]は，建築確認の留保を行いつつ行政指導を行っていた事例に関し，行政指導の相手方が任意で従っているかぎりは違法性がないとしても，相手方が行政指導には従わないとの意思を真摯かつ明確に表明した後は，原則として建築確認の留保等を行うことは許されないとしており，この点の違法性については一

応の決着を見ていると考えられている。現在では，かつての指導要綱の内容のうち，開発事業者の任意の協力をお願いするべき内容のものを指導要綱に残し，拘束力を持たせることのできる適切な内容のものを街づくり条例の中で規定するといった併存活用を図っているところも多い。

第7節　開発許可から工事完成まで

1　工事完了公告と建築制限

開発行為に関する工事が完了したときは，都道府県知事に届出を行わなければならないが，届出が行われると，検査が行われ，許可通りであると認められれば，検査済証が交付され，その後に都道府県知事により「工事完了公告」が行われる（36条）。工事完了公告が行われるまでは，開発工事中ということであるので，仮設の建築物を建築する場合等を除き，その土地の上に建築物等を建築してはならないとされている。(37条)

2　工事完了公告の効果

i　工事完了公告後の建築制限

　工事完了公告があった後は，建築物等を建築することができるようになるが，この場合も，開発許可申請の際に明らかにした「予定建築物等」以外のものを建築することは許されていない（42条）。

　ただ，この制限には大きな例外があり，用途地域等の土地利用計画（用途地域，特別用途地区，特定用途制限地域，流通業務地区，港湾法の分

8）　最高裁昭和60年7月16日第三小法廷判決民集39巻5号989頁「確認処分の留保は，建築主の任意の協力・服従のもとに行政指導が行われていることに基づく事実上の措置にとどまるものであるから，建築主において自己の申請に対する確認処分を留保されたままでの行政指導には応じられないとの意思を明確に表明している場合には，かかる建築主の明示の意思に反してその受忍を強いることは許されない筋合のものであるといわなければならず，建築主が右のような行政指導に不協力・不服従の意思を表明している場合には，当該建築主が受ける不利益と右行政指導の目的とする公益上の必要性とを比較衡量して，右行政指導に対する建築主の不協力が社会通念上正義の観念に反するものといえるような特段の事情が存在しない限り，行政指導が行われているとの理由だけで確認処分を留保することは，違法であると解するのが相当である。」

区）が定められている場合，その計画で許されている範囲で，予定建築物を変更することが可能である。
ii　開発行為等によって設置された公共施設の管理
　（第5節−2参照）

第8節　開発許可制度の問題点

　現行の開発許可制度に関してはきわめて多くの問題点があるが，その基本的なものとしては次のようなものがある。

1　開発許可制度によってコントロールしなければならないものは何か

　我が国の開発許可制度は，高度経済成長期に都市へと集中する人口・産業によって引き起こされるスプロールに対処するとともに，開発に当たって劣悪な市街地が形成されるのを防ぐことを目的に整備されたものである。このような基本的に防御的性格を有する開発許可制度は，その後，成熟期に入った我が国の都市が必要とする機能と仕組みを持ち得ていない。すなわち，都市計画が目標とする健康で文化的な都市生活と機能的な都市活動の実現を図るため，それぞれの都市が，その置かれている多様な状況を踏まえ，最適な土地利用を達成実現するための実効性のある手段として見た場合，現在の開発許可制度は様々な面でそのために必要な仕組みに欠けているところが見られるに至っている。

　現行制度を概観しただけでも，開発許可の対象とされている範囲が狭く，許可に当たっては裁量の余地が少なく，建築物等のコントロールとの連携が基本的に欠如している。何よりも，安全などの面で深刻な問題を生じなければ，できる限り広く開発を認めるいわゆる開発自由の考え方に立って制度が構築されているため，現行の開発許可制度は，今後期待されるより良い環境等を備えた市街地の形成に向けての実現手段としてふさわしいとは言い難いものとなっている。

　なお，平成18年の改正で，地方公共団体が，条例で，その地域の個別の事情に対応するため，制限の強化・緩和を行うことができることとさ

れたことは，開発許可制度の基本枠組みの改善の第一歩として評価したい。

2 周辺第三者との調整システムを整備すべきである

開発行為の本質的部分は，非都市的土地利用から都市的土地利用への転換を行うことにある。開発行為のコントロールは，既存の土地利用秩序と新しく形成される土地利用とが適切な形で共存するための調整を図るべきものであり，開発が行われる地域の将来のあるべき土地利用像を視野に入れて，あるべき土地利用秩序と相容れない異質な土地利用を排除し，その地域の土地利用秩序の維持・向上を図ることに重点が置かれるべきである。このため，開発に伴って周辺地域に生じる影響についての評価は，許可不許可が判断される場合の重要な要素である筈であるが，現行の開発許可制度には，このような周辺地域との調整を図るための規定が殆ど置かれていない。従来この視点から，事実上の調整措置として宅地開発指導要綱に基づく行政指導が行われてきたが，本来，少なくとも，開発許可に当たって，重大な影響を受ける第三者と開発者の間の調整を行うための規定，地域のあるべき土地利用秩序を管理する責務を有すると考えられる市町村との調整を行うための規定などは，開発許可制度にとっては不可欠であると考えられる。この意味で現行都市計画法制度には欠落した部分があると言わざるを得ない。

第9節 開発許可と訴訟

(1) 開発区域の周辺住民等による許可処分の取消を求める訴訟

開発許可に基づく開発行為が行われる場合，周辺の地域に重大な影響をもたらすことがあるが，かつてから周辺住民らに原告適格を認めることについては消極に解する判決が支配的であった[9]。しかし，その後，最高裁は，平成9年1月28日判決（開発許可処分取消請求事件）において，安全という限定的な視点からではあるが，周辺住民の原告適格を認めた。これは，急傾斜の斜面の一部を掘削して整地し，擁壁を設置する開発行

為が行われる区域に近接した土地に居住する住民には，がけ崩れ等による直接的な被害を被るおそれがあるため，開発許可の取消しを求める法律上の利益があり，原告適格を有するとしたものである[10]。

(2) 工事完了後の開発許可の取消し訴訟における訴えの利益

第11章（第1節-5）で，建築工事完了後の建築確認取消の訴えの利益に関し，その訴訟中に建築工事が完成した場合，裁判所は，建築確認の取消を求める原告の訴えの利益が失われるとしていることについて述べた。開発許可の取消し訴訟中に開発工事が完了した場合についても，裁判所は同様に訴えの利益を否定している[11]。しかし，この点につい

---

9) 静岡地判昭和56.5.8（判時1024号），横浜地判昭和57.11.29（判タ491号），横浜地判昭和59.4.25（判例自治6号116頁），千葉地判昭和59.10.3（判例自治13号），横浜地判平成元.1.25（判例自治63号），宇都宮地判平成4.12.16（判例自治114号）等

10) 最判平成9年1月28日（民集51巻1号250頁）都市計画法33条1項7号は，「がけ崩れ等のおそれのない良好な都市環境の保持・形成を図るとともに，がけ崩れ等による被害が直接的に及ぶことが想定される開発区域内外の一定範囲の地域の住民の生命，身体の安全等を，個々人の個別的利益としても保護すべきものとする趣旨を含むものと解すべきである。そうすると，開発区域内の土地が同号にいうがけ崩れのおそれが多い土地等に当たる場合には，がけ崩れ等による直接的な被害を受けることが予想される範囲の地域に居住する者は，開発許可の取消しを求めるにつき法律上の利益を有する者として，その取消訴訟における原告適格を有すると解するのが相当である。」

11) 最判平成5年9月10日（民集47巻7号4955頁）「開発許可は，開発行為が同法（都市計画法のこと）33条所定の要件に適合しているかどうかを公権的に判断する行為であって，これを受けなければ適法に開発行為を行うことができないという法的効果を有するものであるが，許可にかかる開発行為に関する工事が完了したときは，開発許可に関する右の法的効果は消滅するものというべきである……このような場合にも，なお開発許可の取消を求める法律上の利益があるか否か……同法は，33条所定の要件に該当する場合に限って開発行為を許容しているものと解するのが相当であるから，客観的に見て同法33条所定の要件に適合しない開発行為について過って開発許可がなされ……たときは，右工事を行った者は，同法81条1項1号所定の『この法律に違反した者』に該当するものというべきである。従って……開発許可の存在は，違反是正命令を発する上に置いて法的障害となるものではなく，また，たとえ開発許可が違法であるとして判決で取り消されたとしても，違反是正命令を発すべき法的拘束力を生ずるものでもないというべきである。」

ては異論も多い。開発許可の場合，建築確認と異なり，許可に当たって公共施設の管理に関する協議・同意などが行われるし，用途地域が指定されていない場合には工事完了後に行われる建築に関して建築確認を拘束する内容を定める場合もあり，開発許可そのものを取り消す利益を否定することには異論が存在する[12]。

---

12) 金子正史「開発許可取消訴訟における訴えの利益」（塩野宏先生古希記念　行政法の発展と変革下巻）

● 第 7 編 ●
土地利用規制と補償

第18章　都市計画制限と補償

第1節　土地利用規制に伴って補償を必要とする考え方

1　補償を必要とする損失

　都市計画制限と補償の問題について述べる前に、土地利用制限と補償の問題について概観する。土地利用の制限が行われることに伴って生じる損失については、その規制がどういう内容、形態のものであるか等によって極めて重大なものから軽微なものまで様々な程度のものがあり得る。

　それらの損失について補償を行う必要があるかどうかについては、これまで多くの議論が行われてきたが、基本的には、その制限が行われることによって利益を享受する者と損失を負担する者との間に生じる不公平の程度が、社会的に見て是正しなければならないほど大きいかどうかにかかっているといえる。すなわち、補償をしなければならないかどうかは、最終的に、適正な公権力行使によって生じる財産上の犠牲に対して、全体の公平維持の見地からその補塡を図る必要が認められるかどうか、という判断にかかっており、これまで行われてきた様々な議論は、憲法上の議論を除いて、その判断に当たってどのような要素をどのように考慮することが適切かということに焦点があてられている。

2　権利に内在的する制約——いわゆる警察制限

　ところで、土地利用の制限の中には、人の生命・身体・財産に著しい危険・障害を生じさせるような権利の行使を制限しているものがある。そのような制限は、表面的には、権利の行使を制限されているように見えても、その権利を保護している社会は、そのような形での権利の行使を認めておらず、権利の内容としても認めていない。このため、原則としてはその制限により損失が生じるとは考えられず、補償の必要もないと考えられている[1]。このような危険等の未然防止、社会の安全秩序

の維持などの目的で行われる制限は，権利に内在する制約…「内在的制約」と呼ばれることがあり，その制限は警察制限と呼ばれている。

第2節　受忍の限度内の制限か特別犠牲に当たる制限か
——補償を必要とする損失の程度

　利用の規制によって生じる損失の程度が，特別の犠牲に当たるかどうかの判断基準については，これまで，様々な考え方が示されてきているが，その詳細については，行政法教科書を参照されたい。

> **参考**　〈補償の要否に関する諸説の概要〉
>
> （1）　実質的基準・形式的基準併用説—田中二郎（新版行政法上214頁）
> 　　「特別の犠牲といい得るや否やの限界は侵害行為が一般的なりや否や，これを反面からいえば，被侵害者の数全体に対する割合（形式的基準），および侵害行為が本質的な強度のものなりや否や，これを反面からいえば，社会通念に照らし，その侵害が財産権に内在する制約として承認され得る程度のものなりや否や（実質的基準）の両要素を併せ考えて決する他はない。」
> （2）　実質的基準説—今村成和（損失補償制度の研究）
> 　　（イ）財産権の剥奪又は当該財産権の本来の効用の発揮を妨げることとなるような侵害については，権利者の側に，これを受忍すべき理由がある場合でない限り，当然に補償を要するものと解すべきである。
> 　　（ロ）右の程度に至らない財産権行使の規制については，
> 　　　（a）当該財産の存在が，社会的共同生活の調和を保っていくために必要とされるものである場合には，財産権に内在する社会的拘束の表れとして補償を要しないものと解すべく（例えば建築基準法に基づく建築の制限），
> 　　　（b）他の特別の公益目的のために，当該財産権の本来の社会的効用とは無関係に，偶然に課せられる制限であるときは（例えば重要文化財の環境保全のため，あるいは国立公園における自然風物の維持のための制限など）補償を要するものと解すべきである。

1）　新たに課せられたこのような制限が現在まで認められてきた利用を不可能にする場合，その使用を殆ど不可能にするような重大な制限を課す場合等においては，補償を必要とすると考えられている。

（3）　状況拘束説——遠藤博也（計画行政法）
　「同じ建築の全面禁止であっても，都心部，都市郊外，原生自然の中では，そのもつ意味が異なる。このような地域特性や規制理由を抜きにして，侵害の程度の強弱を一律に論ずることはできないであろう」「緑地保全，古都保存といった積極目的のための制限であっても，地域特性にいちじるしく反する利用行為の制限などについては補償が否定されている（都市緑地7条1項2号，古都保存9条1項2号，東京地判昭和57.5.31）」「多種多様な土地利用規制に対する損失補償の要否については，侵害行為の一般性・個別性，侵害内容の強弱，侵害目的の消極性・積極性，侵害目的の必然性・偶然性，既得権侵害・現状保全などの諸基準の総合判断によって，これを個別・具体的に検討する必要がある」
（4）　通説：総合判断説
　通説的見解は，実質的基準説をベースとして，いくつかの補助的基準を追加して，総合判断すべきとするものである。

1　補償を必要とする制限かどうかを判断する諸要素

　第1節で述べたように，補償を必要とするかどうかの判断は，基本的に，適正な公権力行使によって生じる財産上の犠牲に対して，全体の公平維持の見地からその補填を図る必要が認められるかどうかという実質的な「不公平是正」に置かれている。
　その視点から見ると，次のような点が判断要素となる筈である。
① 　第一は，制限が個別偶発的なものである場合は，一般的には，特定の者に不利益を生じさせることになるため，その制限が実質的に不公平を生じさせる可能性が高く，逆に，制限が法令の適用のように広く一般的に課せられるものである場合は，特定の者に不利益を生じさせる可能性は低く，形式的には不公平を生じさせることは少ない。
　　ただ，制限が課せられる範囲がどの程度までの広さであれば，補償を必要としない程度の不公平であるかという点については，明確な一線が画されているわけではないので，実質的に補償を必要とする不公平の有無は，他の判断要素（侵害の強さに関する第二の判断要素，その土地が置かれている状況等に関する第三の判断要素）をも視野

に入れ，総合的に考慮する必要があることはいうまでもない。
② 第二は，制限によって生じる損失が重大である場合は，実質的な不公平の程度が強くなるため，社会的に見てその損失を補填する必要が強くなり，逆に，損失が軽微である場合には，不公平の程度は弱くなるため，社会的に見てその損失は受忍すべきものと考えられることになる。所有権の収用に必ず補償が伴うように，その制限が所有権の本質的な内容を侵害するような重大な制限であれば補償が必要であり，通常は制限度合いが強くなればなるほど補償の必要性は高まってくる。

これまで正当に行われてきた現在の利用を禁止するような極めて強い制限については補償を必要とすると考えるべきであろうし，現状の利用は容認しつつ将来の利用変更を禁止するような制限については，それが現状凍結的なものか比較的限定的なものかによって大きく左右されると考えられる。実定法では現状凍結的ものに対して補償規定を置いている例が多い。

なお，限定的に一定の行為を制限する場合に，それが補償を必要とするほど重大なものかどうかの判断は，その土地が存在する地域の状況や制限の目的等に関係するところが大きいため，個別に判断することが必要とならざるを得ない（③第三の判断要素）。

また，損失が軽微であったとしても，その制限が長期にわたって続く場合には全体としてみると重大な損失ということになる場合があることは，都市計画施設にかかる都市計画制限のところで述べた。第12章参照。

ここで，所有権の本質的な内容あるいは本質的な効用については，従来から議論が行われてきたところである。

国立公園内の特別地域内の土地における大規模な土石採取に対してなされた不許可処分について，裁判所は，自然の景観の維持が強く要請される地域においては採取規模が異常に大きく，国定公園の風致の維持に重大な影響を及ぼすおそれが強い行為については，通常の土地利用の場合とは異なり，土地利用者は自然景観を保持すべき義務を負うもので，そもそもその行為自体が権利の内容に当たら

ないとして，補償の必要性を否定している。[2] これは，特別地域内の行為制限が極めて強いものであることから不許可処分について補償を必要とするという規定が置かれている（自然公園法52条1項）にもかかわらず，不許可処分に対して補償を必要としないとしたものであるが，その理由として，このような地域内にある土地については，本来的効用のなかに，そのような地域特性に著しく反する利用行為が含まれていないからだと考えるものである。実定法の中で同様の考え方を示すものとして，都市緑地法10条1項2号ロがあり，「社会通念上緑地保全地域に関する都市計画が定められた趣旨に著しく反する行為」に対しては補償を要しないとされている。

③　第三は，制限の目的や制限の対象となる土地が置かれている状況によって，同じ程度の制限を受ける場合であっても，実質的に見て不公平となる場合があり，補償の要否が大きく影響されることである。

　土地という財産は，他の財産と異なり，特別の性格を有し[3]，その特性に応じた公共的制約に服する必要がある社会的な制約の強い財産と位置付けられている。土地基本法には，「土地は，その所在する地域の自然的，社会的，経済的及び文化的諸条件に応じて適正に利用されるものとする（3条1項）。」という規定が置かれているが，この規定には土地の利用に当たってはその所在する地域に見

---

[2]　東京高判昭和63.4.20（判時1279号12頁）「特別地域内に存在する土地の所有者等は，……自然公園の風致の維持という行政目的の達成のために，その土地の使用，収益を特別地域指定の趣旨に反しない限度で行わなければならないという一般的な制限をも受けるものと解すべきである。……特別地域指定の趣旨に著しく反することが明らかな土地の使用，収益行為を目的とする許可申請は，もともと法が予定していないものであって，許可申請の濫用というべきであるから，その結果不許可となった場合には，それによって受けた損失はその補償を要しないものというべきである。」

[3]　土地基本法2条では，土地は「現在及び将来における国民のための限られた貴重な資源であること」「国民の諸活動にとって不可欠の基盤であること」「その利用が他の土地利用と密接な関係を有するものであること」「その価値が主として人口及び産業の動向，土地利用の動向，社会資本の整備状況その他の社会的経済的条件により変動するものであること」等公共の利害に関係する特性を有しているとされている。

合ったふさわしい利用責務が存在することが示されている。この地域の諸条件に応じた適正な利用を実現するために課せられる制限は，その地域において土地を利用する以上当然に遵守しなければならない基本的なルールに他ならず，土地所有者の側はこれを一般に受忍すべきものであると考えられる。このため，そのような制限に対しては，制限の程度によるが，原則として補償の必要性はないかあるいは低くなるものと考えられる。

　土地基本法には，さらに「土地は，適正かつ合理的な土地利用を図るため策定された土地利用に関する計画に従って利用されるものとする（同2項）。」という規定が置かれているが，このような土地利用計画が地域の意向を反映して適正に策定された場合，その土地利用計画に伴う制限については，それが個別・偶発的に不公平を生じさせるものでなく，計画区域内の土地に一般的に課せられるものであれば，原則として補償の必要はないと考えられる。これは，社会の秩序に即した利用を実現するための規制は，その土地が負わなければならない当然の責務と考えられるためであり，そのような規制に伴う負担は受忍の範囲であると考えられるためである。

　同じ内容・程度の規制であっても，「都心部，都市郊外，原生自然の中では，その持つ意味が異なる」のは当然であり，その土地が置かれている状況によって補償の要否が左右されることになるのも土地という財産の特質から来るものである。第二のところで見た制限の強さと補償の要否の関係の中で，単に制限の度合いが強いというだけで，補償の要否が決まるものではない場合があるのである。

　このような制限の多くは，地域共同体の維持のための制限と考えられるが，その制限は，一見すると損失が生じるように見えても，他方でそれを遵守することが共同体の一員としての利益を享受することにつながっており，その規制面だけに着目して不公平を論じることは適切ではなく，利益享受の面も含めた判断が必要である。

　例えば，都市の土地に対して課せられる用途規制などの場合，規制の対象となっている土地は，利用の制限を受ける代わりに，隣の土地が同様の制限を受けることから生じる利益を享受することがで

きる（例えば高さが制限される代わりに良好な環境を享受できる）から，その制限により生じる損失のみを考慮するわけにはいかない。

　これに対して，例えば，都市計画施設の区域内において課せられる制限の場合，個別偶発的な制限であることに加えて，その規制からの利益は享受しないのが普通であることから，公平の維持という視点からは，その損失が重大な場合には補償が必要なケースに該当する可能性が強いと考えられる。

④　上記に掲げた三つの判断要素は，権利制限により補填の必要がある不公平な状況の有無を判断する指標となるものであるが，それぞれが独立した指標として機能するものではなく，その全てを勘案した上で，その制限に伴う損失を社会全体で負担するのがふさわしいものか，地権者に負担させることが適切なのかを判断する場合の指標として機能させることが必要と考える。

　例えば，第一と第二の判断要素の関係については，制限が個別偶発的であればあるほど，損失の程度が比較的低くても補填すべき場合が多くなり，制限が一般的なものであれば，損失の程度がやや高くなっても不公平の視点からは問題とする必要性が低くなるという関係にあるものと考えられる。また，第三の判断要素は，第一と第二の判断要素を適用するに当たり，勘案すべき重要な補完的判断要素として機能するものと考えられる。

第3節　土地利用規制と補償の実態

　上記に述べてきた土地利用規制に伴う損失補償についての理論的考え方については，実定法の規定に反映しているとは言い難いところがあり，実態的にほぼ同様の規制が行われているにもかかわらず，補償規定が置かれている場合と置かれていない場合があるなど説明のつかない差が生じているのが現実である。

　また，利用の規制に伴って生じる損失のうち，補償の対象となる範囲については，実定法上補償の規定が置かれている場合，「通常生ずべき損失」としているのが普通であるが，この通常生ずべき損失の範囲につ

いても，従来から学説の対立が見られるところである4)。利用規制に伴う「通常生ずべき損失」については，土地収用の場合と異なり，規制の態様が極めて多彩であり，その損失額を算定するための基準を一般的な形で明確なものとすることが難しく，通損補償の規定を置く場合でも，補償の範囲，要件，補償額の算定等が明らかにされている場合は稀である。このため，通損補償を規定している現行制度において，現実に補償金が支払われている例は殆どないといわれている5)。

このように，実務上では，理論上の検討結果や実定法上の規定の有無とは関係なく，土地利用規制については補償を行わないような運用がなされる傾向にあり，現実に補償が行われる例はほとんど無い状況にあるが，他方，補償に代える形で，対象となる土地の買取りが行われることが多い。すなわち，規制の解除を求める許可申請に対して不許可処分を行った際に，地権者の側に買取請求権を認める規定を置くなどして，現実に買い取ってしまう形をとっている場合が多い。なお，損失補償額の算定の難しさ，補償のための財源の確保上の問題から，「不許可補償をしないため」に，「不許可処分自体をしない」という実態があることが仄聞されている。

第4節　都市計画法に基づく規制態様と補償規定の有無

続いて，都市計画法に基づく土地利用の規制と補償についての関係について，実定制度がどうなっているのかを見てみる。

都市計画法の土地利用規制の主なものとしては，①市街化区域・市街化調整区域内の開発行為の規制，②地域地区による規制，③狭義の都市計画制限等がある。

---

4) 相当因果関係説，地価低落説，積極的実損補填説等が主張されている他，最近では，実態に応じて適宜これらを組み合わせて判断すべきとするものもある。
5) 原田尚彦「公用制限における補償基準」（公法研究29号）によれば，保安林の伐採禁止に対する森林法35条による補償が実施されている例しか見あたらないとしている。小高剛「損失補償研究」116頁

1　市街化区域・市街化調整区域

市街化区域・市街化調整区域にかかる開発行為の規制については補償を必要としないのか，特に，市街化調整区域では開発行為が基本的に認められていないが，これは土地の利用という面で本来的な効用の重大な侵害になっていないのか。この点については，要するとする説[6]もあるが，多くの説は要しないとする。

市街化調整区域は，一般的に市街化を抑制すべき区域として位置づけられているが，この区域には，実質的に「当面市街化を抑制する市街化区域予備軍としての性格を有する地域」と「半恒久的に保全すべき区域としての性格を有する地域」が混在しているのが実態であり，この二つの地域は区別して論ずべきである。

まず，「市街化区域予備軍としての地域」としてふさわしい土地の場合，現時点では市街化の必要性が低く，土地所有者による自由な開発を認めていたのでは，都市の秩序ある発展に支障を生じる地域であると政策的に位置づけられており，公益上，その現状維持が必要な地域である。また，現実にも，市街化に必要な公共施設を欠いているため，自由な開発を認めると不良な市街地が形成されることが予想される地域でもある。このため，市街化に関する規制については，無秩序な市街化につながる開発を規制するという原則をとりつつ，一方で，必要な基盤施設の整備と組み合わせて，良好な市街地形成につながる計画的な開発や市街化につながらないと考えられる開発は許容する形をとっている。

この地域に課せられている規制は，次に説明する「保全すべき地域」とは異なり，政策的見地から，都市全体のために加えられた積極的規制といえ，その規制の程度が重大であれば不公平の補填の視点から補償を必要とするものと考えられる。しかし，その規制の内容と程度を見ると，従前行われていた土地利用が禁止されるわけではないこと（将来的利用につながる土地利用転換が規制される），都市基盤施設を備えた計画的な市街化は許容されていること，地域の中で必要とされる一定の土地利用

---

6)　荒秀「開発許可制度と住民の損失」（ジュリスト372号）

の実現のための開発は許容されていること，当面暫定的に市街化が抑制されているにすぎないものであること等が認められる。この規制は，基本的に，基盤施設が整備されておらず，その整備計画のないところには，基盤施設の整備を伴わない開発を許さないというものに留まっているところから，その規制の程度においてその土地の本来的な効用を発揮できなくしているほど厳しいものとはいえず，補償を必要とするほど重大な不公平が生じているとは認めがたい。

　次に，「保全すべき地域」としてふさわしい性格を備えている土地については，現状の土地利用である農林漁業などの維持増進を図る観点から，それを阻害する無秩序な市街化を規制しようとするもので，一定のやむを得ない開発を除き，開発行為を禁止することは，このような地域に存する財産の本来的な効用を発揮させるために必要な規制であると考えられるので，補償を要するとは考えられない。

2　用途地域

用途地域制度に基づいて行われる用途と形態の規制は，その土地が存在している地域における地域共同体の維持にふさわしい利用を実現するために必要な規制と考えられるとともに，市街地において，土地所有者等が相互に互譲しながら，秩序ある土地利用を実現するための規制であり，いわば相隣関係の考え方の延長上にあるものと考えられ，土地所有者等は，規制を受忍する代わりに，規制の結果実現する良好な環境と利便等の利益を享受する関係に置かれることから，その規制によって生じる損失は重大とは言い難く，補償を要するものとは考え難い。

3　その他の地域地区

特別用途地区，特定用途制限地域をはじめとするその他の地域地区の多くについても，用途地域と同様の性格を有しており，原則として規制に伴う補償の必要はないものと考えられるが，地域地区のなかには，補償規定が置かれているものがある。

　これに属するものしては，「歴史的風土特別保存地区[7]」，「緑地保全地域・特別緑地保全地区[8]」，「航空機騒音障害防止特別地区[9]」がある。これらの地域地区の規制が，特別に補償を必要とするとされる理由

第 2 部　都市計画規制

については，必ずしも一致した明確な見解が確立しているわけではないが，これらの規制の目的が国や地域全体の重大な公益の政策的実現にあるとともに，その規制の程度が重大なものである点によると考えられる。

　例えば，歴史的風土特別保存地区の場合だと，その規制は，我が国固有の貴重な文化的資産である古都の風土を維持するという国の政策の実現のために政策的・積極的に行われるものであり，その効果・利益の享受が国民全体に及ぶものであり，他の二つの地域・地区についても，同

---

7) 歴史的風土特別保存地区は，歴史的風土保存区域内の枢要な部分を構成している地区であり，地区内では，建築物等の建築，土地の形質の変更，木竹の伐採，建築物等の色彩の変更，屋外広告物の表示等は，府県知事の許可を受けなければしてはならないこととされている。この許可を受けられなかったために，損失を受けた者がある場合，府県は，その損失を受けた者に対して通常生ずべき損失を補償しなければならないと規定されている（古都保存法 8 条 1 項，9 条）。（その損失補償については，府県知事と損失を受けた者とが協議し，協議が成立しない場合，収用法の裁決を申請することができる。）

8) 緑地保全地域（無秩序な市街化の防止又は公害・災害防止のために適正に保全する必要がある地域や地域住民の健全な生活環境の確保のために適切に保全する必要がある地域に指定される）内では，届出が必要な行為（建築物等の建築，土地の形質の変更，木竹の伐採，埋立・干拓等）に対して，緑地保全のため必要がある場合，その行為を禁止し，制限し，必要な措置をとることを命ずることができ，それにより損失を受けた者がある場合は，その損失を受けた者に対して，通常生ずべき損失を補償しなければならないと規定されている（都市緑地法 8 条 2 項，10 条）。損失補償の協議と収用裁決に関しては，歴史的風土特別保存地区と同じ。

　特別緑地保全地区（無秩序な市街化防止，公害等の防止のための遮断地帯，緩衝地帯としての役割をはたす地区，神社，寺院等の境内地等で地域の伝統文化的意義を有する地区，風致景観が優れている地区，動植物の生息地・生育地として保全する必要がある地区等に指定される）内では，一定の行為（届出対象行為と同じ）は都道府県知事の許可を受けなければならず，許可を受けることができないため損失を受けた者がある場合，通常生ずべき損失を補償しなければならないと規定されている（同法 14 条 1 項，16 条）。

9) 航空機騒音障害防止特別地区内においては，学校，病院，住宅等の建築が原則として禁止され，知事が例外的に許可した場合に限り建築が許されるが，特定空港の設置者は，土地所有者に対して，この制限により通常生ずべき損失を補償しなければならないとされている（特定空港周辺航空機騒音対策特別措置法 5 条 2 項，7 条）。この制限については，所有者から当該土地の利用に著しい支障をきたすことを理由に買取りの申出が認められており，実際には土地の買入れが行われる（同法 8 条）

様の政策的・積極的規制と考えられる。規制の程度については，新たな土地利用について不許可処分を行うことを前提とした現状凍結的規制となっており，犠牲の程度が大きい場合に補償を要する仕組みとして構成されている（不許可補償）。このように，社会全体のために，（不許可処分を受けた）特定の土地が利用上の重大な規制を受ける場合，その犠牲は公平の見地から補償される必要があるというのが，これらの地域・地区について補償規定が置かれている理由であろう。

なお，このように考えてくると，これらの地域・地区だけでなく，他の地域・地区の中でも政策的・積極的規制であるものがある。風致地区や景観地区，伝統的建造物群保存地区などはそれに当たると考えられる。

風致地区や景観地区における制限は，行政解釈において補償を要しないと解されているが，これは制限の程度が緩やかであることに起因しているものと考えられる。風致地区と景観地区における制限の内容はいずれも条例に委ねられているが，風致地区については，基本的に，許可基準が緩く[10]，風致を極端に損なう行為以外については，許可が受けられるのが通常であるところから，受忍の限度内の軽度の制限と考えられている。これに対して，景観地区の場合は，認定基準の内容如何では，補償を必要とする場合がありうると考えられる。また，文化財保護法の伝統的建造物群保存地区については，補償規定は置かれていないが，不許可処分に伴う補償の必要性が強い。

4 都市施設

都市施設に関する都市計画段階の規制は，都市計画施設の区域内の土地において建築を行う場合，知事の許可を必要とするというものであるが，この規制は基本的に緩いものであって，木造等の構造で，地階を有せず，2階建て以下の除却・移転が容易な建築物については，許可がなされることになっており，通常の土地利用を行う上では支障が生じないような規制内容となっている[11]。

計画段階でこのような規制を行う趣旨は，都市計画に定められた施設

---

[10] 風致地区条例制定基準政令では，例えば，建ぺい率についてみれば，2～4割以下であれば許可，高さが8～15ｍ以下であれば許可，建築形態・デザイン，色彩等についても，著しく不調和でなければ許可，となっている。

第2部　都市計画規制

用地について，将来その実現を行う上で，支障となる状況が生じないように，円滑な計画実現を図るためというものである。都市施設は，その都市に必要不可欠なものとして定められたものであり，都市全体のためのものであって，都市施設が定められた区域の土地の所有者に利益をもたらすものではない。しかも，都市施設の場合，その制限は個別偶発的な性格を有しているから，この規制に伴う損失は，制限の内容と程度において重大なものである場合は，不公平の是正の視点から補償されるべきものと考えられる。

にもかかわらず，この規制に関して補償が原則として行われないのは，2階建ての建築物を認めているなど市街地における一般的な土地利用を認めているなどその規制の程度がかなり緩やかなものであり，その損失が受忍限度内にあると考えられていることによると思われる。

この制限については，従来内在的制限として位置づけられてきたこともあった[12]。

しかし，ここで問題となるのは，次のような点である。

第一は，この規制において，補償を必要としない主たる理由となっている制限の程度の問題である。木造等2階建てが許容されているこの規

---

11) なお，事業予定地の段階に入った場合には，不許可処分を受けることがあるが，その場合には，その土地について買取りの申し出をすることが認められており，特別の事情がない限り，買取りが行われることになっている。これは，不許可補償の一形態であると考えられる（買取り補償）。

12) 東京地判昭和42年4月25日（行裁例集18巻4号560頁），東京地判昭和47年2月29日（判例時報675号37頁〜）いずれも都市計画ないし都市計画事業による建築制限は，土地の所有権に内在する社会的制約に基づくものであって，土地所有者においてこれを受忍すべきものと解し，補償を要しないとする。内在的制限と考えられていた理由は，これらの制限の内容が事業に支障を及ぼすべき行為の禁止又は制限であって，そして公益上必要な事業に対し支障を及ぼす行為をなさないことは全ての権利に当然に存在する制約と考えられるためであるという点にあった。なお，後者の判決は，その制限が長期にわたる場合にふれ，その場合の土地所有者の不利益に対しては，何らかの救済措置を講ずるのが相当であることはもとよりであるとするが，本来ならば補償の対象とならない建築制限が，事業の実施の延引により長年継続したからといって，ただちにその損失を補償すべきことが憲法上要請されるにいたるものとは解しがたく，その不利益に対していかなる救済を与えるかは立法の裁量に委ねられているものとしている。

制は，容積率が比較的低く定められている住宅地などでは，確かに利用上軽度の規制と考えても良いのであるが，これが容積率が高く定められている商業地等である場合には，2階建て程度の利用を許容しているからといって，それが土地所有者等にとって軽度の負担といいうるかどうかはかなり疑問であり，地域の置かれている状況や周辺の土地利用によって，補償を必要とするかなり重い制限となっているケースがあるのではないか。

　第二は，この規制が，極めて長期間にわたって課せられることがあるという問題である。用途地域のような内在的制限と異なり，この場合においては，制限の実質的内容・程度が補償の要否を判断する上で問題となると思われるが，仮に軽度な制限であるといえども，財政上の理由により，通常要する期間を遙かに超えて30年を超えるような長期間にわたって規制が課せられる場合も，それを軽度の負担と考えて，受忍を強いることには疑問を感じざるを得ない[13]。

5　都市計画事業

　都市計画事業が開始された後に事業地に課せられる規制は，事業の施行に支障がある行為を防ぐ目的で行われる。これも，都市計画段階の規制同様，内在的制限とは考え難い。その制限内容は，建築物の建築，工作物の建設，土地の形質の変更，移動の容易でない物件の設置・堆積が許可の対象となっており，計画段階の規制と比較してかなり重いものであり，不許可の場合その損失は重大である。これ（利用の規制による損失）が補償の対象とされていない理由は，既に事業の実施段階であることから，この規制の対象となっている土地は早晩事業者によって買い上げられるため，制限を受ける時間が極めて短いことに加えて，土地の所有者は，いつでも裁決申請の請求と併せて土地の権利に対する補償金の支払いを請求することができる仕組みとなって

---

[13]　この点については，遠藤博也，杉村敏正，藤田宙靖各教授からも疑問が呈されている。判例については，東京地判昭和47年2月29日（判例時報675号37頁～），東京地判平成5．2．17（判例時報1459号98頁），東京高判平成5．9．29（行裁集44巻8・9号841頁），最判平成17.11．1（判タ1206号168頁）他。第12章都市施設第2節を参照。

いることによる。

　なお，土地の取得の段階では，規制が課せられていない土地としての価格に相当する額が支払われるため，規制による交換価値の低下は補填される[14]。

---

14) 最高裁第一小法廷昭和48年10月18日判決（民集27巻9号1210頁）

第3部

都市法各論

第19章　街づくりと法

◆ I ◆　街づくり総論

第1節　街づくりとは

　「まちづくり」は広範な内容を持つ言葉であり，必ずしもハードな物（建築物や都市基盤施設）に関する整備・管理に限定されず，ソフトな地域振興やイベントなどを含むものまで，およそ地域に関する諸活動なら，どのようなものもまちづくりと呼ばれているようなところがある[1]。佐藤滋教授によれば[2]，「まちづくり」という言葉は，「まち」という言葉と「つくる」という言葉から構成されており，「まち」という言葉は，「地域」という言葉と同義で，必ずしも「町」或いは「街」という意味だけでなく，地域的には「むら」という範囲を含み，物理的な範囲だけではなく，「地域社会」という意味も含まれている形で使われていることが多いようである。また，「つくる」という言葉には，「自らの手で作る」という意味だけでなく，「時間をかけて育て上げる」という意味が含まれているとされている。なお，「まちづくり」という言葉に対して，「町づくり」「村づくり」という言葉は，「町おこし」「村おこし」のように，地域の活性化を図ることに重点を置いた「まちづくり」という意味で使われることが多いようである。

　広い意味での「まちづくり」の場合，

---

[1]　まちづくり関連条例として，開発規制，環境保全，都市景観，公害防止，住環境，緑化，空き缶ポイ捨て，放置自転車，カラオケ規制，ラブホテル規制，福祉のまちづくりなどがある。山代義雄「まちづくり条例制定の法的視点」

[2]　佐藤滋「まちづくりとは何か」（まちづくりの方法（日本建築学会編まちづくり教科書第1巻））3頁にまちづくりの定義が置かれている。「まちづくりとは，地域社会に存在する資源を基礎として，多様な主体が連携・協力して，身近な居住環境を漸進的に改善し，まちの活力と魅力を高め，「生活の質の向上」を実現するための一連の持続的な活動である。」

i 対象となる地域的範囲が比較的狭く（比較的広い地域活性化・地域振興の場合でも市町村止まり），通常，住民の日常生活において目が届く範囲の集落，地区単位であること。
ii 取り組んでいる内容が，法律制度では対応が難しい地域の公共性の実現に関するものが多いこと。
iii 地域の住民等が主役となって活動を行っているものが多いが，官製色の強いものであっても住民が何らかの形で強く関与しているのが普通であること。

等の特徴点が見られる。

この章で対象としている「街づくり」は，「まちづくり」の中でも，その対象が，その地区の土地利用，空間利用，インフラ施設等の整備・管理，町並み，風景・景観，居住環境等の維持形成といった事柄に関連したものに重点が置かれているもので，どちらかといえば，都市基盤施設の整備管理を含む市街地環境の面から見た「まちづくり」という意味で使用している。

第2節　なぜ今街づくりなのか

戦後の我が国の経済成長に伴う市街地の拡大形成は大変急激なものがあり，これに伴って数々の深刻な都市問題と言われる諸問題が生じ，これに対応するため多くの法制度が整備された。しかし，この時代に整備された都市に関係する法制度の多くは，成長拡大する都市を前提とし，次々に生じる個々の問題に対症療法的に対処する傾向が見られるとともに，都市において致命的なダメージが生じることを防止するため，最低限の水準の維持を効率的に行うことができる仕組みとして構築されてきたと言える。

近年，我が国の都市は成熟期を迎え，地域社会の意向も①最低限の市街地からより水準の高い市街地へ，②全国画一的な制度的対応からその地域にふさわしいまちづくりへ，という傾向が次第に明らかになりつつあり，③行政に任せておくだけでなく，自分たちの考え方を地域社会の中で実現していこうとする動きが，各地で見られるようになってきた。

これらの動きは，現行の法制度だけでは，あるいは現在の行政主体の対応だけでは，自分たちのまちは決して良くならない，自分たちのまちの将来は，自分たちが責任を持って決めなければならない，という認識の上に立ったものであることが多い。こうした動きの一環として，近年まちづくりに関する関心が急速に高まりつつある。

第3節　これまで街づくりが進んでこなかった理由

1　背景　戦後のわが国では，地域住民の手による街づくりは必ずしもうまく進んでこなかったといえるのではないか。それには様々な理由が考えられるが，住民が自分の住む街に対して余り強い帰属意識・思い入れを持たなかったことが挙げられるほか，

① 戦後一層強くなったと言われる強い土地所有権意識が大きく影響していること
② 都市に集中してきた若い人々が，共同で制約を受忍しつつ，自らの居住する街を育てるという習慣を持てなかったこと
③ 公共側が経済効率中心主義に偏り，住環境などの側面に関心を寄せるだけの余力がなかったこと

等が背景にある。ここでは，これらに関し詳しく追究するだけの余地がない。とりあえず，法的側面から見た街づくりの仕組みに関し，三つの問題点を掲げておく。

第一は，強い土地所有権意識に対して，街づくりに必要な利用規制を行うために十分な法制度を整えられなかったことである。

第二は，街づくりの法制度として，強制力を用いることに頼らない，共同体意識に基づいた緩やかな自主規制を実現するための仕組みを最近までもてなかったことである。

第三は，経済産業基盤施設の整備のための特別措置に関する法制度が整備されたのに対して，地域のまちづくりに必要な生活環境を支えるための基盤施設の整備法制には目が向けられず，十分な投資が行われなかったことである。

2　国家高権としての都市計画の影響

ところで，住民が自分の住む街に対して余り強い意識・思い入れを持たなかった背景には，街づくりのための基本法である都市計画法が，住民から遠い存在であったことが大きく影響していると考えられる。我が国では，戦前から，都市計画の権原は本来国家が有するもの（国家高権）と考えられてきた経緯があり，基本的に，その権原が住民に支えられた都市の自治権に由来するという考えが確立していなかった。

都市住民の多くは，今でも，街づくりの中核である都市計画の策定を自分たちの権利であるとは考えていないし，都市計画というものは，地方公共団体が国や都市全体のために定めるもので，自分たちの豊かな生活を実現するための手段だとは認識していない。その結果か原因かは別として，都市計画法には，住民の意見を反映するための仕組みが，つい最近まで極めて形式的にしか定められていなかった。

都市住民の側は，都市の中で何か問題が起きれば，すぐに行政に何とかして欲しいと頼むという風潮が定着しており，自分たちで何とかこれを解決したり，深刻な事態が起こることを予防しようとする動きは余り見られなかったし，よりよい都市環境を作り出そうとする動きなども例外的にしか見られなかった。後に述べる指導要綱による土地利用のコントロールなどは，こうした都市住民のまちづくりに対する意識…自分たちが対応しないで，行政に何とかしてもらおうとする意識…を色濃く反映している面が見られる。

街づくりの動きは，こうした状況に置かれていた我が国の都市の状況を住民の側から打破しようとする動きに他ならない。

第4節　現行法制度は，街づくりに余り適していない

我が国の街づくりの基本法制度である都市計画制度は，基本的に都市全体の公益を実現するための計画という性格を色濃く有しており，市民の手による街づくりの手段としては，僅かな制度を有しているにすぎない3)。

1　大公共と小公共
——全国的普遍的公共性と地域に限定された公共性

　街づくりに関する基本法としての都市計画法，建築基準法の規定は，限られた例外規定を除き，全国一律に適用されるものが殆どであり，そこで実現しようとしている公益は，国家的，広域的に重要なものにほぼ限定されている。その理由は，次の通りである。

　わが国においては，所有権が極めて強い形で認められているが，これに対して実務の世界では，強制力をもつ規制を行うには「その規制の目的に高い公共性が存在すること」と「その規制がその公共性を実現するために必要不可欠なものであること」の二つの要件が必要であると考えられてきた。学説上も公権力による所有権の侵害に際しては，基本的に「法律の留保」「法律による行政の原理」によることが求められ，その法律には「明確な公共性」が必要とされ，その実現手段に対しては「比例原則」に適合していること（目的を達成するための手段はその目的を達成するのに必要かつ合理的なものであること）が要請された。この「明確で高い公共性」としては，「国家的な重要性」や「広域的な必要性」に裏打ちされていることや，全国どこででも実現されなければならない「最低基準性」や全国的に見られる共通の問題に対して対処するための「平等性（全国画一性）」等が認められることが必要と考えられてきた。言い換えれば，法制度によって強制力を持たせることができるためには，全国的・国家的レベルにおいて認められるような公共性，つまり，「全国的普遍的性格」をもった公共性（街づくりなどの「小さい」公共性に対して「大公共」と呼ばれる）が必要とされてきたのである。

　このような全国的普遍的性格を持った公共性を背景にしている法制度の下では，都市の個性を十分に発揮することは難しく，地域のまちづくりに対する意向を十分に反映することもでき難い。すなわち，

① 現行法制度が実現しようとしている「最低限規制」のレベルを守っているだけでは，良い街を作りあげることはできないし，合

3）　地区計画等或いは最近のものとして都市計画提案制度等が整備されているにすぎない。

第3部　都市法各論

　　　法ではあるが地域にとって非常に問題がある行為を規制すること
　　　もできない。
　②　法制度に基づく全国画一的な規制では，地域の個性，特別の事情
　　　に対応した独自の街づくりを実現することはできない。
のである。このため，近年，街づくりの局面では，このような全国的普
遍的公共性では対応しきれない，地域に見られる独自の要望・要請（最
低限の基準を超えたよりよい街の整備等），あるいはその地域だけに見ら
れる特別の問題に対処する必要（地域産業振興のための特別の措置等）等
が強く主張されるようになってきている。

　地域の街づくりにみられるこうした独自の総意やニーズの中に，全国
的に共通してみられる公共性を認めることは難しい。例えば，ある特定
の地域の住民が一致して，通常より水準の高い環境を実現したいと考え
た場合，それは，ある種の公共性があるけれども，そこには法制度が実
現しようとしている全国的普遍的公共性は見出し難いのである。

2　「小公共」
──地域における公共性の実現手段として要綱・条例

　どこの地域でも，同じような近代化，同じような規制をするだけで多
くの問題が解決されてきた都市化の時代とは異なり，その地域独自の固
有の事情に対応していかなければならないという要請が極めて強くなり
つつある現在，都市法に属する「既存法令の世界」ではこのような地域
の側の事情に十分対応しきれない状況にあることは既に述べた。

　このような状況の中で，地方公共団体が，地域の希望する土地利用や
空間利用を実現しようとすれば，「既存法令の世界」の外側で，独自の
条例や指導要綱を制定して，法制度とは別の形でコントロールを行うこ
とにより対応するという動きをせざるを得なくなってくる。従来から街
づくりのために，地方公共団体が街づくり条例を制定したり，指導要綱
で対応してきたのは，このような状況が背景にある。

　しかし，このような法制度の外での実質的規制は，開発建築事業を行
う側からの強い反対に直面しなければならなかったし，それを根拠付け
る条例等も既存法令との抵触の問題をクリアしなければならなかった。

また，このような対応の初期段階では，地域や住民の側の経験不足，能力不足等から，地方自治体が，地域の住民等に代わって，その意向を代弁する形をとらざるを得なかった。

◆ II ◆ これまでの対応

第1節　指導要綱行政

1　行政側から街づくりにおける小公共を実現する手段

戦後のわが国では，最近まで街づくりを都市住民が担うという考えが定着していなかったため，都市住民が自ら積極的に街づくりに参加するということは極めて稀で，例外的であった。また，既存の土地利用秩序に大きな影響を与える（開発や建築行為などの）新しい土地利用との調整に関しても，都市住民側にはその手段が認められていなかったこともあり，その調整は，都市住民に代わって，自治体が行うことになった。

すなわち，地域における公共性（小公共）の実現は，初期の段階では，専ら自治体が担い，その手段は，開発等を行う事業者に対する協力依頼等の「法令外手段」を使い，事実上の調整を通して行う，いわゆる指導行政の形がとられることになった。

2　指導要綱行政のスタート

1970年代後半から，市街地の開発に関係する宅地開発・建築業者に対して，地域の側の意向を反映させる手段として，指導要綱による協力依頼行政が盛んに行われることになる。もともと宅地開発指導要綱は，大都市に集中する膨大な宅地需要に対して，地方公共団体が自衛的に作り出したものであり，

　i　宅地開発や住宅建設に伴って必要となる道路や学校などの公共公益施設整備費用の負担を原因者である事業者へ転嫁すること

　ii　法が要求する最低基準の公共施設ではなく，一定水準の公共公益施設を確保し，より良好な市街地を形成すること

　iii　自らの市町村域に人口が集中することへの抑制コントロールを行

うこと
　　iv　周辺地区との事前調整を求めることにより紛争の防止を図ること

などの機能を果たしてきたものであるが，要綱による指導の本質は，既存の土地利用秩序を乱す形で行われる開発等の動きに対応して，これとの調整を図ろうとするところにある。要綱が果たしてきた機能のうちiv等は，既存土地利用秩序に関する地域共同体の意向を肩代わりする形で，住民に代わって市町村が，宅地開発・建築事業者に対して調整を図ろうとしたものである。既に述べたように，開発行為に対する法的コントロールの権限は都道府県のレベルに留まっており，市町村レベルにおいては，殆どコントロールの手段が与えられていなかった。現実に開発に伴い大きな影響を受ける地区の空間管理者である市町村が，法外手段である行政指導を用いて開発行為に対するコントロールを図ろうとしたのが要綱行政であった。

　街づくりの本来の主役である住民は，指導要綱行政では表に現れないのであるが，本来，開発に際して3者（地域住民，地方公共団体，事業者）の間で行われるべき実質的調整を，指導要綱行政は要綱という手段を用いて2者（地方公共団体，事業者）間で解決しようとしたものである。

3　なぜ条例化しないで要綱という手段が使われたのか

これらの調整コントロールは，行政の内部基準である要綱ではなく，正面から地域の意思として条例に基づいて行われるべきものであったが，当時の背景状況として，法律と条例の関係につき法律絶対優先の考え方が有力であったこと，このため条例化した場合の適法性に問題があるのではないかという地方公共団体側の意識が強かったことが，要綱による指導が行われた第一の原因であろう。このほか，地方議会対策が困難と考えられたこと，多様な事態に対応できる柔軟性が認められたこと，等があげられる。今日では，その多くは，条例で対応が可能と考えられているが，地方公共団体の中には，依然として法律との関係で条例の限界を強く意識している傾向が見られる。

第19章 街づくりと法

4 指導要綱の内容

市町村の指導要綱が事業者に対して求めたものとしては，次のようなものがある。

i 地方公共団体との事前協議の実施——協議条項
ii 周辺住民との事前調整の要請——同意条項
iii 法定基準を超える公共施設（道路幅員，公園緑地の確保，防災調整池）の整備の要請——負担条項
iv 開発に伴って必要となる費用（例えば教育施設整備費用）の分担の要請——負担条項
v 要請に応じない場合の措置——制裁条項

指導要綱は，このように，宅地開発や建築に関してほとんど法的権限を持っていない市町村…地域の総意の代表として…の最大のコントロール手段として機能していた。このうち，iiは，住民のまちづくりに対する要請に応え，iとiiiは，無秩序で質の悪い市街地が形成されるのを防ぐという意味で，大きな役割を果たしてきた。

5 指導要綱行政に関する問題

しかし，このような指導要綱には幾つかの問題が存在していた。法的な問題としては，本来，強制力を持たない行政指導を行うための行政の内部基準にすぎない要綱に，事実上の強制力を持たせることが常態化したことである。

行政指導は，行政機関による非権力的な事実行為であり，法的行為ではないから，「相手方がそれに従わなくても，処罰されたり，強制執行を受けたり，制裁的な行政処分を受けたりすることはなく，少なくとも，法律上はこれに従うか従わないかは全く相手側の自由である」。しかし，地方公共団体は，一旦指導要綱に従わないものが生じると，行政指導が事実上骨抜きになり，従わないものが続出することをおそれて，これに従わない者に対して何らかのペナルティを課すことを考えることになる（4のv）。その代表的なものとして，業者氏名の公表，水道供給の拒否，公共下水道の使用の拒否，都市計画法32条の公共施設の管理者の同意・協議の留保・引き延ばし，ゴミの収集の拒否，建築確認の留保，その他工事に必要な道路の占用許可の留保，整備された道路等の管理の引き受

けの拒否や取付道路等の許認可の留保などが行われた。

　これらのペナルティの多くは，法的に開発・建築行為と直接関係のない他の法律上の権限あるいは事実上の権限を，その本来の目的とは違う形で使用して，事実上の強制力を持たせることで要綱の実効力を担保したものである。事業者の側としては，将来の不利益や時間的浪費を恐れ（例えば，一発業者と違って事業者の多くは，その地域で将来にわたって事業を継続する必要があるため，地域や自治体との良い関係を維持することが重要であることから），いやいやながら指導に従うことになり，実質的には，公権力の発動たる行為と同じような圧力を相手方に与える場合が少なくなかった。

6　指導要綱行政の限界

このような事実上の強制力を備えた指導要綱に対しては，実質的な法治主義の空洞化を招く危険があるとする指摘がなされる一方で，法に基づく最低限の規制では実現できない様々な問題をカバーし，合意の下に良好な市街地の形成につながるというプラスの評価なども存在した。これは，行政と事業者の2者間の関係に主として適用される法治主義を，行政，事業者，都市住民の3者関係の中で良好な市街地形成を図るために行われる行政指導に対して，どこまで貫徹することが適切かという見解の差でもある。

　このような状況の中で，要綱に基づく行政指導を行っている間建築確認の留保を行っていたケースについて最高裁は次のような判断を行った[4]。簡潔に引用すれば，「建築主に対し，当該建築物の建築計画につき一定の譲歩・協力を求める行政指導を行い，建築主が任意にこれに応じているものと認められる場合においては，社会通念上合理的と認められる期間建築主事が申請に係る建築計画に対する確認処分を留保し，行政指導の結果に期待することがあっても，これをもって直ちに違法な措置であるとまではいえない」としつつも，どこまで建築確認の留保を行いつつ行政指導を続けることができるかについて，「右のような確認処分の留保は，建築主の任意の協力・服従の下に行政指導が行われている

---

[4]　最判昭和60.7.16民集39巻5号989頁

ことに基づく事実上の措置にとどまるものであるから，建築主において自己の申請に対する確認処分が留保されたままでの行政指導には応じられないとの意思を明確に表明している場合には，かかる建築主の明示の意思に反してその受忍を強いることは許されない……建築主が右のような行政指導に不協力・不服従の意思を表明している場合には，当該建築主が受ける不利益と右行政指導の目的とする公益上の必要性とを比較衡量して，右行政指導に対する建築主の不協力が社会通念上正義の観念に反するものといえるような特段の事情が存在しない限り，行政指導が行われているとの理由だけで確認処分を留保することは，違法である。」とした。

　この事件は，東京都がマンション業者に対して付近反対住民との話し合いを指導し，その解決がなされるまで建築確認を留保していたが，話し合いがつかないと近日中に適用される新高度地区制によって設計変更を余儀なくされる業者がやむなく指導に従い，金銭補償で住民との紛争を解決せざるを得なかった事件で，建築確認を留保しつつ，強制的に行政指導を行うのは違法であるとして，損害賠償を請求したものである。なお，ここでは①要綱によって実現される公益の内容と指導の相手方が被る不利益との間の比較衡量，②相手方が指導に対して示す対応の誠実さといった具体的な内容や交渉状況が判断の決め手の一つになっているように考えられ，単に行政指導に不服従の意思を表示したことのみをもって確認の留保を違法（主観説）としているわけではない。

　この判例により，指導要綱に基づく行政指導（それを担保する留保等を含む）は，その相手方の任意の協力をベースに行われるべきであり，社会通念上適切・合理的な範囲において行われることが必要であると考えられるようになった。

7　行き過ぎ是正

高度成長期を過ぎて1980年代に入ると，地価上昇が落ち着いてきたことに伴い，事業者の負担感が大きくなって来た。かつては，指導要綱に従ってある程度の負担を受容しても，地価上昇による差益で賄いきれていたため，事業者の側には，調整が長引くよりは負担を受忍することの方が受け入れやすかったが，地価の上昇率が低く

なってくると，負担水準の軽減と非合理的な負担の拒否が強く主張されるようになってくる。かくして，この時期には，指導要綱が要請する施設整備水準等について，国による行き過ぎ是正（昭和57年10月）の指導が行われることになるが，その主な内容は次の三点である。
　① 関連公共公益施設の整備等の水準の適正化
　② 開発協議に要する期間の短縮
　③ 寄付金等の受け入れ及び使途の適正化・収支の明確化
　このうち，①については，区画道路の幅員，公園の規模，洪水調節池の多目的利用，排水の放流同意，公益施設の整備範囲について一定の具体的な方針が出されるとともに，周辺住民の同意（十分話し合いを行うことの指導は良いが，同意書の提出までは適当でない），制裁措置についても一定の方針（都道府県への進達拒否，水道等の供給拒否は問題とする）が定められ，これを基準に是正を図るよう指導がなされていく。
　行き過ぎ是正として行われた指導要綱の見直しについては，③に見られるような当然行われるべきものもあるが，①の公共施設の整備水準の要請については，地域の実態を踏まえてその妥当性が検討されるべきであり，全国一律で判断すべき性質のものではないと考えられるものもあり，妥当性を欠くものもあった。指導要綱の負担に関する部分において行き過ぎか否かの判断基準としては，ア．施設の整備が事業区域外に便益をもたらすにもかかわらず，負担を求める場合に，受益と負担がバランスのとれたものとなっているかどうか，イ．一般より高い水準の整備を要請する場合に，地域の水準と比べて妥当性があるかどうか，という点にあるのではないかと思われる。

8　行政手続法の制定

　平成 6 年（1994）行政手続法の制定により，行政指導の明確化のための規定が置かれるが（第 4 章等），自治体の指導要綱についても，各地で行政手続条例が定められるようになるに従い，次第に要綱で定めていた内容を条例へ置き換えるという動きが加速される。特に行政指導の一般原則（行政手続法32条），行政指導の形式（同法35条）については，かつて要綱に基づいて行われていた行政指導の悪しき部分は大幅に改善されたといえる。現在では，少なくとも，何

らかの強制的色彩を伴うものは条例に基づいて行われるようになりつつある。

第2節　街づくり条例行政——目的と役割

1　初期（1970年代）の街づくり条例

条例を用いた地域独自の街づくりの取り組みの動きは，昭和40年代半ば（1970年代）から，次のようなタイプのものが見られるようになる[5]。

①　地域で発生した公害に対する対策条例
②　地域に残された価値ある町並みや文化遺産を守るための条例
③　法令の対象とならない行為をコントロールするための土地利用規制条例

この時代，多くの地方公共団体は，条例で，法令の上乗せ，横出し規制を行うことについて消極的に考えていたために，これらの条例は，法の未規制領域をカバーするものであり，強制力も弱く，届出制度と協力指導を内容とするものが多かった。

2　その後の街づくり条例 ——都市住民の側の意識と対応の変化

その後昭和60年代（1980年代後半）になると，街づくり条例の対象範囲は拡大し，既成市街地の住環境を維持し，紛争を防止するための手段として[6]，また，リゾート開発をはじめとする都市計画区域外の開発規制にも活用されるようになってくる。そのような中で，既成市街地の高層マンションの建設紛争の経験を通じて，先進地域における市民の街づくりに対する意識は，大きな変化を見せる。すなわち，従来，個別具体の建築計画・開発計画が出てきた段階で反対運動が起こるというケースを繰り返しているうちに，やがて具体的で合法な個別の開発・建築計画が出てくる前に地域レベル

5）　これらの例として，1969年東京都公害防止条例，1968年金沢市伝統環境保存条例，倉敷市伝統美観保存条例，1973岡山県県土保全条例など。
6）　既成市街地の高層マンション建設問題，ワンルームマンション問題，小規模ミニ開発問題等。

での土地利用の将来像を持っていることが重要であるという認識が形成され[7]，さらに，地域レベルでその将来像についてのコンセンサスを作っていく過程そのものが重要であると意識されるようになってくる。すなわち，合法な事業計画に対して地域の状況や意向等を実効ある形で反映させるためには，具体的な計画が出てくる前の段階から，地域レベルでの意向を明らかにした基準や計画を作成しておくことが重要であり，事業者側との協議ができる仕組みを有していることが不可欠であるという認識が生まれ，自ら，そういった基準や計画作りのプロセスに参加し，様々な地域の課題の解決に努力しようとする動きが現れてくる。こうした動きには，既成市街地の中でのマンション紛争等に関する経験を通じた学習を経て，生活環境をはじめとする身近な生活空間に対する関心が高まり，自分たちの住んでいる街づくりに対する参加の必要性が意識され始めたことが背景にある。行政の側も，これらの動きに応える形で，住民を巻き込んだ街づくりのための条例を作るところが現れる[8]。

このような動きは，それまで行政と民間事業者等との２者関係をコントロールしてきた指導要綱行政から，第三者であった「市民」が当事者となって，行政，民間事業者，市民という３者関係に立って，街づくりに取り組むという条例行政の形に変化してきたことを意味している。

3　地区計画制度の誕生と地区まちづくり型条例

街づくり条例がこのような変化を迎えていた時期に誕生した地区計画制度（1980年都市計画法改正）は，次第に地域のまちづくりに携わる住民から注目され，活用されるようになり，まちづくりに非常に大きな貢

---

7)　都市住民の側は，個別具体の建築計画・開発計画が出てきた段階で反対運動を起こしてこれに対応するという形をとる限り，事業計画を認知した時にはその計画は動かせなくなっている場合が多いことを経験から学ぶ。事業計画は合法であり，計画が進行してからでは修正できる余地は極めて少なくなるため，事業者側にあらかじめ地域の側の意向を周知させておくことが問題解決には極めて有効ということが認識されてくる。

8)　先駆的街づくり条例の例として，1982年世田谷区街づくり条例，1984年尼崎住環境整備条例等が挙げられるが，この後，街づくり条例は土地利用調整型から住民主導の地区街づくり型へと変化していく。

献を果たすことになる。第15章で述べたように，地区計画を策定するためには，市町村はその案を作成する段階で利害関係者の意見を求める必要があり，その意見の提出方法等を定める条例を定める必要がある。しかし，その手続が定められても，地区計画自体は，緩やかな規制制度にすぎず，強制力を備えた実現手段を持っているわけではない。このため，市町村の多くは，地区計画の内容を実現していくためには，住民による街づくりを推進していく必要があると考え，地区計画手続条例等の中に，次のような内容を盛りこむところが出てくる。

① 街づくりを推進する組織の認定
② これに対する支援措置
③ 街づくり推進組織が街づくり計画を提案することができる権限などを認める手続

　地区計画は，その後，平成4年都市計画法改正により，地区の地権者等の側から地区整備計画の策定を市町村に要請することができる制度が整備されたことにより，実質的に地域の側が望む状況を実現することができる制度としての地位を確立する（現在は，都市計画提案制度に吸収されている）。

4 近年の街づくり条例の特徴と機能

　現在，街づくり条例の内容は，多様な地域のニーズに対応して多様化し，様々な内容を持つようになってきている。この章ではその状況について述べるだけの紙数がないが，多くの報告がなされているので，参照されたい[9]。これらの専門家の報告等によれば，近年の街づくり関係の条例には，次のような傾向が見受けられる。

① 市町村全域を対象とし，市町村の街づくりに対する姿勢を街づくり基本方針（宣言）という形で明らかにしていること
② 地区ごとに街づくり協議会を整備し，地区の意向を反映させようとする姿勢が見られること
③ 地域の課題に対して，行政と地域が協働して取り組む姿勢が見ら

[9] 小林重敬編「地方分権時代のまちづくり条例」（学芸出版社1999），小林重敬編「条例による総合的まちづくり」（学芸出版社2002）

れること
④ 市町村の地区ごとに土地利用についての基本方針を明示しているものもあること
⑤ 都市景観，緑化といった特別の目的を達成するための仕組みを持っているものがあること

これらに共通して見られるのは，その多くが，地域が直面している様々な課題に対応するため，地域レベルで，行政と市民が共同して街づくりを進めていくための目標，ツール，仕組みを明らかにすることをその主たる目的としているという点であろう。

なお，これらの街づくり条例は，本来の目的とは別に，その実施・運用を通じて次のような副次的効果を発揮していることが多いが，これらの効果も極めて重要な街づくり条例の機能ということができる。
① みずからの街の将来像を，行政，住民，事業者が共有でき，その実現に向けての理解が得られること
② 計画の策定等を通じて自治体の政策形成能力が向上し，計画の実現のための各種の調整を通じて，自治体の実質的な行政能力が増大すること
③ 市民の側の政策知識や行政理解が高まり，現実の地域の課題に対する学習装置として機能すること

5 街づくり条例の性格

都市計画法や建築基準法等の法令の規定だけでは実現することが難しい地域独自の街づくりの要請に応えるために整備される「街づくり条例」の内容には，都市計画法等の法令中に根拠が置かれている「委任条例」に当たるものと自治体が地方自治権の行使として整備する「自主条例」に当たるものが存在する。

委任条例により対応できる範囲は次第に拡大されてはいるものの，それだけで様々な状況に置かれている地域の実態に全て対応できるわけではない。他方，自主条例により，拘束力のある規制を実現しようとする場合には，依然として，法令との抵触などの問題があるとともに，地域間の公共性の調整やより広い範囲で認められる公共性との調整の問題など残された問題も多い。実際の街づくり条例には，この二つの性格を両

方具備した形をとっているものがしばしば見られる。

(1) 委任条例

近年の地方分権の流れに合わせて，委任条例に委ねられる範囲は次第に拡大しており，かつて「風致地区条例」「特別用途地区条例」「地区計画関係条例」「美観地区条例」「伝統的建造物群保存地区条例」といったものに限られていた都市計画法の委任条例も，最近では次第に増加する傾向にあるが，これまでのところ，多く活用されているものは，従来からある風致地区条例，特別用途地区条例，地区計画関係条例である。

近年，都市計画法の改正によって追加された委任条例に関する主な規定としては，次のようなものがある。

 i 都市計画決定の手続における住民等の参画に関する条例（都計法17条の2）
 ii 開発許可基準に関する委任条例（政令で定める技術基準についての例外を定める条例，建築物の敷地面積の最低限度に関する条例，景観計画に定める開発制限を開発許可基準とする条例）（都計法33条3，4，5項）
 iii 市街化調整区域における開発許可基準に関する委任条例（都計法34条11，12号）
 iv 特定用途制限地域内における用途の制限内容に関する委任条例（建基法49条の2）

いずれも，地域の個有の事情，地域の要請に応える上で，重要な機能を果たすことができるものであり，活用が期待されるところである。

(2) 自主条例

自主条例を制定する実質的な目的は，主として法令による対応では解決のし難い点に対応することにあるが，その結果，自主条例としての街づくり条例には次のような性格が表れることになる。

 i 法令（及び委任条例）では対応が難しい地域の独自性，多様性に対応するため，全国的普遍的一般ルールとは異なるローカルなルールを定める場合が多いこと

第3部　都市法各論

　　ⅱ　法令の持つ縦割りの公共性を実現するだけでは対応が難しい総合的な公共性の実現を図るものとなること
　　ⅲ　地域社会に新たに発生する具体的な問題に対応するため，後追い的性格を持つ法令ではできない先駆的性格が必要とされること
　このような性格を持つ自主条例には，法令を所掌する国の側から，次のような問題点が指摘されることになる。
　　ⅰ　財産権の侵害に当たる規制部分については，公平の維持に問題があるのではないか。
　　ⅱ　法令が目的とする公益の実現に支障を来すおそれがあるのではないか。
　　ⅲ　規制の必要性，合理性，規制の基準の妥当性，明確性等に問題があるもの等，規制により実現する公益が不明確なのではないか。
　　ⅳ　より広域に認められる他の公益などとの調整措置が欠落しているのではないか。
　これらは，自主条例の性格から当然に生じる問題であり，自主条例には，このような指摘をクリアしなければならないというハードルがある。

◆ Ⅲ ◆　街づくり条例を支える公共性と強制力

第1節　街づくり条例を支える公共性と強制力

1　強制力をもって実現しなければならないほどの公共性の存在

　街づくり条例の主な目的の一つに，法令では対応できない地域の側の街づくりに関する要望を実現することがあるが，問題は，その要望を強制力をもって実現できるかという点である。例えば，ある地域が，建築基準法が定める最低限の水準より高い水準の良い住居環境を実現したいと考えた場合，それを強制力をもって実現する（反対者がいても強制的に実現する）ことができるか，少し角度を変えていえば，合法ではあるが，地域の秩序からかけ離れているような開発や建築を規制することができるか，という点でもある。
　これを法制度の側からみると，「強制力をもって実現することが必要

なほど強い「公共性」が確実に存在するか否か」が問題となるが，街づくりにおいて認められる比較的狭い地域における公共性が，地権者の権利を侵害してでも強制力をもって実現しなければならないようなものであるかというと，その公共性の実現が一般的に望ましいということは言えても，その内容すべてが強制力を背景に実現すべきものとまでは言い難いと考えられてきたことが街づくりに関する法制度の整備を大変難しくしていると言える。

およそ，わが国の土地利用・空間利用法制には，「全国共通規制」，「最低限規制」に係る規定が顕著に見られる反面，比較的狭い地域を対象に，その地域が希望する土地利用や空間利用を実現する制度は，数少なく，限られているという状況となっている。つまり，地域における小公共の実現には，わずかな例外を除いて一般的には強制力が与えられない場合が多く，このことがわが国の都市の市街地に与えた影響は極めて大きいのである。地区計画制度や最近整備された景観地区制度，都市計画提案制度等は，現行法制度において，このような地域の意向の実現について強制力を認められている例外的な制度と言える。

第2節　街づくりに見られる公共性の実現に強制力が認められないとされる理由

ここで，まず問題とすべきは，このような比較的狭い地域における独自の公益，地域個有の事情を反映した特別な共通利益という性格を有する公共性…「小公共」が直ちに一般的に強制力をもってでも実現されるべきものとされない理由である。

一般的に言われるのは，これまで強制力を認められてきた「公共性」が国家的見地や広域的見地からの公共性，或いは全国的な見地から見た最低限レベルの確保といった性格を有しているのに対して，小公共がそのような性格に欠けているという点である。

(1)　公共性が認められる地域的範囲が広いか狭いか

その公共性が地域的に限定され，住民生活に身近なものであり，国家的・広域的な視点から見た重大性を有していないからといって，その実

現が必要不可欠でないということには繋がらない。小公共に当たる内容が，市場に任せていたのでは実現されないおそれがあり，その実現がその地域社会において必要不可欠であるのであれば，それを強制力をもって実現することに問題があるとは考えにくい。

(2) 実現の必要度が高いか低いか

問題があるとすれば，小公共の場合その実現が必要不可欠と考えられる程度に公共性が高いものかどうかという点であろう。この視点からは，全国的レベルで実現する必要性のある最低限基準の確保との関係が問題となる。検討すべき第一は，全国的な最低基準（ミニマム・スタンダード）とは別に，地域的（リージョナル）なミニマム・スタンダードの存在を認め，その実現に強制力を認めるべきかという点である。第二に，全国的な最低基準を超えるより良好な水準の実現にも強制力を認めるべきかという点である。

第一の点については，土地という財産に対する利用制限の根拠となる「公共性」は，その土地が存在する地域社会，地域環境等によって大きく異なるものと考えられており，ある地域において，地域の固有の事情を反映したミニマム・スタンダードは，それが必ずしも全国的に必要不可欠と位置づけられていなくとも，その地域においては公共性の高い不可欠の土地利用ということになりうることから，強制力をもって実現すべき性格を有する場合があることは認めざるを得ない。このため，その基準自体に合理性が認められ，その地区が包含されている全体の地域の土地利用との調整が図られるのであれば，その地区の総意とそれを反映した議会の諒解を前提に，その実現に強制力を認めても問題はないと考えられる。

これに対して，第二の点については，必要度の点で問題が残るところである。地域の合意の存在が必要度を裏付けるという考えがあるが，小公共の場合，ただ地域の合意があるだけで，直ちに，それが強制力を持って実現すべきものである（少数の反対を無視できる）と言える訳ではない。また，それが単なる地域のエゴでしかないと考えられる場合もないではない。建築基準法等が定める最低基準のレベルを遵守している

だけでは良好な環境の街が形成されないことは明らかであるとしても，極めて高い水準の整備がなされないと開発や建築を認めないとすることは，かなり問題があるといわざるを得ない。

　土地所有権に対する規制を行う以上，その目的が正当かつ必要なものであり，その目的を実現する手段である規制が，適切で，合理的なものであるのかという点が問われる必要がある。地域の置かれている状況や地域の意向が極めて多様であることから，その公共性が強制力を持って実現するにふさわしいものか，その手段である規制の内容・程度が適切なものであるかどうかを確認する仕組みは不可欠であり，それは，行政の仕事ではなく，議会の仕事であろうから，このような小公共に正面から強制力を認めるためには，①法制度がそのような地域の多様性を認めて，規制の局面で小公共の実現が図られるような措置を講じた場合（例えば委任条例），②地方の議会がその公共性の実現に強制力を付与することが適切であると判断する場合（例えば自治条例）のいずれかが，当面必要ということになろう。

第3節　他の公共性との調整

　まちづくり条例が実現しようとしている「小公共」が，他の公共性と衝突する場合に，どちらを優先するかという問題──つまり他の公共性との調整問題は新たな問題である。

　これまで，この問題が余り顕在化しなかったのは，小公共が制度的背景・根拠を持っていなかったため，他の公共性が小公共に優先して取り扱われていたためであり，それが，街づくり条例に根拠を持つようになって，正面から他の公共性との競合が問題となってきたのである。

　他の公共性との調整が必要な局面としては，次のようなものが考えられる。

　　i　地区内の別の公共性との調整──例えば，その場所が景観や環境に優れているにもかかわらず，その場所の住民が高度利用を希望する場合など。
　　ii　他の地区の同様の公共性との調整──例えば，隣接する他の地域

における地域づくりの方針とその地域の街づくりの方針が対立するような場合，隣り合う地域同士が大規模小売店舗の立地を誘導する場合など。
iii 国家的公共性或いはその地域を含むより広い地域における公共性との調整——例えば，幹線道路の位置としては，広域的に見ると，その場所が最も適切と考えられるのに，その通過地点の地域の希望が良好な住宅地としての利用がふさわしいという希望がある場合など。或いは，都市の中で必ず必要な廃棄物処理施設の立地場所として，その場所が最も適切であるのに，その地域の住民がそれを望まない場合など。

1 小公共間の調整

今日，街づくりの面における住民の関心は，主として生活利益の重視にある。これを街づくり条例で実現しようとする動きが最も典型的なケースであるが，このような地域レベルの生活利益という公共性は，都市の一部の地域（主として住居系地域）における公共性とはなりえても，都市全体を律する唯一の公共性とは言い難い。都市では，何らかの形で生産やサービス等の経済活動等が行われているのであって，それが都市の住民の生活を支えていることも事実であり，こうした都市にとって必要不可欠な用途に供する都市空間の持つ公共性もまた高いのである。現在の都市計画制度では，小公共を実現するための制度が乏しいため，その代わりに街づくり条例で小公共を実現しようとする訳だから，街づくり条例といえども，他の公共性との調整を必要としないほど高い公共性を主張できるものではない。このような，互いに競合する可能性のある二つ以上の小公共については，本来都市全体を視野に入れて調整がされた上で，その結果が都市計画に現れるのが本来のあるべき姿であり，この調整については，都市マスタープランの作成プロセスを通じて行われるべきである。

2 大公共との調整

実定法の世界では，従来，法に基づいて実現が担保されている大公共と地域独自の公共性である小公共とでは，法律の絶対優先の考え方の下に大公共が優先すると考えられてきた。しか

し，今日，地方分権の進展に伴って，これまでの考え方は大きく変化しつつある。平成11年（1999）の地方自治法の改正によって，機関委任事務が廃止され，自主条例が制定できる範囲が拡大し，法令の制定，解釈，運用は，地方自治の本旨に基づき，国と地方の適切な役割分担を踏まえたものでなければならなくなった。また，自治事務については，地方公共団体が地域の特性に応じて処理できるよう，国は特に配慮しなければならなくなった。ただ，地方公共団体が制定する条例に関し「法令に違反しない限りにおいて」という制約を課している自治法14条1項は残されていて，法令と条例の関係については現在も議論が続いている。

(1) 国の法令と街づくり条例等との関係

ところで，これまで条例が法令に違反するか否かが争われた事例として最も著名なものに，最高裁昭和50年9月10日判決（徳島市公安条例事件）[10]がある。これによれば，「条例が国の法令に違反するかどうかは，両者の対象事項と規定文言を対比するのみでなく，それぞれの趣旨，目的，内容及び効果を比較し，両者の間に矛盾抵触があるかどうかによってこれを決しなければならない」とし，国の法令中に同一事項を規律する明文の規定の有無等に応じて次のような判断を示した。

i 「国の法令中にこれを規律する明文の規定がない場合でも，当該法令全体からみて，右規定の欠如が特に当該事項についていかなる規制をも施すことなく放置すべきものとする趣旨であると解されるときは，これについて規律を設ける条例の規定は国の法令に違反することとなりうる」

ii 「規律する国の法令と条例とが併存する場合でも，後者が前者とは別の目的に基づく規律を意図するものであり，その適用によって前者の規定の意図する目的と効果をなんら阻害することがないときは，国の法令と条例の間には何らの矛盾抵触はなく，条例が国の法令に違反する問題は生じえない」

iii 「両者が同一の目的に出たものであっても，国の法令が必ずしも

---

10) 刑集29巻8号489頁

その規定によって全国的に一律に同一内容の規制を施す趣旨でなく，それぞれの普通地方公共団体において，その地方の実情に応じて，別段の規制を施す趣旨であると解されるときは，国の法令と条例の間には何らの矛盾抵触はなく，条例が国の法令に違反する問題は生じえない」

この判例に従えば，街づくり条例で法令との抵触が問題となるケースは，次のように整理されることになる。

　i　形式的に国の法令で規制を行っていない領域（未規制領域）についての条例による規制の可否については，その国の法令が未規制領域を私人の自由な活動に委ねる趣旨（最大限規制）の場合には条例による規制は許されないが，国の法令にそのような趣旨が認められない場合には条例による規制が可能だと解される。例えば，街づくり条例の中には，都市計画法の「開発行為」に該当しない土地利用転換行為に対して，条例により規制を課しているものがあるが，新都市計画法制定当時の開発許可制度は，都市へ集中する人口産業がもたらす無秩序な市街化と都市基盤施設を伴わない不良な宅地開発を規制することに主眼があったため，開発行為を限定して規制の対象としていた。その後，法改正を行って建築物の建築を予定しないゴルフ場など特定工作物のための開発行為を規制対象に加えたのは，それがもたらす影響が良好な都市の形成上無視できなくなってきたためであって，このことに鑑みれば，ある地域において，一定の開発行為がその地域の都市環境等に大きな影響を与えるおそれがでてきた場合，都市計画法が，その行為に対して，合理的な範囲で規制をかけることを積極的に排除しているとは考えにくい。

　ii　街づくり条例の中には，地域に大きな影響を及ぼす行為を，それを規制している国の法令とは別の目的で規制しようとしているものがある。例えば，上水道水源の清潔保持のために水源上流域における産業廃棄物処理場の設置を規制することを目的とする条例と廃棄物処理の適正化を通じて生活環境の保全及び公衆衛生の向上をはかることを目的とする廃棄物処理法との関係などであるが，

両者は目的を異にし，条例による規制が廃棄物処理法の意図する目的を阻害するとは考えにくい11)。

ⅲ　街づくり条例においては国の法令の基準の上乗せ規制を行う場合がしばしば見られるが，法令が一定の規制を定めている事項について，条例により法令と同一目的で，同一事項に対し，より厳しい規制を課す場合，国の法令による規制が全国一律の均一的規制を図ろうとする趣旨からでたもの（最大限規制立法）と解されていない限り，条例による規制は可能であると考えられる。ただ，国の法令が最小限規制を行っていると考えられる場合においても，全国的にその程度の規制で足りるとした意義・理由について十分考慮する必要があることはいうまでもない。すなわち，その地域に上乗せ規制を課さなければならないとする独自の必要性と規制の合理性があること，規制内容が目的・手段との関係で適正な均衡関係に立つものであることが必要である。街づくり条例に関係する都市計画法や建築基準法の規定の多くは最小限規制と考えられているが，その規定中に，規制の細目を条例に委ねているもの，目的と事項を限定して条例による制限の附加を認めるもの，事項を限定して条例による制限の緩和を認めるもの等が見られ，しかも条文では「条例で…することができる」という授権形式が採られているので，その他の規定に関して，各自治体が自由に条例で厳しい基準を設定することができると一概に判断するのは難しい点もあることに留意する必要がある。

(2)　大公共と小公共の関係

街づくり条例と法令との整理については，概ね(1)のような整理がなされてきたところであるが，法令と条例と関係に留まらず，現実に衝突する大公共と小公共との関係については，その公共性の内容に即した実

---

11)　紀伊長島町の水道水源保護条例に基づく処分が争われた名古屋高裁平成12．2．29判決（判タ1061号178頁）。なお，廃棄物処理法と同一の目的にでたものではないが，廃棄物処理法の目的と効果を阻害するとした宗像市環境保全条例に関する福岡地裁平成6．3．18判決がある。第24章「都市の廃棄物と法」参考。

態的判断を行うことが重要と考えられる。

　街づくりの局面では,「大公共」は,その性格上,国全体,圏域全体,都市全体といった「広域空間秩序」と「最低限秩序」の維持・形成を目的とし,「小公共」は,「地域空間秩序」と「最適秩序」の維持形成を目的としているともいえる。両者は,常に一方的な優劣関係にあるとは考えられず,それぞれが機能するフェイズを異にしていると考えるべきである。小公共が,地区の総意の反映として地域の空間利用秩序を支え,大公共と対置される高い公共性を有していることと,地域や地区が国家や圏域や都市全体の中で存在し,全体の調和の中での存在であるべきであることとは別のことであり,小公共には現在より高い公共性が認められ,土地利用の中でより重視されるべきであるとしても,他方で,その性格上,本質的に一定の枠がかかることは避けがたいのではないかと考えられる。

（a）　最低限秩序との関係

　大公共の持つ目的・性格の一つに全国共通の最低限秩序の維持・確保という点があるが,地区の総意を反映する小公共といえども,そのような最低基準にかかる部分については,これを遵守する必要があることはいうまでもない。地区の固有の事情を反映する小公共は,特別の事情がない限り,ナショナル・ミニマム・スタンダードよりも良好な水準を定めることはできても,最低基準を下回る基準を自由に定めるべきではないことは肯ける（この意味で緩和型地区計画には疑問がある）。一方,ある特定の地区において,合意を前提に,実定法の定める最低基準を上回る規制を行い,より良き秩序の維持形成をめざすことは,基本的には積極的に認められるべきであり,合意の程度,内容,性格,実現の必要度等に応じて,強制力を伴う強いものから協定的性格のものまで,様々な実現手段が活用できる柔軟な仕組みが考えられてよい。

（b）　広域的空間秩序の枠

　地域的な空間秩序が広域的空間秩序の中で調和のとれた存在であることは,都市の土地利用が空間的に密度濃く連続していることから必要なことであり,その意味で,地域的空間秩序は広域的空間秩序の枠の制約内になければならないことは間違いない。

都市の広域的空間秩序をどのように構成するかは，都市計画の場合都市のマスタープランの策定を通じた調整が行われる。このレベルの調整は，いわば異なる価値基準間の調整であり，各地域の基本的な空間を基本的にどのような程度，どのような用途に使わせるかといった，いわば「資源配分」「空間配分」計画の意味を有する異なる公共性間の調整である。

我が国の都市の土地利用計画は，マスタープランを頂点とする，Ⅰ［ⅰ都市全体の土地利用→ⅱ地域の土地利用→ⅲ周辺地区の土地利用→ⅳ個々の土地利用］という，全体の利益の最大化を前提とした順序（大公共重視の秩序）で全体の土地利用秩序を構成するスタイルを採用してきた。これは，経済成長を続けるためには，土地利用秩序もまたできる限り効率的で，省資源的で，全体利益を最大にしやすい仕組みであることが必要であるという理由によるものであったが，現実には良好な空間秩序の形成に失敗し，我が国の都市の多くは現在でも様々な問題を抱えた醜いものとなっている。

これに対して，Ⅱ［ⅳ個々の土地利用→ⅲ周辺地区の土地利用→ⅱ地域の土地利用→ⅰ都市全体の土地利用］という，個々の土地利用者の意思と合意を前提とした順序（小公共重視の秩序）で全体の土地利用秩序を構成すべきであるとする議論がある。

このⅡのスタイルは，Ⅰのスタイルと比べて基本的に非効率であり，多くの時間と膨大なコストを必要とし，全体利益が必ずしも最大になるとは限らない。しかし，成熟の時代に入って，都市の市民の間では自分たちが住まい，働く空間環境に対して自らが関与し，より良い地域空間秩序を維持形成していこうとする視点から，この考えに立って小公共を重視する動きが急激に強まりつつある。

他方，難しいことに，現在多くの都市は，厳しい生き残りの競争にさらされており，産業・雇用の機能を維持・発展させるためには，その都市の土地利用をより合理的に，一層経済効率的に実現していかなければならないという要請が強くなりつつあることも指摘されている。

このような状況を踏まえて，どちらの考え方に立って都市の土地利用秩序を構成しようとするかは現在の都市に迫られている課題の一つであ

る。ただ，多くのコストを支払うことを覚悟した上で，Ⅱのスタイルを目指すか，依然として従来通り経済重視のⅠのスタイルを維持するかという二者択一の問題としてこれを捉えるのではなく，両者の棲み分けを考えていくべきではないか。Ⅰのスタイルを維持する場合においても，現行制度では小公共側の意向が反映しにくい形となっていることに加えて，さらには土地利用コントロールそのものが必要最小限的なものとなっているため，このままでは都市の至る所で個々の土地利用のレベルでの衝突が繰り返されるだろう。現実には，少なくとも，市民の生活活動が主として行われる住居系の用途が卓越するゾーンにおいては，Ⅱの考え方に立った空間秩序の形成を可能にする仕組みを本格的に導入することが検討されるべき政策選択ということになるのだろうか。

（ｃ）　**基盤施設整備条件からの枠の存在**

　都市的土地利用の用途や形態は，そのゾーンに整備される都市基盤施設によって左右されるところが大きい。例えば，高度商業・業務地として高度利用を図ろうとする地区には，高幅員道路等が不可欠である一方，曲がりくねった狭い道路しかない地区における用途や形態は，地区内の住民の総意がどうであれ，極めて限定されてしまうのである。では，土地利用を規定するそのような都市基盤施設は，誰が，どのような観点から計画し，整備するのかが問題となるが，都市基盤施設のうち，基幹的な機能を果たす基幹的基盤施設は，既に述べたとおり，多くの者が必要とし，受益の範囲が広範にわたることから，都市全体或いはその都市を含む圏域全体を視野に入れた広域的視点から最適な位置に決定されるのが合理的かつ通常である。そして，その位置が定まれば，都市の土地の基本的用途や形態も自ずから相当程度これに規定されてしまうことになる。

　このような土地利用と基盤施設との相関関係の下では，地区の側がその総意を土地利用に反映させようとしても，その土地利用が基幹的基盤施設を必要とするような場合には，それが既に存在している場合は別として，地区の土地利用に関する総意を実現することは極めて困難な状況にならざるをえない。地区の土地利用は基幹的基盤施設の整備状況によって規定される面が大きいのである。

第20章　景観と法

◆ I ◆　景　観　総　論

第1節　景　観

1　良好な景観

景観に関する定義は、景観法の中には規定されていない。通常、景色を見る主体は、景色の外側に立って、自らの美意識をもってこれを眺めており、その景色が良いか悪いかを判断しているのが普通である。その意味で、景観とは、景色という「空間秩序の外観」のことである。

それが、多くの人々に好ましい印象を与える場合は「良好な景観」といわれるが、そこにはその景観を見る人の何らかの主観的要素が反映するところから、多くの人が好ましいと思うものを好ましくないと感じる人がいることは否定できない（参考：鎌倉まちなみ景観訴訟判決[1]）。しかし、生まれ育ってきた風土を同じくする人のグループの中においては、単なる視覚だけではなく、その景観の持つ味わい、おもむき、過去の体験・想い出等まで含んだ様々な要素において、好悪に関する共通の感覚が存在することから、長くその場所に居住している住民には、「良好な景観」についてのほぼ共通の感覚が見られるのが普通であろう。

景観は、それが自然的要素からなる場合は、「自然景観」といわれ、市街地の諸要素からなる場合は、「市街地景観」又は「都市景観」と呼ばれる。

2　景観法の対象となる良好な景観

景観法は、その第2条において、その基本理念を規定しているが、その第2項と第3項においては、次のような記述が見られる。

---

[1]　東京高裁平成13年6月7日判決（判例時報1758号46頁以下）

第3部　都市法各論

「良好な景観は，地域の自然，歴史，文化等と人々の生活，経済活動等との調和により形成されるものである（2項）」

「良好な景観は，地域の固有の特性と密接に関連するものである（3項）」

この二つの規定から，ここでいう「良好な景観」は，我が国にとってきわめて貴重な景観でその維持保全が高い公共性に裏付けられているようなものだけではなく，全国の津々浦々に普通に見ることのできる良好な景観を指していることがわかる。

これまでの我が国の土地利用法制においては，基本的に保護すべき法益が国家的重要性，広域的必要性，全国共通性，最低基準性などの性格を有するもの（「大公共」）に限って，これを法的強制力をもって保護し，実現するという形をとっていたといえる。他方で，ある特定の地域に限定された公益や地域の合意の下に形成されてきた土地利用秩序など（「小公共」）の実現・維持を強制力をもって実現する法制度については，特別の例外的な場合を除いて，これを認めてこなかったと言える。

景観の場合でいうと，それが文化財の保護あるいは自然の保護の観点から，極めて重要な場合は，法的に規制が行われて保護されるものの，その地域にとっては極めて重要なものであってもどこにでもある風景は，従来，保護の対象から外されていたといえる。

景観法の最大の特色は，これまで法的保護の対象とならなかったそのような景観も，（地域の合意を前提に）保護の対象としたことにある。

第2節　空間のコントロールとしての景観政策

景観政策は，既にある良好な景観を維持保全することを目的とするものと新たに良好な景観を形成することを目的とするものに区分される（景観法2条5項）。

景観が「空間秩序の外観」であるとした場合，それを維持保全したり，良好なものを形成していくためには，空間秩序を構成する諸要素をコントロールすることが必要になる。そのコントロールが「景観政策」である。

景観政策の対象は，空間秩序を構成する要素すべてにわたる必要があるが，「市街地景観」の場合，その主要なものとしては，
① 建築物，工作物
② 建築物等に付属する広告物
③ 緑地，樹木
④ 道路，河川，公園等の公共施設

その他様々な要素[2]から構成されている。

このため，景観政策は，単に景観法等を中核とした法制度の運用に留まらず，極めて多くの法制度の総合的運用を必要とするものである[3]。

また，良好な景観を維持し，形成していくためには，国・地方公共団体のみならず，日常の社会・経済活動の主体である事業者や住民の積極的な関与がきわめて重要になる。景観法は，景観政策を展開するに当たっての基本法として，国・地方公共団体と並んで事業者・住民に対しても景観の保全形成に当たって責務があることを規定している（景観法3～6条）。

第3節 景観法の基本構造

景観が空間秩序の外観である以上，それは，建物等の形態意匠だけではなく，様々な空間構成要素…例えば建物の高さや広告物等の人工的要素や緑や水などの自然的要素…によって大きく左右され，さらには個々

---

2) 例えば，バスや電車の車両，ゴミの散乱なども景観に影響を及ぼすことがある。
3) 市街地の建築物や工作物の形や大きさ，位置等を規制している建築基準法制度や都市計画法制度はむろんのこと，広告物の形等を規制する屋外広告物に関する法制度，緑地や樹木をコントロールする都市公園法，都市緑地法，樹木保存法などの法制度，道路や河川等の公共施設の整備管理のための道路法，河川法，港湾法等の公物管理の法制度，我が国の貴重な文化財，文化的景観の保存等を目的としている文化財保護法等の法制度なども，景観の維持形成に大きな影響を与えるという点で景観に関連する法制度といえる。また，具体的なコントロールを行う法制度が存在しない分野もかなりある（例えばバスの色彩）ところから，地方公共団体が独自の条例を制定して緩やかなコントロールを行っているケースもある。

の空間構成要素に加えて，空間等の広がりや統一性など，その全体的調和自体が問題とされざるを得ない。

　これに対応して，景観法に基づくコントロールの仕組みは，基本的に，景観計画という制度を用いて，良好な景観の形成に向けての方針を定め，その実現に向けて実施すべき措置の内容を定めることによって全体の空間秩序のコントロールを図る形をとり，個々の景観構成要素に対する直接のコントロールシステムは，原則として（建物等の形態意匠の点を別にして）他の法制度に委ねた形となっている（例えば屋外広告物のコントロールは屋外広告物法）。

　つまり，景観法は，景観を大きく左右する建物等の形態意匠のコントロールを除いて，それ以外のコントロールを他の法制度に任せた上で，全体の調和を景観計画で調整するという仕組みを採用している。この方法は，現行制度下ではやむを得ないものであるが，他の制度に任せたコントロールが持つ限界から免れないという弱点を有している。他の法制度に任せた部分については，その制度が属する縦割り行政の影響から逃れられない側面もあり，当該他の法制度の規制の性質（大公共優先，必要最小限規制等）によっては，全体としての景観コントロールにおいて限界が顕在化することも考えられる。このため，景観行政の現場においては，縦割り構造をカバーする行政組織を挙げた取組みや試行錯誤的積み重ねを要すると思われる。

第4節　総合行政としての景観政策と景観法の仕組み

　景観政策の対象となる空間秩序を構成している要素は数多く，それをコントロールしている法制度を見ても，様々な視点から（例えば，安全・衛生の視点，有効利用・効率性の確保の視点，相隣調整の視点等）それぞれ独立に規制が行われているのが現実である。このため，それぞれの法規制に適合して，存在を認められた結果として生じる景観構成要素の外観は，ある地域の空間を構成するものとして見た場合，トータルに見て，それが良好で美しいものに結びつく必然性は全くない。

　例えば，それが事業活動として行われた結果であるときは，多くの場

合，法規制に適合する範囲内で，できる限り安価で効率性のいいものを目指す傾向があることから，単体としてみても景観的に好ましいものが出来にくくなりがちであるし，また，たとえ一つ一つの構成要素が良好な景観を有していても，地域全体で見た場合に，統一性のとれた良好な市街地景観を構成する保証はない。

空間秩序として景観を捉えた場合，その諸要素の中に，一つでも秩序にふさわしくないものが存在すれば，全体の景観は，その要素に規定され，最も低い水準になりがちである。例えば，建築物のスカイラインを揃えた美しい景観も，たった一つのスカイラインを無視した建築物によって崩壊してしまう。また，どんなに素晴らしい外観を持つ建築物であっても，壁面に原色を使ったどぎつい広告物が使われていれば，良好な景観は成立しない。

空間秩序として景観を捉えると，なによりも重要な点は，全体としての秩序の内容とレベルであり，全体秩序との調和を目指して行われる一つ一つの単体に対する秩序維持のためのコントロールであることが理解できる。

このため，景観政策の視点は，個々の単体の景観構成要素の景観的価値のみに置かれるのではなく，それが全体において占める位置，全体との調和等に置かれることになる。このため，まずは，地域全体として，どのような景観を維持し，形成することが全体として必要なのかが問われ，その結果として景観計画が策定され，その計画に照らして，個々の構成要素がどのような影響を与えるのかが判断され，コントロールされるという仕組みがとられることになる。

景観法は，このような仕組みを内蔵しており，ⅰ景観政策の対象とすべき地域の範囲が決められ（景観法8条1項各号），ⅱその地域が目指す良好な景観のイメージが計画内容として定められ（8条2項），ⅲ個々の法制度とは別に，計画への適合が要求される形をとっている（8条3項，16条）のである（景観計画区域と景観計画）。

第3部　都市法各論

◆ Ⅱ ◆　景観法の概要

第1節　景観法の主要な柱

　景観法の主要な柱は，次の通りである。
ⅰ　景観計画区域と景観計画に基づいた景観のコントロールの仕組み
　　景観政策を講じる必要がある範囲が「景観計画区域」であり，どのような景観政策を講じるか，良好な景観の維持・形成のためにどのような行為に対し，どのような基準を要請するかを定めるのが「景観計画」である。景観法は，景観計画区域内の一定の行為に対して「届出制」を採用して，景観計画の実現に向けてのコントロールを行う仕組みを規定している。（以下の第3節，第4節）
ⅱ　景観に関する強い規制を可能にする景観地区を中心とする仕組み
　　良好な都市景観を積極的に形成する必要性の強い区域については，都市計画に「景観地区」が指定され，「計画認定制度」という強い景

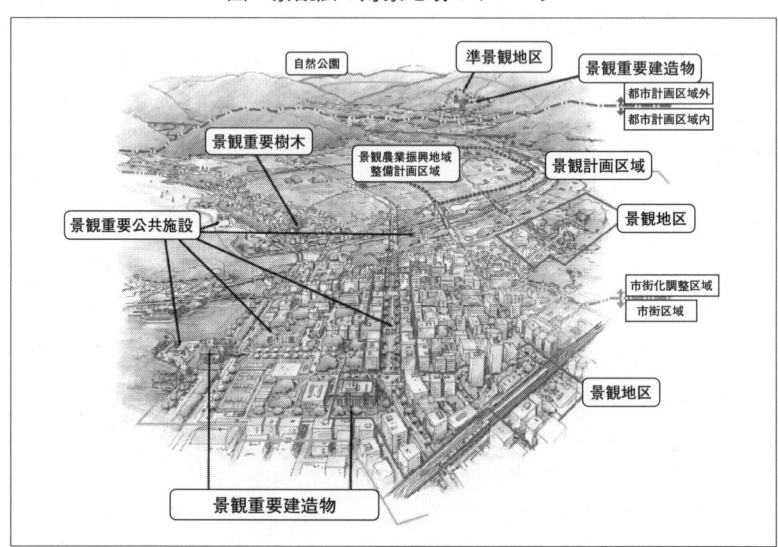

図：景観法の対象地域のイメージ

（出典：国土交通省ＨＰ）

観コントロールを行うことができる仕組みが設けられている。(都市計画の対象とならない都市計画区域・準都市計画区域の外側においても，準景観地区で強いコントロールが行える仕組みとなっている。)(同第5節)
iii その他良好な景観を形成・維持するための幾つかの補完的仕組み(同第6節)

第2節　景観政策の実施主体

　景観に関する施策は，景観の性格から，住民に最も近い自治体(市町村)が実施するのが適切である。しかし，景観に関する施策についての地域の状況，自治体の施策展開能力等を考慮すれば，現実にはすべての市町村に景観政策の実施主体としての役割を期待するのは難しいため，景観法は，景観政策の実施について積極的姿勢と能力を有する市町村を景観政策の実施主体とし，それ以外の市町村の区域については，都道府県が景観政策を実施する仕組みを採用している。

　景観法において，景観政策を実施する自治体は「景観行政団体」と呼ばれているが，これは，具体的には，次の三つの地方公共団体を指している。

　　i 指定都市及び中核都市
　　ii ⅰ以外の市町村で，あらかじめ市町村の長が都道府県知事と協議をして同意を得た市町村
　　iii 都道府県(ⅰとⅱ以外の区域に限る)

　平成21年2月1日時点での景観行政団体数は，都道府県47，政令市17，中核市39，その他市町村273，計376である。

第3節　景観計画・景観計画区域

1　景観計画区域

(1)　景観計画を定めることができる区域

　景観法は，景観計画を定めて景観政策を講じる必要性のある土地の区域を法定している(8条1項各号)。それによれば，

i 現にある良好な景観を保全する必要があると認められる土地の区域
ii 地域の自然，歴史，文化等から見て，地域の特性にふさわしい良好な景観を形成する必要があると認められる土地の区域
iii 地域間の交流の拠点となる土地の区域であって，当該交流の促進に資する良好な景観を形成する必要があると認められるもの
iv 住宅市街地の開発その他建築物若しくはその敷地の整備に関する事業が行われ，又は行われた土地の区域であって，新たに良好な景観を創出する必要があると認められるもの
v 地域の土地利用の動向等から見て，不良な景観が形成されるおそれがあると認められる土地の区域

の五つが景観計画を定めることができる対象区域とされている。

　iは，現在良好な景観が存在しており，それを保全する必要がある区域であるが，ii〜ivは，新たに良好な景観の形成を図る必要があるケースであり，既にある程度の良好な拠点的景観が存在していると考えられるiiのようなケースから，開発等を契機に今後全く新たに良好な景観を創出していくivのようなケースまで，景観政策の積極的展開を図る必要のある多様なケースが想定されている。さらに，vのケースは，放置しておくと不良な景観が形成されるおそれがある場合にも，景観計画を定めることができることとしているため，極端なことをいえば，景観行政団体が，景観政策を展開する必要があると認識すれば，余程不合理なことがない限り，殆どの行政区域を景観計画の対象とすることができると考えられ，事実，市町村の全域を景観計画区域に指定しているところも見られるのである。

(2) 景観計画区域の問題点

　景観計画区域については，一の市町村の区域を超える広域の景観の保全形成が必要とされる場合の都道府県と市町村の関係について問題を残している。景観行政団体となった市町村の区域については，都道府県の景観行政団体としての権限が及ばない。多くの市町村が景観行政団体となった場合，結果として，都道府県は，穴抜き区域についてのみ景観法

に基づく景観行政を行うことになるが，都道府県としては，広域的な景観の維持・形成が必要な場合，その調整のために景観協議会のような組織を活用していくしかない。このような仕組みがとられているのは，景観行政は一元的に行われるべきであるという考え方に立っているためであるが，都市計画決定主体が都道府県と市町村に分かれているように，景観の維持・形成においても，その対象の範囲や目的が異なれば，異なる行政主体があることは自然であり，二元的に整理すべきだったのではないかという意見がある[4]。この点に関しては，そのような広域的景観形成の必要性が存在した場合，複数の景観行政団体間で調整ができるのか，都道府県の景観行政団体の役割はどういうものになるのかといったかなり景観の本質に及ぶ検討が必要ではないかと考えられる。

2　景観計画

(1) 景観計画の内容

景観計画を定める対象となる地域的範囲が「景観計画区域」であるが，景観計画区域をはじめとして，景観計画には，主として，次のような事項が定められる（8条2項各号）。

- i　景観計画区域
- ii　良好な景観の形成に関する方針
- iii　良好な景観の形成のための行為の制限に関する事項
- iv　景観重要建造物又は景観重要樹木の指定方針
- v　その他良好な景観の形成に必要なもの
    - ア　屋外広告物の表示等の制限に関する事項
    - イ　道路，河川，都市公園等の特定公共施設で，良好な景観の形成に重要なもの（景観重要公共施設）の整備に関する事項
    - ウ　景観重要公共施設の占用利用等の許可の基準で，良好な景観の形成に必要なもの
    - エ　景観農業振興地域整備計画の策定に関する基本的な事項
    - オ　自然公園の特別地域等における行為の許可の基準で，良好な景

---

[4]　中井検裕・小浦久子「景観法成立を受けて自治体が工夫すべきこと」（景観法と景観まちづくり（学芸出版社2005）16頁）

観の形成に必要なもの

上記の事項のうち，iiiの「良好な景観の形成のための行為の制限に関する事項」は極めて重要な内容を持つものであるが，これは，次のような性格の異なる二つの事項から成っている。

i 　一つは，その景観計画区域において，法定事項（16条1項1号〜3号。後述第4節－1を参照）以外に，良好な景観の形成に支障を及ぼすおそれのある行為でコントロールする必要があるものがある場合，条例で，届出を要するものとして定めるべき行為を明らかにするものである。

ii 　もう一つは，良好な景観の形成に向けての勧告等を行うための次の規制基準を明らかにするもので「景観形成基準」と呼ばれているものである（8条3項2号）。

　ア　建築物・工作物の形態意匠の制限
　イ　建築物・工作物の高さの最高限度又は最低限度
　ウ　壁面の位置の制限又は建築物の敷地面積の最低限度
　エ　その他届出を要するとされている行為ごとの良好な景観形成のための制限

(2) 景観計画の内容に関する問題点

景観計画の内容に関する問題点の一つとして，景観形成基準のアに当たる形態意匠の制限に係るものを景観計画の策定時点においてどれだけ具体的に決められるのかという点がある。景観形成基準は，届出に対して勧告を行う場合の基準になるものであり，ある程度の具体性を有している必要がある（完全に定性的・抽象的だと現実に勧告まで出すことは難しいと考えられる）。

景観計画区域のタイプi〜v（第3節－1－(1)）のうち，i〜iiiについては，景観形成についてのある程度のイメージが地域に共有されていることが想定されるとしても，ivやvについては，景観計画区域の指定後，地域が今後の街づくりの総論的方針に従って，具体的に検討を進めていくべきものであり，景観計画の中に直ちに入れられない場合も当然想定される。この点については，計画論の側からも同趣旨の意見が表明

されており5)，法制度としても問題があるといわざるを得ない。この部分については，地区計画制度に見られるような進行形型の制度（地区計画制度においては，地区整備計画を定めることのできない特別の事情があるときは，地区整備計画を定めることを要しないとされ，進行形の規定を置いている）とすべきであり，景観計画区域には入るが，当面，形態意匠については勧告の対象としない区域を設けるべきであろう。

3 景観計画策定の手続

景観計画を策定するのは景観行政団体であり，計画策定に当たっては，公聴会の開催等住民の意見を反映させるため必要な措置を講じなければならないとされる（9条1項）。Ⅰで述べた景観規制の性質上，この措置は，十分実質的に地域の意向を反映させうるものである必要があると考えられるため，単に形式的に公聴会や説明会を開催するだけでは不十分であり，各景観行政団体が，それぞれ工夫を凝らして対応することが必要である。このため，法定手続以外に，各景観行政団体が，条例で独自の手続を付加的に定めることが認められている（9条7項）。

その他，景観計画の策定に当たっては，都市計画区域・準都市計画区域に係る部分について，都道府県都市計画審議会（市町村の場合，市町村都市計画審議会）の意見を聴く手続，都道府県が景観行政団体である場合は，関係市町村の意見を聴く手続等が定められている（9条2〜5項）。

4 住民等による景観計画策定等の提案

景観法は，住民等が景観計画の策定・変更について計画提案することを認めている。計画提案ができるのは，次の要件に該当する者である（11条1項，2項）。

---

5) これらは，区域の指定と同時に定めなければならないこととされているが，現実には，景観条例の場合，区域は指定したものの，地域景観のあり方を共有化する取組を経て，順次基準作成につなげるという形で運用しているものが多い。景観計画制度は，地域の景観に対する価値観の定まった景観「保全」型のものには向いているが，これから街づくりと連動させながら，景観のあり方を検討していこうとする「街づくり」型には向いていないということである。（前掲注4）中井・小浦17頁）

i　景観計画区域内の0.5ヘクタール（特に必要があると認められる場合0.1ヘクタールまで引下げ可能）以上の土地について，所有権又は借地権を有する者

　ii　まちづくりＮＰＯ法人等景観行政団体の条例で定める団体

　これらの者は，対象とする土地の区域内の土地所有者等の２／３以上の同意（同意した者に係る総面積が対象土地の総面積と借地総面積の合計の２／３以上であることが必要）を得ている場合に，計画提案ができることになっている（11条3項）。

　計画提案がなされると，景観行政団体は，その要否を判断し，必要がある場合は，案を作成して手続に入り，必要がないと判断した場合は，理由を明らかにして提案者に通知しなければならないとされる（12条～14条）。

第4節　景観計画区域内の行為規制

1　届出・勧告制

景観計画区域内では，景観に影響を与える行為について，事前届出制を採用する形でコントロールが行われる。具体的には，次の行為をしようとする者は，事前に，行為の種類，場所，設計・施行方法，着手予定日等について，景観行政団体の長に届け出なければならない（16条1項）。

　i　建築物の新・増・改築・移転，外観を変更することとなる修繕・模様替，色彩の変更（建築等）

　ii　工作物の新・増・改築・移転，外観を変更することとなる修繕・模様替，色彩の変更（建設等）

　iii　開発行為

　iv　良好な景観の形成に支障を及ぼすおそれのある行為として景観計画に従い景観行政団体の条例で定める行為

　景観行政団体の長は，届け出られた行為が景観計画に定められた行為の基準（景観形成基準）に適合するか否かを判断し，適合しない場合には，30日以内に，設計の変更その他の必要な措置をとることを勧告することができる（16条3項）。届出者は，原則として届出から30日以内は，

届出に係る行為に着手することを禁じられている（18条）。

2　変更命令

届け出られた行為が景観形成基準に適合しない場合に行うことができる勧告は，強制力を付与されたものではない。ただし，良好な景観を形成する上で強制力をもって是正措置を講じさせなければならない場合には，一定の限定された形ではあるが，景観行政団体の長に変更命令を出す権限が認められている。

その対象は，届出の対象となっているすべての行為ではなく，上記のⅰとⅱ（具体的には，建築物・工作物の新・増・改築・移転，外観を変更することとなる修繕・模様替，色彩の変更）に限定されており（特定届出対象行為と呼ばれる），さらに，景観形成基準のうちの「建築物・工作物の形態意匠の制限（8条3項2号イ）」に適合しない場合に限定されている。

つまり，届出された建築物又は工作物が，形態意匠の点で景観計画に定める景観形成基準に適合しない場合には，景観行政団体の長は，基準に適合させるため必要な限度で，設計の変更等の必要な措置をとることを命じることができるのである（17条1項）。

この変更命令は，強制力をもち，これに違反した場合には，50万円の罰金刑が予定されているととともに，違反者に対して原状回復等を命じることができることとされている（17条5項。ちなみに原状回復命令違反に対しては，1年以下の懲役又は50万円以下の罰金刑が予定されているとともに，行政代執行も可能とされている）。

3　変更命令の対象が限定されている理由

景観計画区域内の建築物・工作物について変更命令を出すことができるのは，形態意匠についてだけであり，高さに関して変更命令を出すことはできない。全国の景観紛争の多くが高さを巡るものであることから，高さについて変更命令の対象となっていないのは，奇異な感じがするが，この理由は，高さについては，既存の都市計画規制……例えば高度地区……によって強制力のある規制を行うことができるため，必要があれば，本来の都市計画規制を行うことが望ましいこと，都市計画規制の対象となっている高さについては，建築確認の対象となっているため，これを同時に変更命

令の対象とすることについては，確認制度と変更命令制度の間の整合性の点で問題があると考えられたためである。(但し，形態意匠の制限の一つとして，建物の階数制限を定めることにより，ある程度の範囲で実質的に高さ制限を行うことができるという意見もある)

なお，この変更命令と建築確認の間には調整を必要とする問題があることが指摘されている[6]。景観計画制度による届出・勧告・変更命令制度と建築確認制度とはそれぞれ独立した仕組みとなっているため，建築確認の方が勧告・変更命令よりも先に行われることも想定される。その後に景観法に基づく勧告・変更命令があった場合，事業者にとって，大きな追加的費用を要することを意味することから，事業者による勧告無視が想定される。建築確認が民間機関によって行われるようになっていることから，二つの制度の主体が異なることは少なくないと考えられる。二つの行政処分の時期については，勧告・変更命令を先行させる仕組みとすることが望ましいのではないかというものである。

第5節　景観地区等

景観計画区域内の規制が比較的緩やかな届出制を基本とする景観コントロールを採用しているのに対して，より積極的に，景観の形成や保護を図るための地区として，強制力を有する都市計画の手法を用いた景観地区などの制度（景観地区，準景観地区，地区計画等の区域内における建築物等の形態意匠の制限）が設けられている（景観法第3章）。

1　景観地区

(1)　景観地区の都市計画

景観地区は，市街地の良好な景観形成を図る見地から，都市計画区域又は準都市計画区域において定められる地域地区に関する都市計画の一種である[7]（61条1項，都市計画法8条1項6号，2項）。

景観地区に関する都市計画では，良好な景観の形成を図るため，

---

6)　前掲4)　中井・小浦18頁

ⅰ　建築物の形態意匠の制限
を定めなければならず，
　　ⅱ　建築物の高さの最高限度又は最低限度
　　ⅲ　壁面の位置の制限
　　ⅳ　建築物の敷地面積の最低限度
のうち，必要なものを定めることができることになっている[8]（61条2項）。
　なお，市街地景観における建築物のスカイラインの確保に大きな影響を与える斜線制限については，建築物の高さの最高限度，壁面の位置の制限，建築物の敷地面積の最低限度が定められている景観地区内の建築物で，特定行政庁が交通上，安全上，防火上及び衛生上支障がないと認めたものについては適用がないことになっている（建基法68条5項）。

(2)　景観地区における行為規制
〈A〉認定制度
　景観地区内では，景観に影響を与える行為に対して，景観計画区域内より強いコントロールが課せられる。すなわち，景観地区の都市計画で定められる内容（(1)-ⅰ～ⅳ）のうち，

　ⅰの建築物の形態意匠については，都市計画で定められた建築物の形態意匠の制限に適合することが義務づけられており（62条），景観地区内で建築物の建築等をしようとする者は，あらかじめ，建築等をしようとする建築物の形態意匠が制限に適合することについて，「市町村長の認定」を受けなければならないという規制が行われる（63条1項）。

---

[7]　平成21年2月1日現在全国で指定されている景観地区は23，うち京都が8，美観地区からの移行として沼津，歴史景観として倉敷，尾道，新しいものとして北海道倶知安ヒラフ高原，江戸川区一之江境川，藤沢（2），鎌倉（2），熱海，岐阜各務原（2），松江塩見縄手，大分城址公園，沖縄観音堂地区。

[8]　建築物の用途については，建築物の形態意匠が景観と調和がとれていれば用途自体をコントロールする必要性がないことから，都市計画で定める事項に含まれていない。また，容積率についても，高さの制限がなされていれば容積率そのものは規制する必要がないことから，同様に含まれていない（逐条解説景観法127頁）。

第3部　都市法各論

　「認定」という制度が採用された背景には，建築物の形態意匠については，高さ等のⅱ～ⅳまでの制限のように，一定の具体的数値等で判断基準が示され，その適合の是非が客観的に明確に判断できるものとは異なり，対象となる建築物の周囲の状況がどのようなものであるかによって，その地区で要請されている良好な景観にどのような形で支障が生じるか等が異なることが考えられるため，地区の状況を総合的に判断することが必要とされるという事情が存在する。

　認定の審査は申請の受理日から30日以内に行われ，適合する場合は認定証が交付されるが，認定証の交付があるまでは建築等の工事に着手できない（63条2～4項）。この違反に対しては50万円の罰金が予定されている。

　都市計画に定められた形態意匠の制限に違反する建築物に対しては，

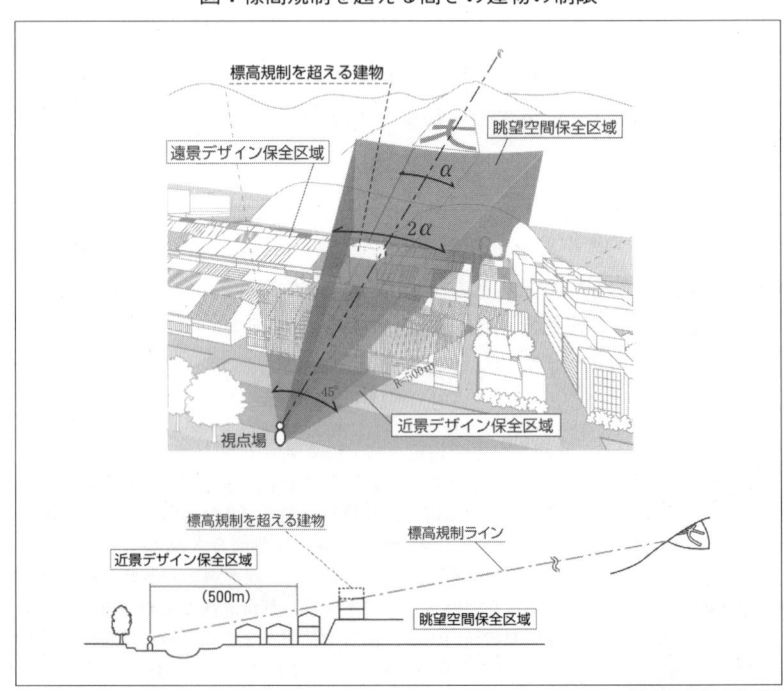

図：標高規制を超える高さの建物の制限

（出典：京都市資料）

市町村長により，工事の施工の停止命令，相当の期間を定めた上での改築，修繕，模様替，色彩の変更等を内容とする違反是正のための措置命令が予定されている（64条1項）。

〈B〉確認制度

他方，都市計画で定められた(1)－ⅱ～ⅳまでの制限については，景観法ではなく，建築基準法によって（建基法68条，6条1項），その実効性が担保されている。

建築物の高さについては68条1項，壁面の位置の制限については同条2項，建築物の敷地面積の最低限度の制限については同条3項において，それぞれ制限規定が置かれ，これに違反する建築物の場合には建築確認がおりず（6条1項），違反した建築物に対しては，工事施工停止命令をはじめとする違反是正措置命令が予定されている（9条1項）。

> **参考**　〈数値化された基準は認定に馴染まないのか〉
>
> 　(1)－ⅱからⅳは，数値化された基準であるため，建築確認対象事項とされているが，数値化することができる基準についても，認定制度の対象とすべきであるという意見がある。これは，高さで言えば，＊＊メトル以下とすることで良い景観が実現できるとは限らず，むしろ「周辺の建物と調和した高さとすること」という認定制度の基準の方がふさわしい場合があり得るという指摘である。
>
> 　もともと，建築基準法の規定は最低基準としての性格を持ち，建築確認はその担保措置であるが，景観地区で定められるⅱからⅳの数値基準は，良好な景観を形成保全するためのものであり，最低基準とは性格が異なるものである。法の目的から見ても，「最低の基準を定めて，国民の生命，健康及び財産の保護を図ること」を目的とする建築基準法と「美しく風格のある国土の形成，潤いのある豊かな生活環境の創造及び個性的で活力ある地域社会の実現を図ること」を目指す景観法とは，決定的と言えるほどの違いがある。景観に関する重要な要素である高さや壁面の位置や敷地面積の最低限度のコントロールを行うに当たって，建築確認制度を使う必然性はほとんどなく，極端に言えば，数値基準であるから，既に存在し，それを処理し慣れている仕組みとしての建築確認を利用したに過ぎないものと言える。しかし，良好な景観の形成の主要な部分を，最低基準に慣れた建築基準法の世界に関わる人や制度が担うこと自体，極めて奇妙なことと言わざるを得ない。
>
> 　建築確認と景観認定との間の関係は，目的が異なる以上，同時に達成す

べきものと考えるのがふつうであり，建築確認と重複することとなる事項についても認定制度の対象とすることが適切だと考えるべきである。全く別の制度と認識すると，先述した高さについても，本来は，「＊＊㍍から＊＊㍍の間で，周囲の建物の高さと調和のとれたもの」という基準があるべき姿の可能性が見えてくるのではないか[9]）。

(3) 既存不適格建築物に対する措置

　景観地区に関する都市計画が適用された際に現に存在する建築物あるいは現に工事中の建築物については，上記の認定制度等の適用がないものとされている（69条2項）。但し，その建築物の形態意匠が景観地区の景観に著しく支障がある場合には，市町村長は，市町村議会の同意を得て，その改築，模様替，色彩の変更等の必要な措置をとることを命じることが可能とされている（70条1項）。この命令には，通常生ずべき損害への補償が必要とされている。

(4) 工作物の形態意匠の制限

　上記の景観地区の制限は，建築物を対象とするものであるが，良好な景観の形成の視点からは，建築物のみならず，工作物についてもコントロールの対象とする必要がある。このため，景観法は，景観地区内の工作物についても，一定の基準（令20条）に従い，条例で，次の事項を定めることができることとされている（72条1項）。

　ⅰ　形態意匠の制限
　ⅱ　高さの最高限度又は最低限度
　ⅲ　壁面後退区域における設置の制限

　この条例（景観地区工作物制限条例）では，建築物の場合と同様，ⅰの形態意匠の制限に関し，市町村長の認定制度，違反工作物に対する違

---

[9]）この点については，「良好な景観の形成には，ゾーニング型の仕様規制では限界があり，従ってそれをカバーする目的で導入された認定制度については，多くの地域で求められているダイナミックな景観形成の観点からは，自治体が地域の実情に応じて認定項目を自由に設定できることが望ましかった」という意見がある。（前掲中井・小浦20頁）

反是正措置命令に関する規定を定めることができる（2項）。

また，ⅱとⅲの制限に関しては，建築物と異なり，必ずしも建築基準法の確認の対象となるとは限らない（建基法88条）ため，景観法において，景観地区工作物制限条例に必要な違反是正措置に関する規定を定めることができる旨の規定が置かれている（4項）。

(5) 開発行為等の制限

景観地区における良好な景観の形成の観点からは，建築物や工作物と並んで，土地の区画形質の変更や木竹の伐採や水面の埋立などの行為についても，そのコントロールを行う必要がある場合がある。このため，市町村は，景観地区内における次の行為について，条例で，必要な規制を行うことができることとされている（73条）。

　ⅰ　都市計画法の開発行為
　ⅱ　土地の開墾，土石の採取，鉱物の掘採その他の土地の形質の変更
　ⅲ　木竹の植栽又は伐採
　ⅳ　屋外における土石，廃棄物，再生資源その他の物件の堆積
　ⅴ　水面の埋立て又は干拓
　ⅵ　特定照明

この条例による開発行為等のコントロールは，市町村長による許可制度が想定されている（令22条）。

2　準景観地区

景観地区の制限は，景観地区が都市計画として定められる必要があるため，その対象が都市計画区域又は準都市計画区域内に限定されている。しかし，保全が必要な良好な景観は，都市計画区域や準都市計画区域の外にも存在する[10]。このため，景観法は，都市計画区域及び準都市計画区域外の景観計画区域においても，良好な景観の保全という観点から，景観に関して強制力を伴う必要なコントロールを行うことができる制度を用意している。これが「準景観地区」制度である。

---

10) 逐条解説景観法（国土交通省都市・地域整備局都市計画課監修ぎょうせい平成16年）155頁では，古い温泉地等が例示されている。

準景観地区は，都市計画区域及び準都市計画区域外の景観計画区域で，相当数の建築物の建築が行われ，現に良好な景観が形成されている一定の区域に指定することができる（74条1項）。

準景観地区内における良好な景観の保全のための必要な規制は，建築物又は工作物について，政令で定める基準（令23条）に従い，条例により，景観地区の規制に準じた形で行われる。また，景観地区の場合と同様，準景観地区においても，開発行為等について，条例で必要な規制がすることができることになっている（75条2項）。

3　地区計画等の区域内における建築物等の形態意匠の制限

街づくりの主要な手段となっている地区計画では，地区内の景観の形成を図るため，建築物又は工作物の形態意匠に関する制限を定めることがあるが，地区計画に定められた制限は，原則として，届出勧告制度によって担保されており，強制力を持たず，その制限を条例化して強制力を持たせる場合においても，その対象が限定されている（建築確認の対象となるのが，建築物の屋根又は外壁の形態又は意匠をその形状又は材料によって定めた制限に限られている）ため，建築物全体の形態意匠や色彩については，届出勧告に留まらざるを得ない状況にあった。

このため，地区計画等の内容に建築物等の形態意匠の制限を定めている場合，その実現を実効性のあるものとするため，景観法は，景観地区における認定制度と同じ措置を執ることができる仕組みをもうけている。

具体的には，一定の地区計画等に係る地区整備計画[11]に建築物又は工作物の形態意匠の制限が定められている場合，条例（地区計画等形態意匠条例）で，その制限に適合することを義務づけることができ，その条例では，市町村長による認定制度，違反建築物等に対する違反是正措置に関する規定等を定めることができることとされている（76条）。

---

11) 地区整備計画（地区計画…都市計画法），特定建築物地区整備計画（防災街区整備地区計画…密集市街地整備法），防災街区整備地区計画（防災街区整備地区計画…密集市街地整備法），沿道地区整備計画（沿道地区計画…沿道整備法），集落地区整備計画（集落地区計画…集落地域整備法）

この仕組みは，景観地区が定められていない場合であっても，地区計画で，建築物等の形態意匠について良好な景観の形成が定められている場合，その内容を強制力をもって実現する道を開けたものである。

第6節　良好な景観を形成・維持するための幾つかの補完的仕組み

1　景観重要建造物と景観重要樹木

景観計画区域内には，景観上優れた建造物[12]や大樹などが存在し，それが地域のシンボル的景観を構成する重要な要素となっている場合がある。もし，これがなくなったり，形や色彩が変更されたりすれば，地域の景観が大きく損なわれる場合がある。このため，景観法は，このような景観上重要な意味を持つ建造物や樹木を保全するための制度を設けている。

景観行政団体の長は，景観重要建造物・景観重要樹木の指定の方針（景観計画の内容の一つ（8条2項4号））に即して，景観計画区域内の良好な景観の形成に重要な建造物・樹木を「景観重要建造物」・「景観重要樹木」として指定することができ（19条1項），指定が行われると，何人も，原則として，景観行政団体の長の許可を受けなければ，景観重要建造物の増・改築，移転・除去，外観を変更することとなる修繕・模様替，色彩の変更をすることが許されず，また景観重要樹木の伐採・移植も許されない（22条，31条）。

これに違反した場合，景観行政団体の長は，良好な景観を保全するため必要な限度において，その原状回復あるいは原状回復に代わるべき措置を命ずることができることになっている（23条，32条1項）。

景観行政団体の長は，許可の申請に対して，それが景観重要建造物・景観重要樹木の保全に支障があると認めるときは，許可をしてはならないこととされているが（22条2項，31条2項），許可を受けることができないために損失を受けた所有者に対しては，通常生ずべき範囲で，損失補償が行われることになっている（24条，32条2項）。

---

[12]　建築物のみならず，橋，水車などの工作物を含む概念である。

景観重要建造物・景観重要樹木の所有者及び管理者には，その良好な景観が損なわれないよう，適切な管理を行う責務が課せられている（25条，33条）が，その管理が適切でないため滅失・毀損・枯死のおそれがあるようなときは，景観行政団体の長は，その所有者又は管理者に対して，管理の方法の改善等必要な措置を勧告し，命じることができることとされている（26条，34条）。

2 景観重要公共施設

道路や河川といった公共施設は，地域の景観に対して大きな影響を与えるものであることから，景観計画区域内においては，公共施設も地域の良好な景観の形成と調和のとれた形で整備される必要がある。このため，景観計画に，景観重要公共施設の整備に関する事項が定められた場合（8条2項5号ロ）には，対象となる景観重要公共施設の整備は，景観計画に即した形で行わなければならないことされ（47条），また，景観計画に，景観重要公共施設の管理に関する基準が定められた場合（8条2項5号ハ）には，その管理において占用の許可等を行うに当たって許可の基準の特例が置かれることとなった（48～54条，60条）。この許可の特例というのは，これらの景観重要公共施設における占用等の許可に当たって，許可を必要とする行為が，景観計画で定められた基準（8条2項5号ハ）に適合しない場合には，許可をしてはならないというものである。

景観重要公共施設となりうるのは，景観計画区域内にある次の公共施設（「特定公共施設」という）である。

- ⅰ 道路法の道路
- ⅱ 河川法の河川
- ⅲ 都市公園法の都市公園
- ⅳ 海岸法の海岸保全区域等に係る海岸
- ⅴ 港湾法の港湾
- ⅵ 漁港漁場整備法の漁港
- ⅶ 自然公園法の公園事業に係る施設
- ⅷ その他政令で定める公共施設（土地改良施設，下水道，市民緑地，雨水貯留浸透施設，砂防設備，地すべり防止施設・ぼた山崩壊防止施

設，急傾斜地崩壊防止施設，皇居外苑・京都御苑・新宿御苑…令2条各号）

3 景観農業振興地域整備計画

市町村は，景観計画区域のうち農業振興地域内にあるものについて景観農業振興地域整備計画を定めることができ，その計画に従って利用されていない場合に勧告等を行うことができる（第2章第5節）。

4 景観協定

景観は実に多様な要素から構成されているため，単に公的な側面から，良好な景観の形成や保全を図るだけでは，全く十分ではなく，地域に住み，働く住民等が，自ら共同して良好な景観の形成・維持に当たることが不可欠である。景観法は，住民，事業者の責務について規定を置き，良好な景観の形成等のために，様々な事業活動や生活活動において，地域が取り組む姿勢と努力をすることを期待しているが，その取組みの一つとして，景観計画区域内の土地について所有権，借地権を有する者が，その区域の良好な景観の形成を目指して，その土地の上空空間の利用につき，全員合意により自主的なルールを定める場合，これを公的に認めて一定の法的効力を与えることとしたのが，「景観協定」制度である。

同種の制度としては，建築協定，緑地協定などがあるが，認可があった場合の承継効，協定の変更，廃止など，共通する規定が多く見られる。建築協定又は緑地協定においても，景観に関する定めをすることが可能な部分もあるが，工作物の形態意匠，屋外広告物，農用地などを対象とすることができないこともあり，新たにこれらの点を含め景観協定としての定めを置いたものである。

景観協定に定める事項は，次の通りである[13]（81条2項）。

---

[13] なお，景観協定締結時点では，参加しないものの，協定の運用状況，参加者の活動状況等を見て，参加を検討する者が想定されることから，景観協定区域に隣接した土地で，将来協定区域となることを希望する者の土地を「景観協定区域隣接地」として，景観協定に定めることができることとなっている（81条3項）。隣接地として定められた土地に係る所有者等は，景観行政団体の長に対して，書面で意思表示すれば，いつでも，協定に加わることができる（87条2項）。

① 景観協定の目的となる土地の区域（景観協定区域）
② 良好な景観形成のための基準
 ⅰ 建築物の形態意匠に関する基準
 ⅱ 建築物の敷地，位置，規模，構造，用途又は建築設備に関する基準
 ⅲ 工作物の位置，規模，構造，用途又は形態意匠に関する基準
 ⅳ 樹林地，草地等の保全又は緑化に関する基準
 ⅴ 屋外広告物の表示又は屋外広告物を掲出する物件の設置に関する基準
 ⅵ 農用地の保全又は利用に関する事項
 ⅶ その他良好な景観の形成に関する事項（空地の管理等が想定）
③ 景観協定の有効期間
④ 景観協定に違反した場合の措置（原状回復の請求，裁判所への出訴，違約金の支払いなど）

　景観協定を締結するためには，対象となる区域内の土地の所有者と借地権者[14]の全員の合意が必要であり，景観行政団体の長の認可を受けることによって，認可公告後に協定区域内の土地所有者等になった者に対しても，その効力が及ぶという効果（承継効又は対世効）を持つことになる（81条1項，86条）。

　景観行政団体の長は，申請手続が法令等に違反しない，土地・建築物・工作物の利用を不当に制限しない，省令に定める基準に適合している（都市計画区域外の景観重要樹木及び景観協定に関する省令）という要件に適合していれば，必ず認可しなければならないが，その内容が上記の②のⅱを含んでいる場合，建築主事の判断を要するため，建築主事を置いていない景観行政団体の長は，都道府県知事と協議し，その同意を得ることが必要とされている（83条）。

　景観協定の変更については，全員の同意と景観行政団体の長の認可が

---

[14] 借地権者の同意があれば，所有権者の同意は要しない。但し，借地権が将来消滅した場合，その土地は協定区域から除外される（85条）。なお，景観協定に定める内容に建築物等の借主の権限に関係するものが含まれる場合，借主は，土地所有者等と見なされることとされている（91条）。

必要であり，景観協定の廃止については，土地所有者等の過半数の合意をもって定め，認可を受ければ足りる（84条，86条）。いわゆる一人協定を可能とする規定も置かれている（90条）。

| 5 | 景観整備機構 |

景観整備機構は，公益法人（一般社団法人・一般財団法人）又は特定非営利法人（いわゆるＮＰＯ法人）で，景観に関係する一定の業務15)を担うものとして，景観行政団体の長から指定されたものである（92条1項）。

◆ Ⅲ ◆ 景観規制の性質

第1節 従来の空間規制の性質

従来我が国の市街地の利用をコントロールしてきた法制度の多くは，強制力をもって規制を行う場合，明確で高い公共性が存在することを前提としてきた。許可制度などの強制力をもった規制は，「どうしても保護する必要のあるもの」を守り，「どうしても避けなければならない状況」が生じることを防ぐといった目的で整備され，その目的を実現するために「必要かつ最低限の規制」が行われてきた。それは，社会の成長過程で生じる多くの問題に対して，限りある行政資源をもって対応するための仕組みであったといえ，その規制形態が目的達成のために「必要

---

15) 景観整備機構が行うことのできる業務（93条）
 ⅰ 良好な景観形成事業を行う者に対し，有識者の派遣，情報の提供，相談その他の援助を行うこと
 ⅱ 管理協定に基づき，景観重要建造物・景観重要樹木の管理を行うこと
 ⅲ 景観重要建造物と一体となって良好な景観を形成する広場等の公共施設に関する事業，景観重要公共施設に関する事業を行うこと又はこれらの事業に参加すること
 ⅳ ⅲの事業に利用する土地の取得，管理，譲渡を行うこと
 ⅴ 景観農業振興地域整備計画の区域内の土地を計画に従って利用するため，委託農作業を行い，土地についての権利の取得，土地の管理を行うこと
 ⅵ 良好な景観形成に関する調査研究を行うこと
 ⅶ その他良好な景観の形成を促進するため必要な業務を行うこと

最小限」の形をとったのも，我が国において認められている強い所有権に対して，規制を認容させる上で必要やむを得ないと考えられたためである。また，数値等客観的な基準を用いて画一的な処理を行うものが多いことも，社会が要求する明確な形式的公平を維持する視点から必要やむを得ないと考えられたためである。

第2節　景観法に基づく規制の性質

　景観法に基づく規制については，これら従来の法制度に基づく規制とは，著しく異なる幾つかの点がある。
　まず，景観法の対象として保護・形成されるべき景観は，全国的に見てどうしても保護・形成する必要のある特別な貴重なもの（史跡名勝天然記念物や重要文化財，伝統的建造物群保存地区などのような）に限定されていない。その対象は，全国各地に見られる良好な景観であり，その地域にとっては重要なものであるが，全国的には津々浦々に普通に見ることのできる景観である。その保護・形成は各地域のコンセンサスに支えられるものであり，対象となる景観は，地域社会における共有的資産としての性格を帯びる。法の対象となる景観がこのような性格を有しているため，具体的にどのような景観を保護・形成の対象とするか，そのコントロールにどのような手段・方法を用いるかなどは，いずれもそれを重要だと判断する地域の側が決めることになる。
　地域がその景観の維持形成にどれだけのコストをかけるかは，その地域がその景観をどれだけ重要なものと考えているかによって異なるため，極めて重要と考えている場合は，強制力を用いてその維持形成を図ることになり，それほどの重要さを認めないまでも地域の共有財産としてなるべく良好な水準に維持していくべきと考えている場合には，そのコントロールは必ずしも強権的色彩を帯びる必然性がないということになる。強制力を伴わない場合には，その規制レベルは必要最小限のものに留まる必然性もない。結果として，良好な景観の維持形成のためのコントロール手段は，実現しようとしている景観の内容，性質，程度，必要性等に応じて，（強制力を背景にした強いものから同意・協力を前提にした緩

やかなものまで）最も適した合理的な手段を組み合わせる形で定められることになる。

　また，保護・形成の対象となる良好な景観が地域によって多様である以上，その維持形成に必要なコントロール基準についても多様性が必要とされることになる。このため，景観法に基づいて景観規制を行おうとすれば，事前に実現しようとしている景観のあるべき姿を明らかにした上，それに適合するか否かを，個別に，具体的な状況の中で，総合的に判断していかざるを得ないということになり，景観規制は，一律の数値的な判断処理や画一的な基準では対処することが難しいという性質を有することになる。

第3節　地域合意の多様性とそれに対応した実現方法の多様性

　地域が一定の空間秩序に公共性を認め，それを維持形成しようとする場合，当然のことながら，それには，その空間秩序の維持形成に必要な様々なコストを支払うことを含めての地域社会の合意が必要である。このため，結果として，地域の合意には，その内容と実現に向けての方法等に関し，極めて強いものからそうでないものまで，アナログ的な形での強弱が存在することになる。このため，良好な景観の実現方法については，宣言的・精神的なものに留まるもの，紳士協定的なもの，緩やかな内部的制裁措置を伴うもの，緩やかな公的制裁措置を伴うもの，罰則等によって担保された厳しい規制措置を伴うものまで，多様なものがあり得ることになる。

　それは，その地域社会がその空間秩序に対して，どの程度のコストを支払ってまで維持形成を図る必要があると考えるかという合意認識の反映に他ならない。景観法は，その仕組みにおいて，地域の合意を景観のコントロールのための実効性のある手段に高めることを可能にしているところに，最大の特色がある。この点については，地区計画等が果たしている役割とほぼ同じことを景観という分野で可能にし，多様性を持つ地域的公益の実現のための新たな手段を地域の側にもたらしたことに極めて高い評価が与えられているのは首肯できる。

第4節　景観のコモンズ的性格

　　ここで問題となるのは，その地域の合意を強制力をもって実現しなければならない場合である。すなわち，景観の利益を享受しながら，それを維持形成するルールを守らず，コストも支払わない者が生じてきた場合の対応である。

　　既に様々な角度から検討がなされている国立マンション除却命令等請求事件の東京地裁平成13. 12. 4 判決（判例時報1791号）が指摘している通り，良好な景観には，「景観を構成する空間の利用者の誰かが，景観を維持するためのルールを守らなければ，当該景観は直ちに破壊される可能性が高く，その景観を構成する空間の利用者全員が相互にその景観を維持・尊重し合う関係に立たない限り，景観の利益は継続的に享受することができないという性質を有している」とする互換的利害関係が認められる[16]。

　　通常，小公共の実現に当たっては，その性質上，緩やかな内部的制裁措置や緩やかな公的制裁措置でも十分機能する場合が多いのであるが，景観の場合，地域社会の構成員ではない，いわゆる外部の者がたまたま地域に入ってきて，負担を支払わず，景観利益を享受し，自己利益を最大にする行動に出たような場合には，維持されてきた景観は崩壊する危険性が高い。このような事態……良好な景観そのものの存立に影響を与えるような重大な空間秩序への侵害に対しては，やはり，届出勧告制度では対応しきれない，強制力を伴った実現手段が要請されざるを得ず，景観合意の中核部分については，これを強制力をもって守らせる仕組みが不可欠とならざるを得ないのである。

第5節　強制力を伴う小公共の実現のための前提条件

　　強制力を伴うコントロールについて地域の合意を形成するのは極めて難しい。少なくとも，地域内の土地を使用する権利を有する地権者が，

---

[16]　山本隆司「行政訴訟に関する外国法制調査…ドイツ（下）ジュリスト1239号110頁

基本的にどのような行為をすれば規制がかかり，どういう行為が認められ，あるいは認められないかについて，あらかじめ承知をし，そのことを諒解していることが必要である。このため，景観規制の場合，どのような景観の維持形成を目指すのか，そのためにどのような行為が制限されるのかを事前に明らかにする景観計画は，地域全体の合意を図るための手段として不可欠である。現実には，個別のまとまりのあるゾーンごとに，より具体的な規制基準……景観形成基準が必要とされることになる。

景観規制に関して，地権者等の空間使用者の側からは，主に次のような主張が行われる。

　i 景観から得られる利益がその空間を自由に使用することによって得られる利益を上回っていること

　ii 事前にある程度の確定された規制基準が提示されないような規制には応ずることが難しいこと

一見より困難と思われる前者 i の問題より，現実には，後者 ii の問題の方が乗り越えにくいところがある。すなわち，景観の場合どうしても規制実施段階において，規制側に相当な裁量行為を認めざるを得ないという点である。地区計画の計画内容の殆どが数値などの基準で対応が可能となるのに対して，景観コントロールの場合は，性格上どうしても個々の行為が全体の秩序に与える影響の是非について細かい基準を決めることができないという限界があるため，規制基準自体が定性的記述とならざるを得ず，一律の基準適合審査ではなく，一件ごとの適合審査の形をとらざるを得ない。このことから，地権者等の不安を解消することはきわめて困難であり，現実には，そのことが強制力を伴う景観地区の適用が難しい要因となっており，大公共的色彩の強い貴重な景観に限定される傾向が生じている感がある。

第6節　景観法における強制力を伴う規制の性格

景観法に基づいて強制力を付与されている景観コントロールとしては，

　i 景観計画に定められた建築物等の形態意匠の制限に適合しない場

　　　　合の変更命令
　ⅱ－ア　景観地区
　　　－イ　準景観地区
　　　－ウ　一定の地区計画等の区域
の三つの区域内の建築物等の形態意匠の制限に適合しない場合の建築等の禁止・違反是正のための措置命令がある。

　このうち，ⅱ－アとイについては，都市計画の地域地区制度を活用した形で行われる形であり，従来のいわゆる大公共を実現するための仕組みをそのまま使ったものとなっており，小公共としての性格を有する景観の実現にふさわしい地域社会の合意を前提とする仕組みがとられてはいない。都市計画決定プロセスにおいて地域の総意を反映することが極めて不十分であることは多くの指摘がなされているが，地域社会内部において規制内容に関する利害調整が十分なされていない場合には，この仕組みは深刻な問題を引き起こす可能性を包含している。景観行政団体の多くが景観地区の指定に消極的姿勢をとっているのは，これらのことと無関係ではない。既存の都市計画の決定方法を援用した形のこの仕組みは，やはりどうしても「大公共」としての位置づけが与えられている「貴重な景観」を維持保全する場合に適したものであって，今回景観法が対象としている「小公共」としての景観……地域社会がその総意に基づいて維持保全しようとしている普通の良好な景観には適していないのではないかという印象が強い。現実の景観地区が指定されているところを見る限り，歴史的景観，貴重な文化的景観といった「大公共」的色彩を色濃く持ったものが多いように思えるのである。

　ところで，小公共としての景観の維持形成において強制力ある規制が必要なケースの多くは，地域社会の従来からの構成員の行為ではなく，突然外部から地権者等として登場し，景観利益のみを享受しようとするフリーライダーによる行為のようである。このような行為を実質的に阻止できないようでは，景観法に基づく仕組みは期待外れに終わってしまう。やはり，従来の大公共を実現する仕組みを借用するのではなく，強制力を伴う規制について地域社会の合意を形成するための新しい仕組みが検討されるべきであろう。また景観地区や高度地区の決定については，

単なる都市計画決定プロセスに留まらず，十分地域の意向を反映させる措置が講じられるべきであるとともに，議会の実質的諒解を求める措置が不可欠であろう。

◆ Ⅳ ◆　今後の展望

　景観地区を指定しないで緩やかな行政指導中心の景観政策を実施する，或いは指定しても規制内容が良好な景観の維持形成に必要な最小限度の規制に留まるといった現象は，行政側が地権者等との利害調整という面倒なプロセスを避ける結果として生じている可能性がある。特に，後者の必要最小限規制は，仮に地権者等との利害調整が行われたとして，地権者等の側の規制による不利益をできる限り少なくしつつ，景観規制の目指す公益もぎりぎり実現するという状態を行政側が想定して執られた結果に他ならない。その意味では，現実に実質的な利害調整プロセスを省略する代わりに採られる代替措置という意味が強いものである。しかし，このような必要最小限規制では，フリーライダーによる景観破壊を止めることは難しい。今回このような行動を景観行政団体側がとれば，従来と変わらないことになる。

　規制の上での基準は満たしているが，実質的に既存の空間秩序に照らして著しく異質な建築等が認められるようであっては，良好な景観の維持形成は図れない。地域社会の従来からの構成員である地権者に対しては，最低限，このような全体秩序に著しく調和しないものを規制することについての理解を得ることが必要である。

　景観の規制において，ある種の主観的要素が入らざるを得ないことは事実であるが，だとしても，地域社会の従来からの構成員の間でその地域全体の空間秩序に適合するかしないかについての判断認識に大きな差が生じることは考えにくい。全体の景観秩序に適合しないと判断されるものについては地域社会の構成員ほぼ全員の意見が一致しているのが通常なのではないか[17]。このレベルであれば，地域社会の合意を得ることは十分可能な筈である。強制力を伴う実質的な景観規制の基準となる景観形成基準については，当面「著しく全体の空間秩序に調和しないも

の」と規定した上で，一件審査の積み重ね運用に委ねるのが適切と考えざるを得ない。実際には，規制当初は，コントロールする側にも，される側にも，互いに，十分説得性のある基準についての理解が確立しているケースは極めて稀であるため，ともかく実施してみて，基準の運用の積み重ねにより，その実態を確立していく外ないと考えられる。

---

17) 東京高裁平成13年6月7日判決（（鎌倉まちなみ景観訴訟）判例時報1758号46頁以下）では，「景観については，個々人において価値基準が異なり，その評価は多分に主観的なものにならざるを得ない」という認識を示しているが，実態的には，通常，特定の地域社会における良好な景観に関する評価は，その構成員ごとに大きく分かれることの方が稀であると思われる。

第21章　都市の緑と法

◆ I ◆　はじめに

第1節　我々は，都市の中のどこに水と緑を見出しているか。

　著者が住んでいる仙台という街は，大都市であるにもかかわらず街中に緑が多く，杜の都という美しい名前で呼ばれている。実際に住んでいると，四季折々に，若葉の香りが感じられる欅の並木，葉裏を翻して吹き抜ける広瀬川の川風，色とりどりの秋の葉の燦めきが美しい青葉山城趾，雪に彩られた蔵王の山々などに，心を慰められることが多い。身の回りの緑は，私たちの生活にかけがえのない豊かさを与えてくれる。

　私たちが普段の都市生活のなかで緑や水辺の風景を見いだすことができるのは，①公園・緑地・広場，河川・水路，街路（樹），②神社・仏閣・城趾，③近郊の丘陵，農地，個人の住宅の庭等である。

　①は，公共施設に係る緑であり，公共の手によって維持管理（公物管理）がなされているため，②や③よりも安定しており，半恒久的な存在であるが，管理者の管理方針によっては緑や水とはほど遠いものもある（例えば街路樹のない道路）。都市の緑と水が減少していく傾向にある中で，①は増加要因の主力を占める。なかでも公園・緑地は，都市の中における水と緑の主要な提供源である。

　②は，準公共的な機能を持つとも言える施設に係る緑であり，公開緑地と呼ばれることもある。本質的には③同様，私的所有に係るものが多いが，従来より，都市の中で比較的安定的に存在し，緑と水の大きな提供源となっている場合が多い。比較的貧しく，乏しい我が国の都市の公共の緑の中で，誰しもが利用でき，長い歴史を感じることのできる緑の空間は，大変貴重なものであり，その実質的な保全策の充実が急務となっている。

　③は，私有地における緑であり，所有者の意思によって突然失われ

性質を有しており，その現状を維持するためには，何らかの規制が必要となるが，経済的価値の高い都市の土地に対する無補償の規制は難しく，土地の有効利用が進められる中でその維持確保策は余り効果を上げられていない。

第2節　都市における緑の減少と緑の保存・創出制度

　我が国の都市にもかつては豊かな緑や美しい水のある風景が普通に存在していた。東京や大阪といった大都市も，水路が縦横に巡らされた水の都であったし，公園こそ少なかったものの，神社仏閣，屋敷林，田畑，原っぱなどが極めて多量に存在していた。これらが急速に姿を消したのが，昭和30年代後半からの高度経済成長を背景とする都市への人口集中の時代である。

　こうした減少に対応する形で，我が国の緑地政策においては，

　A．減少する緑地等を維持・保存する目的で，各種の土地利用規制制度が用意され，

　B．公園等の整備という形で新たに緑地等を生み出す施策展開が行われている。

　前者Aは，主として私有地に存する緑に対して利用規制という手段によってこれを維持していこうとするもので，これらの規制制度によって維持されている緑地等は，「地域制緑地」と呼ばれている。

　後者Bは，公園整備などにみられる事業手法により緑地等の確保を図っていこうとするもので，これらの制度によって整備・管理されている緑地等は「営造物緑地」と呼ばれる。

　C．また，こうした施策の他にも，土地利用転換（開発行為）に当たって，一定の緑地を保存・確保しようとするための制度や私人間の協定等の活用により緑地を維持管理していこうとする制度などが整備されている。

　今日，こうした緑や水に代表される自然が都市に不可欠のものであるという認識が高まりつつあるが，一方で，土地という財産権を経済合理的に有効利用していこうとする動きもまた強いものがあり，依然として，

現時点では，都市における緑と水辺は，良好な都市環境を形成する上でとても十分とは言い難い状況にある。かつて江戸末期から明治初期にかけて世界で最も美しい水と緑の国といわれた我が国の都市が，再び，住み良い，美しい姿を取り戻すために，現状の法制度はどのような機能と限界を持ち，どのような改善が必要かについて概観する。

◆ II ◆　緑の維持・確保，充実のための諸制度

第1節　緑地の確保のための計画制度

1　緑の政策要綱

都市の水と緑[1]（以下単に緑又は緑地という。）の確保に関する国の基本的方針を定めたものに，「緑の政策大綱（平成6年7月）」がある。それによると，21世紀初頭を目指して，緑の公的空間量を3倍に，公共公益施設の高木本数を3倍に，市街地内の永続性緑地割合を全体の3割とすることが目標とされている。

この大綱によると，緑地政策展開に当たっての基本的考え方は，次のようなものである。

i 　身近な緑の確保には，単に行政のみならず，住民，企業，行政が一体となった取組みが重要であるという考えの下に，市町村の「緑の基本計画」に基づいた生活空間における緑の増加を図る。

ii 　公共事業の計画，実施，管理の全ての段階で，既存の緑についてその保全を図るとともに，新たな緑の創出を図る。特に，計画段階で，可能な限り，既存の植生，生物の生息環境等自然的環境の保全を図るとともに，やむを得ず失われる緑については，環境の復元等ミティゲーションに取り組む。

iii 　地域の文化，風土，伝統に関連する緑，例えば，鎮守の森や名水湧き水などの保全など地域の実情に即した，それぞれの場にふさわしい緑の保全・創出を図る。

1）　都市緑地法では，「緑地」という言葉に，樹林地，草地，水辺地，岩石地等が単独で又は一体となって良好な自然環境を形成しているものという意味を持たせている（3条1項）

ⅳ　自然の生態系を踏まえた緑の保全・創出を図る。

　この緑の政策大綱については，その後の都市緑地保全法から都市緑地法への改正，市町村における緑の基本計画の策定等を受けて，現在国土交通省においてその改定作業が行われているようである。

2　市町村緑の基本計画

　緑の政策大綱において掲げられていた「緑の基本計画」については，平成6年都市緑地保全法（現都市緑地法）の一部改正において，「市町村の緑地の保全及び緑化の推進に関する基本計画（「緑の基本計画」）」として位置付けられた。この計画は，市町村レベルの緑のマスタープランとしての性格を有しているとともに，具体的な緑地の保全・緑化の推進が必要な地区とその実現のための措置を定めるものでもある。

　その内容は，必要的記載事項と任意的記載事項に区分されている。

　基本計画では，市町村の緑に関する基本方針に当たる
　ⅰ　緑地の保全及び緑化の目標
　ⅱ　緑地の保全及び緑化の推進のための施策に関する事項
の二つが必要的記載事項とされ，
　ⅲ　地方公共団体が設置する都市公園の整備方針その他保全すべき緑地の確保及び緑化の方針に関する事項
　ⅳ　特別緑地保全地区内の緑地の保全に関する事項
　ⅴ　緑地保全地域及び特別緑地保全地区以外の区域で，重点的に緑地の保全に配慮すべき地区とその地区における緑地保全に関する事項
　ⅵ　緑化地域における緑化の推進に関する事項
　ⅶ　緑化地域以外の区域で重点的に緑化の推進に配慮を加えるべき地区とその地区における緑化の推進に関する事項
の五つが必要に応じて記載されるべき事項とされている。

　この基本計画の特徴は，市町村の置かれている状況に応じて，具体的な内容をかなり自由に定めることができる点にあり，その作成手続において，住民の意見を反映させることが可能となっており，住民参加による計画づくりを目指した仕組みとなっている（都市緑地法4条4項）。

第2節　地域制緑地制度

　地域制緑地制度は，都市のなかに存在する緑を，土地利用の規制を通じて維持しようとする仕組みとして機能しているが，都市の中の貴重な緑を保全するため現状を凍結する厳しい規制をかけることのできるものから，他の土地利用と共存できる程度の比較的緩やかな規制をかけるものまで，規制の程度によって幾つかの制度が用意されている。主な制度としては，次のようなものがある。

1　風致地区

(1)　風致地区の規制内容

　「風致地区」は，「都市の風致を維持するため定める地域地区に関する都市計画の一種」であり，1919年旧都市計画法において既に規定されていた伝統的な制度である。

　「都市の風致」とは，「都市内の人間の視覚によって把握される空間構成（景観）のうち，樹林地，水辺地等の自然的要素に富んだ土地（水面を含む）における良好な自然的景観のこと」と解されている。

　風致地区内で規制される対象となっている行為は，

　　「建築物の建築その他工作物の建設，宅地の造成その他の土地の形質の変更，水面の埋立・干拓，木竹の伐採，土石の採取，それに都市の風致の維持に影響を及ぼすおそれのあるものとして条例で定める行為（例えば建築物の色彩の変更，物件の堆積等）」

である。具体的に規制する内容は条例に委ねられているが，これは，その維持・実現すべき風致の内容が地域によって異なり，全国的・画一的なものとは限らないことによるものである。

　許可基準は，基本的に，都市の風致を維持するという観点から，行おうとする行為がその風致と著しく不調和でないかどうか，その規制が社会生活上受忍すべき限度内にあるかどうか等を総合的に勘案して定められる。受忍すべきかどうかという点については，この風致地区制度が不許可の場合の損失補償や買取り等の救済措置を置いていないことを前提として判断されることになる。

なお，政令（標準条例政令）2）で定められている許可基準では，建築物について，高さ，建ぺい率，外壁の後退距離，建築物の位置，形態，デザインが規制され3），土地の形質の変更，埋立等について，適当な植栽を伴うものであること等により，行為後の地貌が風致と著しく不調和とならないこと，その地区の木竹の生育に支障を及ぼすおそれが少ないことが規定されている。また，木竹伐採については，建築等に必要最小限度の伐採であり，その区域の風致を損なうおそれが少ないこと等があげられている。

「風致地区」は，その目的が「建築物の建築等」と「風致環境」との調和を図るところにあるため，その調和の保たれる限りは建築物の建築等が許容されることになっている。また，許可申請に当たって不許可処分に対する「補償」規定がないことから，事実上不許可処分が行われにくいという性格を有している。このため，風致地区制度は，地区の風致環境を絶対的かつ恒久的に現状保存することは困難であるという制度自体の限界を有している。この制度は，極端に言えば，都市に残る風致環境をできる限り長く残存させようとする制度といえ，都市の民有緑地等からなる環境を絶対的に保存する制度ではないといえる。

これに対して，後述する「特別緑地保全地区（都市緑地法）」，「歴史的風土特別保存地区（古都における歴史的風土の保存に関する特別措置法）」，「第1種・第2種歴史的風土保存地区（明日香法）」では，原則として，建築物の建築や土地の区画形質の変更は認められないとされているが，その見返りとして，損失補償や土地の買取申出制度が認められている。

(2) 風致地区のメリットと問題点

風致地区制度は，規制が緩く，恒久的な風致の残存を図るには，制度

---

2) 風致地区内における建築等の規制に係る条例の制定に関する基準を定める政令
3) 高さ8メートル以上15メートル以下，建ぺい率0.2〜0.4以下，外壁の後退距離1〜3メートル以下，位置，形態，デザインについては風致と著しく不調和でないこと等が許可基準としてあげられている。

としての不十分さが目立つが，それだけに広範な地域で活用しやすく，地区内の土地所有者の意識があれば，十分な効果が期待できる面を有している。地区内の風致の維持のために中核的な機能を果たしているゾーンについては，現状凍結効果を有し，土地の買取りが可能な特別緑地保全地区などの規制制度で対応し，その周辺緑地については風致地区制度で対応するなど複数の制度を組み合わせた形での活用が検討されるべきものと考える。

> **参考** 〈風致地区指定実績（平成19年3月31日現在）〉
> 758地区，16万9481ヘクタール

2　緑地保全地域と特別緑地保全地区

(1)　緑地保全地域

「緑地保全地域」は，都市緑地法第5条により，「都市近郊に存在する緑地の保全を目的として定められる地域地区に関する都市計画の一種」である。

緑地保全地域は，都市計画区域又は準都市計画区域内の緑地で，次のいずれかに該当するある程度のまとまりのある土地の区域に定めることができる。

 i 　無秩序な市街化の防止又は公害や災害の防止のため適正に保全する必要がある緑地
 ii 　地域住民の健全な生活環境を確保するため適正に保全する必要がある緑地

この緑地保全地域が定められると，都道府県は「緑地保全計画」を作成し，その保全計画の中に定められた行為規制の基準に従って，緑地の保全のために必要な行為のコントロールが行われるという仕組みがとられている。この制度においては，所有者等の適切な土地利用をある程度容認しており，開発，建築等に対するコントロール手段としては，許可制より緩やかな届出制を採用して所有者等の意向を反映しやすい手法が採用されている。ただ，その緑地の保全が必要な場合，都道府県知事は届け出られた行為を禁止し，制限し，必要な措置をとるべき旨を命ずる

ことができるとされており，必要に応じて強い規制が可能となっている。
　なお，この緑地保全地域制度については現在のところ実績はなく，都市近郊の緑の保全の上では全く機能していない。

(2) 特別緑地保全地区

　他方，前述した「特別緑地保全地区」[4]は，「都市に残る価値ある樹林地や水辺などの自然環境を適正に保全することを目的とする地域地区に関する都市計画の一種」である。特別緑地保全地区は，都市計画区域内の緑地で，次のいずれかに該当する土地の区域に定めることができるとされている。

- i 無秩序な市街化の防止，公害・災害の防止等のために必要な遮断帯・緩衝地帯・避難地帯として適切なもの
- ii 神社，寺院等の建造物，遺跡等と一体となって，又は伝承・風俗慣習と結びついて，地域において伝統的・文化的意義を有するもの
- iii 風致又は景観が優れているか，動植物の生息・生育地として適切に保全する必要があり，地域住民の健全な生活環境を確保するため必要なもの

　この特別緑地保全地区内では，建築物その他の工作物の建築，宅地の造成，土地の開墾，土石の採取，鉱物の掘採その他の土地の形質の変更，木竹の伐採，水面の埋立又は干拓[5]をしようとする者は都道府県知事の許可を受けなければならず，その緑地の保全上支障があると認められるときは許可がなされない，いわゆる現状凍結的規制を原則とする厳しい規制が課せられている。

　許可が受けられず，損失を受けた者に対しては，都道府県は，通常生ずべき損失を補償しなければならないとされている。

- [4] 都市緑地法の特別緑地保全地区は，1973年に制定された「旧都市緑地保全法」に基づく「緑地保全地区」を引き継いだものであり，現在のところ全国で381地区，約5500ha程度の指定が行われている。
- [5] その他，緑地の保全に影響を及ぼすおそれのある行為で政令で定めるものが規制の対象となっているが，現在のところ，政令は未制定。

また，都道府県は，特別緑地保全地区内の土地でその緑地の保全上必要があると認めるものについては，所有者から許可が受けられないため利用に著しい支障を来すことによりその土地を買い入れるべき旨の申し出があったときは，時価でこれを買い入れるものとされている。このため，特別緑地保全地区については，都道府県は最終的にその緑地を買い取ることも念頭に置いてこれを定めるのが普通である。

　なお，1966年制定された「首都圏近郊緑地保全法」と1967年制定された「近畿圏の保全区域の整備に関する法律」は，首都圏又は近畿圏の近郊に存在する良好な自然環境を形成している土地の区域（近郊緑地保全区域6））のうち枢要な部分を「特別緑地保全地区」として指定し，現状凍結的な厳しい制限を課してその絶対的な存置を図る一方で地権者に買取申出や損失補償請求を認めている。

> **参考**　〈特別緑地保全地区指定実績（平成19年3月31日現在）〉
> 　381地区，5488.5ヘクタール

(3) 緑地保全地域と特別緑地保全地区の問題点

　緑地保全地域については，既に述べたとおり，全く機能していないため，その理由を正確に把握し，早急に制度の改善を図ることが必要である。

　緑地保全地域制度より行為制限が厳しい特別緑地保全地区について指定実績があるにもかかわらず，行為制限の緩やかなこの制度の実績がない理由については必ずしも明らかではない。この二つの制度に共通して認められている行為制限にともなう通損補償制度は，他の通損補償制度同様，従来から適用事例が殆ど見られず，実質的に有名無実の存在となっていて機能していないことは一般にもよく知られているところである。このため，特別緑地保全地区制度には存在する上記の買取申し出制度が，緑地保全地域制度に設けられていないことがこの制度の活用に影響している可能性がないとは言えない。

　緑地保全地域制度に，買取申し出制度が設けられなかった理由は，都

6）　近郊緑地保全区域内の行為については，都県知事への届け出が必要とされている。

道府県が買い取ってまで適正な維持管理を行う必要性が認められなかったことによるとされているが，指定を受ける側に立って，行為規制に伴う補償という視点から見ると，買取申し出制度は，ある種の補償としての意味があり，今後緑地保全地域制度を活用していく上では何らかの買取又は実質的に補償として機能する仕組みが必要と考えられる。

他方，特別緑地保全地区は規制が厳しく，買取り・損失補償を前提としているため，現実に行政側が指定意思を持つためには，十分な財政措置の裏付けが必要であり，そうでなければ指定に踏み切れない。このため，現実には，保全すべき貴重な緑地についてもその指定は難しく，指定実績は限定されたものとなっており，近年の財政状況かにかんがみればこの状況はますます厳しくなることが予想される。

都市計画全体を視野に入れた場合，都市に残る貴重な緑地の保全は喫緊の課題であり，財政上の課題を克服して，指定の拡大を図る必要性は高く，保全のための新たな仕組みを検討すべきである。例えば，保全する必要のある緑地の上に認められている容積率を行政が買取り，都市計画上高度利用が可能な区域の土地所有者にその容積率を有償で移転する仕組みがあれば，大きな財政負担なしで多くの緑地の保全が可能になると考えられる。現行の総合設計などでは，敷地の中に貧弱な公開空地を確保する代わりに容積率の割り増しを認めているが，行政が介在する緑地の上の容積率の移転制度の方が都市への貢献度は高い場合があるのではないか。

3　生産緑地地区

我が国の市街地には大量の農地が存在する。公共的な緑のオープンスペースが少ない我が国の市街地においては，欧米先進諸国には見られない市街地内の農地も，市民の間では貴重な緑の環境を構成する自然空間として評価される傾向にある。しかし，市街地の農地はその所有者がいつでも自由に転用ができるし，農業が継続される保障もなく，その無秩序な宅地化は，市街地に多くの問題をもた

生産緑地

らす場合もある。(第5章第6節－2参照)

(1) 生産緑地制度

　生産緑地制度は，市街化区域に存在する農地が果たしている環境機能（緑地機能と空間機能）と将来の公共施設用地のための保留地としての機能に着目して，農業等の存続を前提として都市計画に緑地として位置づけられたものであるが，市街化区域のなかで半恒久的に（30年間）農地の存在を認める制度である。

(2) 制度を巡る経緯

　都市計画法上，市街化区域は，「既成の市街地」と「概ね10年以内に優先的かつ計画的に市街化すべき区域」とから成っており，市街化区域内に存在する農地等（農地，採草放牧地，林業対象森林，漁業用池沼等）は，原則として，一定期間内に宅地化されるものであると性格づけられているのであるが，現実には，市街化区域内の非宅地を宅地化するための強制的な手段は存在しないため，宅地需給が逼迫していた大都市圏においても大量の農地が残されているのが実状である。その所有者である農家は，一般的に宅地化に消極であるが，自らに資金需要が生じた場合（例えば，子供の入学，結婚等），資金需要に応じてその一部を売却するため，これが無秩序な開発につながり，市街地の計画的な整備には極めて問題な状況となっていた。他方，市街化区域内農地に対しては，農地転用の厳しい規制が外され，いつでも自由に転用が可能になっているにもかかわらず，固定資産税が農地として課せられているのは不公平である，市街化区域内で農地転用が自由になったのは，宅地の供給促進を図るべき区域であるからであって，宅地化の促進を図る上でも宅地並みの固定資産税を課すべきであるといういわゆる「宅地並み課税」議論が行われた。結局，「宅地並み課税」を実効的に実施に移すに当たって，市街化区域内の秩序ある宅地化を図るとともに，併せてオープンスペースに乏しい市街化区域内の当面の都市環境の確保を図るという観点から，農家の将来の営農継続の意思を踏まえて，一定期間農業を継続する農地については農地としての課税を，そうでない農地については宅地並み課税を

課すということになり，農業継続を担保する制度として，この制度が改正，適用されるに至った[7]。

(3) 生産緑地制度の目的

生産緑地制度の主たる目的は，市街化区域内農地の転用に伴う無秩序な市街化を防止し，一定期間継続して農業を続ける対象となる農地とそうでない農地を，農家に区分・選択させ，農業を継続する農地のうち，環境機能を果すことができ，将来の公共施設の保留地としても活用できるものを都市計画上的確に位置づけることにより，農地の環境機能（緑地機能と空間機能）と将来の公共施設の保留地としての機能を発揮させることにある。

(4) 生産緑地の要件と公益性

生産緑地地区は，市街化区域内にある農地等で，次のすべてに該当するものについて指定することができるとされている。

　ⅰ　公害・災害の防止や都市環境の保全等良好な生活環境の確保に相当の効用があり，かつ，公共施設の用に供する土地として適していること
　ⅱ　500㎡以上の規模であること
　ⅲ　農林漁業の継続が可能な条件を備えていると認められること

ⅰの要件を見ると，生産緑地として認められるためには，環境機能と公共用地の保留地機能を併せ持ったものであることが必要とされている。

---

[7] 市街化区域・市街化調整区域の線引き制度が整備された際，市街化区域内の農地に対しては農地転用許可を経ずしていつでも宅地に転用することができることから，農地としての課税を行うのではなく，宅地並みの課税を行うべきであるとする議論が行われたが，宅地並み課税の実施に当たって，長期にわたり農業を続ける対象となる農地に対しては，その適用を除外すべきではないかという主張がなされ，長期営農継続農地と生産緑地地区内の農地が宅地並み課税から外れることとなった。その後，長期営農継続農地制度は廃止され，生産緑地制度が改善されて，市街化区域農地は，宅地並み課税の適用を受けるか，生産緑地に位置づけられて宅地並み課税の適用が除外されるかいずれかの道を選択することとなった。

この二つの機能を要求している背景には，都市計画法上の地域地区として位置づける上で，営造物緑地や地域制緑地と比較して，農地には緑地としてそれほどの公益性（環境機能としての地域への貢献度）が認められ難いという考えがあるものと考えられる。農地は，他の緑地と異なり，一般市民の立ち入りが困難であることから公開性に乏しく，立ち入って利用ができないことを補うほどの優良な緑地機能にも乏しい。農作物の種類によっては殆ど緑地としての機能を果たさないものもある（かつて果樹や茶などの永年性の植物が栽培されている農地については，それ自体で環境機能が高いとされ，他の作物と比べ規模要件が緩和されていたことがある）。従って，上記のような緑地環境機能を有することのみで，市街化区域内の農地を全て生産緑地として扱うのでは，市街化区域の本質に悖ることになりかねない。このため，残存させる価値のある条件の付加が必要であった。これが，多目的な公共施設等の用に適する土地という保留地機能の要件である。

生産緑地は，この二つの機能を満たすことによってはじめて，都市計画上の公益性が認められたと考えて差し支えないと思われる。

(5) 農業継続要件

次に，市街化区域内農地は，なによりも所有者の事情如何で農地としての機能がいつ廃されるか知れないという不安定な性格を有している。生産緑地地区に関する都市計画の案については，農地等の所有者・使用者等の同意があることが必要とされているが，これは，農林漁業の継続がこの都市計画の前提となっているためである。生産緑地について使用収益する権利を有する者には，これを農地等として管理しなければならない義務が課せられており，農林漁業の継続が法律上確保される形となっている。

生産緑地の所有者は，農林漁業の主たる従事者が死亡するか業に従事できなくなるような事情が生じたときあるいは生産緑地の都市計画決定の告示後30年を経過したときでなければ，市町村長に対して買取りの申出（農林漁業に従事することが困難である等の特別の事情があるときには買取り希望の申出が可能）をすることができない（10条，15条）。

(6) 生産緑地地区内での行為規制とその根拠

　生産緑地地区内では，その機能を確保する観点から，建築物その他の工作物の建築，宅地の造成等の土地の形質の変更，埋立・干拓を行おうとする場合は，市町村長の許可を受けることが必要で，許可の申請に対しては，一定の場合を除いて，不許可処分が予定されている。生産緑地についてこのようなかなり強い行為規制が可能なのは，公益・必要性という観点よりも，都市計画としては異例のことであるが，農地所有者等の同意を経て指定される形となっていることが大きいと考えられる。これは，その生産緑地としての存続自体が農家の営農継続を前提としているためであるが，この制度は，都市環境の確保，多目的公共施設の保留地の確保という公益性もさることながら，生産緑地地区の指定を受けることにより，市街化区域内で一定期間農林漁業の継続が可能になる（位置づけを与えられること以外に実質的に宅地並み課税の適用が除外される）という被規制者の受益と規制の受忍の許容があることが存立の鍵となっていると思料する。この点に限って言えば，この都市計画は，地区計画，緑地協定などと類似の性格が認められる。

(7) 生産緑地地区の問題点について

　生産緑地制度については，その背景に宅地並み課税の適用除外制度としての位置づけが存在することから，現実的に規模要件を緩くせざるを得ず，500㎡で指定が可能となっている。この面積で環境機能を都市計画上位置づけることは困難と言わざるを得ないが，現実には，周辺宅地住民からこの程度の規模でもオープンスペースとして評価されることが多いようであり，大都市の市街地では緑地の一つとして貴重なものとして認識されていると言えるのかも知れない。

　農家の死亡等により農業継続ができなくなった場合に生産緑地としての機能の維持をどのように図っていくかはもう一つの大きな問題である。市町村の姿勢如何では，生産緑地のもう一つの機能である多目的公共施設保留地として確保されるのではなく，農家側から買取申出或いは買取希望が出されても，財政上の理由から買い取ることなく，結果的に，住宅敷地として転用されてしまうおそれが大きいと予想される。多目的保

留地としての機能を発揮させるためには，個々の生産緑地地区について，具体的に公園，緑地その他の公共施設としての都市計画決定を行っておく必要がある。

第3節　営造物緑地制度

1　営造物緑地

「営造物緑地」とは，緑地等を構成する土地，施設等について，その設置者が所有権等の権原を取得した上で設置する緑地等のことである。その典型的なものは公園であるが，その他の営造物緑地としては，緑地，広場，墓園等が挙げられる。河川，道路，下水道，港湾といった施設に設けられる緑地等も広い意味で，この範疇に属すると考えられる。公園と（狭義の）緑地の違いは相対的なものであるが，主として利用機能に着目したものを公園といい，主として存在機能に着目したものを緑地と称している。一般に公園と呼ばれている施設にも，都市公園法上の都市公園，国民公園，農業公園などがある[8]。なお，都市計画区域内の公園がすべて都市公園となるわけではないが，単なる公共空地として管理されているものも一般的に公園と呼ばれていることが多い。また，私人の設置した公園や遊園地も一般的に公園と呼ばれることがあるが，これも通常都市公園には含まれない。

2　都市公園

(1)　都市公園とは

都市において日常的に公園として利用されることが多いのは「都市公園」であるが，都市公園法によれば，「都市公園」とは，次のものをいうとされている。

　ⅰ　都市計画施設である公園又は緑地で地方公共団体が設置するもの
　ⅱ　都市計画区域内において地方公共団体が設置する公園又は緑地
　ⅲ　一の都府県の区域を超える広域の見地から国が設置する都市計画

---

8)　自然公園法の自然公園は，公園内の土地について権原を取得しないで，行為規制により，公園としての機能を発揮させる仕組みとなっているので，営造物公園ではなく，地域制公園として位置づけられる。

施設である公園又は緑地
iv 国家的な記念事業として又は我が国固有の優れた文化的資産の保存及び活用を図るため国が設置する都市計画施設である公園又は緑地（昭和記念公園，飛鳥歴史公園等「国営公園」）に該当するもの（地方公共団体又は国が設置する公園施設を含む）

国が設置し，管理する営造物公園でも，環境省が所管する「国民公園」（皇居外苑，京都御苑，新宿御苑等）は都市公園には含まれない[9]。

(2) 都市公園の種類

都市公園の種類としては，住区基幹公園，都市基幹公園，大規模公園，特殊公園，緩衝緑地，都市緑地，緑道，広場公園，都市林，国営公園があるが，このうち，都市住民が日常生活で利用するものとして重要なものは住区基幹公園である。住区基幹公園は，その誘致距離により，街区公園（250メートル，規模0.25ヘクタール程度），近隣公園（500メートル，2ヘクタール），地区公園（1km，4ヘクタール）に区分される。これらは，日常的利用を考慮に入れて，ネットワークを構成するよう整備される。

なお，都市基幹公園は，都市住民が利用する公園であるが，都市単位で整備するものであり，総合公園（規模10～50ヘクタール），運動公園（規模15～75ヘクタール）に区分されている。

また，特殊公園には，歴史公園，風致公園，動植物公園，交通公園，墓地公園などがあり，都市に個性を与え，特色ある街の形成に資するものである。また，大規模公園には，広域公園，レクリエーション公園などがある。

(3) 都市公園の現状と整備水準

我が国の都市公園等[10]の一人あたり面積は，現在全国平均で9.4m^2（東京23区3.0m^2）であるが，ロンドン26.9m^2（平成9年），ベルリン27.4m^2（平成7年），N.Y.29.3m^2（平成9年），パリ11.8m^2（平成6年）と比

---

9) 「国民公園及び千鳥が淵戦没者墓苑管理規則」によって管理されている。
10) 都市公園法に基づく都市公園の他に都市計画区域外で都市公園に準じて整備される特定地区公園を含む。

第21章　都市の緑と法

べて格段に低い。それでも，近年の都市内の緑地等の急激な減少に対応して，都市公園の整備が強く進められた結果，都市公園の整備量は急速に増大し，この20年間でほぼ倍増を見ている[11]。特に，最近では，公園に期待される機能…例えば，防災機能，環境保全機能，自然生態系の維持機能，レクリエーション機能など…は多様化の一途を辿っており，このような要請に応える形で，都市公園等の計画的整備が進められてい

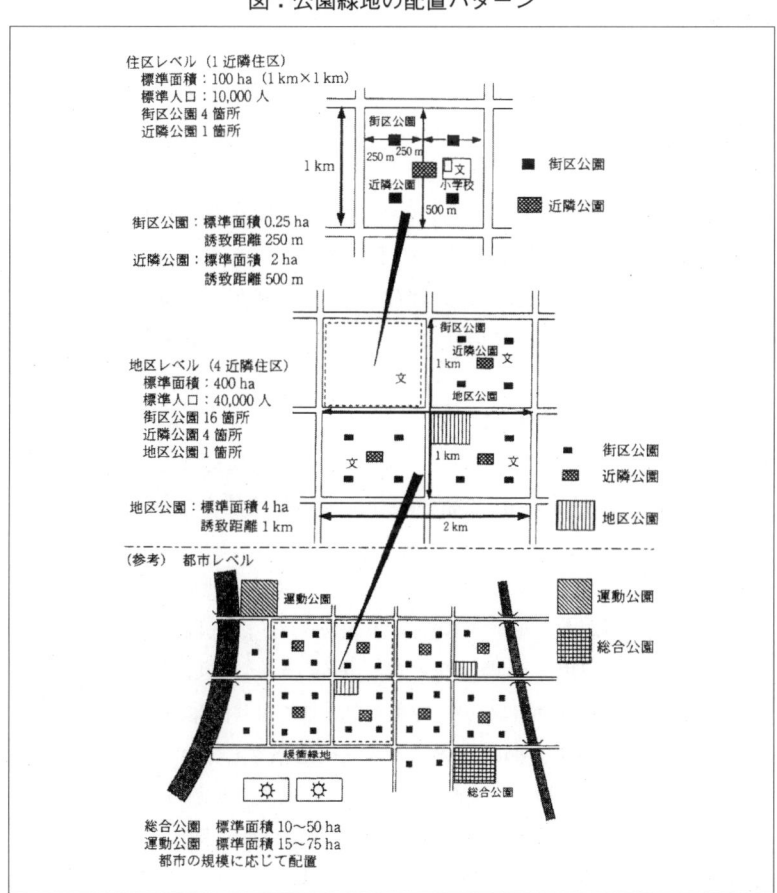

図：公園緑地の配置パターン

（出典：国土交通省資料）

---

11)　昭和55年の一人当たり都市公園等面積は4.1㎡である。

る。ちなみに平成19年度末の都市公園等のストックは全国で11万3222ヘクタールであり，前年度に比較して約1900ヘクタール増加している。しかし，前述したとおり，現在でもその水準は低く，特に大都市部の一人当たり面積は極めて低い。

(4) 都市公園の設置と存続

都市公園の設置は，その管理に当たる地方公共団体又は国土交通大臣が，都市公園の区域・名称・位置・供用開始期日を公告することにより行われる（2条の2）。その設置は，市町村が定めた緑の基本計画に即して行われ，一定の基準等に適合することが必要とされている（3条，4条）。また，一旦設置された都市公園については，

ⅰ．他の都市計画事業が施行される等公益上特別の必要がある場合
ⅱ．廃止される都市公園に代わるべき都市公園が設置される場合
ⅲ．都市公園の設置に当たりその土地物件を借り受けていた場合で，その貸借契約の終了または解除によって権限が消滅した場合

の三つの場合を除き，これをみだりに廃止することが許されていない。

(5) 都市公園の使用

住民による都市公園の利用は，その本来の目的に従って利用する限り，また他の者の共同利用を妨げない限り，自由な使用が可能である（公物の自由使用）が，他の者の自由使用を排するような使用については，他の自由使用との調整を図る観点から，許可を受けて使用しなければならないという規制がかけられている（許可使用）。例えば，集会のために都市公園を独占利用する場合などは公園管理者の許可が必要とされる（国の設置に係る都市公園について12条1項。地方公共団体に係る都市公園の設置・管理に関し必要な事項は条例で定めることとされている）。

また，公園に工作物等（公園施設以外）を設置して都市公園を占用する場合（例えば，電柱，電話ボックス，催し物のための仮設工作物等）には，公園管理者の許可を受ける必要がある（6条，7条）が，これは特定の者に対して排他独占的な公園使用の権原を付与するもの（特許使用）として許可使用と区別されている。特許使用の対象となりうる物件等は限

定されており，許可期間も最長10年以内に制限されている。これら占用物件の外観や配置はできる限り公園の風致美観などを害さないものとすることとされている。

(6) 都市公園の課題

　都市公園については，従来地域のニーズに必ずしも適合していない施設系の公園が画一的に整備されるなどといったケースがしばしば見られたが，今日，都市公園が果たす機能に対するニーズが多様化し，防災機能を備えたものや既存の緑や水を重視する自然生態系の維持機能等を備えたものに対する住民のニーズが強まるなどの状況が見られるようになってきている。このように地域の置かれている状況によって都市公園に対するニーズが多様化する一方で，財政状況が厳しくなり，その支出の適正化が指摘される今日，都市公園の整備に当たって，その利用者である地域住民の意見を反映させる必要性は格段に高くなっている。このため，緑の基本計画の策定や公園整備計画の策定に当たって，どのような機能を果たすことが地域の側によって望まれているか等を十分に把握し，これを反映したものとすることは必要不可欠と考えられる。

　また，これまでの都市公園整備により，施設系の公園の利用面でのネットワーク化は進んだと言えるが，自然生態系としてのネットワークとして見た場合，都市公園の果たしている役割は必ずしも十分とは言い難い。緑の基本計画の中で，河川などの自然系の公園緑地，地域制緑地を含め，自然生態系としてのネットワーク化を図っていくことが重要である。

　なお，市街地内の公園をめぐる最近の状況として，その利用を巡る騒音問題が生じている。その管理に関して，これまでのような行政側が一方的に管理方法を定める方法には限界が生じつつあり，時間はかかっても具体的な管理のあり方について地域の合意形成を図る方向への転換が避けられない状況となりつつある。

3　その他の手段による緑地の確保
——公物における緑地等の整備確保

　近年，様々な公物管理者

による管理施設の緑化が推進されている。規模の大きなものとしては，河川敷地の公園化として，河川環境整備事業による河川公園の整備，ダム湖周辺環境整備事業によるダム湖畔公園の整備，桜堤モデル事業などが行われ，公園に匹敵する都市住民の憩いの場を提供している。また，広幅員街路の整備に伴うプロムナード，ポケットパークの整備，歴史の道整備事業，駅前広場の緑化等の道路空間の緑化は市街地の風致を格段に向上させている。さらに，官公庁施設における緑化も，シビックコア地区整備事業等によって進捗を見ている。民有地における緑化と並んで公物における緑化が進むことには，これらの場所が都市において占めている位置と量に鑑み，都市の中で大きな期待がかけられている。

第4節　その他の緑の保全・確保のための制度

　上述した地域制緑地や営造物緑地に関する制度に基づく場合以外に，近年では，様々な手段で，緑地の確保が行われている。以下にその主なものについて述べる。

1　市民緑地制度

「市民緑地制度」は，平成7年の都市緑地保全法の改正によって整備された制度で，都市内に残された緑地の保全を図るとともに，住民が利用できる緑地として確保することを目的としたものである。

　この制度の仕組みは，原則として土地所有者からの申出に基づき，地方公共団体（又は緑地管理機構）が土地所有者と契約を締結し（市民緑地契約），住民が利用できる市民緑地として設置・管理するものである（都市緑地法55条1項）。市民緑地の対象となる土地等は，都市計画区域又は準都市計画区域内の面積300m²以上の土地であること，管理期間は5年以上であること，契約違反についての措置を定めていること等が要件とされている。

　市民緑地の用に供されている土地で一定の要件に合致するものについては，相続税の評価減（通常の8割）が行われるというインセンティブが講じられているが，この優遇措置については，管理期間が20年以上と

非現実的な要件が課せられていることもあり，実際にはインセンティブとなっていない。

なお，平成20年度末における市民緑地の実績は，143箇所，77ﾍｸﾀｰﾙとなっているが，この他に，都市緑地法に基づかない独自の制度として，地方公共団体が土地所有者等と契約を締結して公開の緑地として管理を行っている「契約緑地制度」があり，「市民の森」等の名称で親しまれているものが相当量存在している。それらについては，固定資産税について何らかの形で実質的減免を行っていることが多く，こちらの方は実質的インセンティブとして機能しているようである。

2　緑地協定

「緑地協定」は，市街地の良好な環境の確保のため，民有地の積極的な緑化又は緑地の保全を目的に，土地所有者等（所有者及び借地権等を有する者）の全員の合意により，都市緑地法（第5章）の規定に従って締結されるものである。

緑地協定の対象となるのは，都市計画区域又は準都市計画区域内にある相当規模のまとまった土地である。土地所有者等は，全員の合意により，必要な緑地の保全又は緑化に関する事項とともに，緑地協定区域，協定の有効期間，協定に違反した場合の措置を定めて，市町村長の認可を受ければ，その協定は，公告後に協定区域内の土地所有者等となった者に対しても効力（対世的効力）が及ぶこととされている。その性質は，建築協定と同様と考えられており，認可，変更，廃止等の手続きも極めて類似している。分譲宅地等の建築協定の場合に見られるいわゆる「一人協定」も認められている。協定違反に対する措置については，最終的に民事訴訟で実現されることも建築協定と同様と考えられる。但し，建築協定の場合に必要な条例は，必要とされていない。

3　緑化地域

市街地の中には，緑地がほとんど無く良好な都市環境とは言い難い状況に置かれているところがあるが，このようなゾーンにおいては，国・地方公共団体による緑地の整備などにとどまらず，民間の私有地の中においても緑化を進める必要性が高い。

「緑化地域」は，用途地域が定められている市街地内にあって，良好

な都市環境の形成に必要な緑地が不足し，建築物の敷地内においても緑化を推進する必要のある区域について定められるもので，市町村が決定する地域地区に関する都市計画の一種である。

　残念なことに，この緑化地域制度は現在のところ，横浜市（平成21.4），名古屋市（平成20.10）において指定されているのみであるが，大都市の緑化を進める上では重要な制度であり，その活用を図るべきである。その仕組みを以下に説明する。

　緑化地域内では，一定規模以上の比較的広い敷地において建築物の新築又は増築を行う場合（増築にあっては従前の床面積の2割以上の増築となる場合が対象），敷地面積の一定率（緑化率）以上の面積について緑化を行うことが義務付けられている。これを満たしていない場合には，建築確認が受けられず，違反物件については是正措置命令の対象となる。対象となる一定規模以上の敷地は，原則として1000㎡以上の面積を有するものとされているが，特に必要がある場合には，市町村の条例で区域を限って300㎡まで引き下げることができることになっている。

　緑化率とは，緑化施設の敷地面積に対する割合をいい，緑化地域に関する都市計画で定められる。その最低限度は次のいずれかの数値を超えて定めてはならないとされている。

　　ⅰ　敷地面積の25％
　　ⅱ　（1－建ぺい率）－10％

> **参考**　〈緑化施設〉
>
> 　「緑化施設」とは，植栽，花壇等の緑化のための施設，敷地内の保全された樹木，園路等の付属施設で，建築物の空地，屋上等屋外に設けられたものをいう。
> 　なお，緑化地域内で緑化施設を整備しようとする場合，次に述べる「緑化施設整備計画」を作成して，市町村長の認定を受ければ，固定資産税の軽減措置を受けることができるというメリットがある。

> **参考**　〈緑化施設整備計画認定制度〉
>
> 　これは，民間建築物の敷地内で緑化施設を整備しようとする場合，その計画について市町村長の認定を受ければ，固定資産税の軽減を受けることができるという制度であり，民間の手による緑化を進める上で，税制上の

インセンティブを受けることができる手続として位置付けられているものである。認定の対象となるのは，上述した緑化地域又は緑の基本計画で定められる緑化重点地区（緑化地域以外の地域で，重点的に緑化の推進に配慮を加えるべき地区）内にある敷地で，一定の要件（緑化地域では敷地面積300㎡以上，緑化重点地区では敷地面積500㎡以上，緑化施設の面積の敷地面積に対する割合が20％以上等）を満たしているものである。

4 保存樹・保存樹林制度（都市の美観風致を維持するための樹木の保存に関する法律）

　都市の中には，樹容が優れ，都市の美観風致に大きな影響を与えている樹木や樹林が存在している。保存樹・保存樹林制度は，市町村長が，都市の美観風致を維持する観点から，都市計画区域内に存在する美観上優れた樹木（又は樹木の集団）を保存樹或いは保存樹林として指定し，積極的に保存を図るための制度である。

　市町村長による指定がなされると，保存樹又は保存樹林の所有者には，枯損の防止等その保存に努めなければならない努力義務や所定の届出義務が課せられる。法律上は，所有者の側のメリットとして，市町村長・都道府県知事による助言・援助等に関する一般規定が置かれているだけであるが，通常，多くの市町村では，樹木保存のための条例を整備し，助成金の交付，税の減免等の措置を講じている。但し，その効果は十分とは言えず，この制度は主として所有者による保存の意思によって支えられていると言える。これらの保存するにふさわしい樹木や樹林に対しては，意外にも近隣からの苦情がもたらされる場合も多く，保存樹等の指定は，これらに対するガード的機能を果たしていることも事実である。

　なお，文化財保護法に基づき天然記念物等に指定・仮指定されたもの，森林法に基づき保安林に指定されたもの，景観法に基づき景観重要樹木に指定されたもの，国・地方公共団体の所有又は管理に係るものには，この制度の適用はない。

5 開発許可に際しての緑地の確保

　都市の緑が減少する主要な原因である開発行為について，都市計画法は，開発許可に当たって，

幾つかの規定を定めて，最小限の緑地の確保を義務付けている。その内容は，第一が，一定規模以上の開発行為には一定の公園・緑地・広場が設けられていることが許可要件とされていることである。具体的には，開発面積が0.3ヘクタール以上5ヘクタール未満の場合は，原則として，開発区域面積の3％以上の公園・緑地・広場が必要とされ，開発面積が5ヘクタール以上の場合は，1箇所の面積が300㎡以上，かつ，開発区域面積の3％以上の公園の設置が必要とされている（都市計画法33条1項2号，施行令25条6号及び7号）。

第二が，1ヘクタール以上[12]の開発行為にあっては開発区域及びその周辺の地域における環境を保全するため，開発区域における植物の生育の確保に必要な樹木の保存，表土の保全等必要な措置が講ぜられるよう設計されていることが許可が与えられる要件となっていることである（同法33条1項9号）[13]。

◆ Ⅲ ◆　都市の緑の確保に関する課題

安定的で恒久的な緑地の確保につながる営造物緑地については，今後の財政状況に鑑みると，その拡大が次第に困難になる可能性が高い。他方，制限をかけて既存の緑地を維持保護しようとする地域制緑地については，厳しい制限をかけるには補償を必要とし，これも財政的に限界がある。緩やかな制限を広くかけるのは可能だが，都市化による減少を免れることはできない。このような困難な状況の下で，都市における緑地

---

[12] 開発区域及びその周辺の地域における環境を保全するため特に必要があると認められるときは，都道府県の規則で，区域を限って0.3ヘクタールまで下げることができる（令23条の3）。

[13] 具体的には，高さが10メートル以上の樹木（又は高さが5メートル以上，面積300㎡以上の樹木の集団）が存在する土地は公園又は緑地として配置する等により，その保存措置が講じられていること，1000㎡以上の一定の宅地造成工事をする場合には，表土の復元，客土，土壌の改良等の措置が講じられていることが定められている。なお，1ヘクタール以上の開発行為で予定建築物が騒音，振動等による環境の悪化をもたらすおそれがある場合，開発規模に応じて4〜20メートルの範囲で必要な緑地帯その他の緩衝帯が配置されていることが必要とされている（令28条の3）。

の確実な維持確保を図ろうとすれば，財政問題を回避する形での法制度の仕組みを考えざるを得ない。

　緑地を緑地のまま維持するとすれば，その緑地の上の空間は使用されることはない。そこで都市の土地として本来利用することができる空間を買取り，これを都市計画上高度利用すべき土地に移転することができれば，緑地の地権者に対しては規制の対価を支払うことができる。現在，高度利用を図るための手段として活用されている総合設計制度などはその敷地に殆ど意味のない僅かな空地を確保する代わりに容積率の上乗せが許容されているが，基盤施設が整備され高度利用が可能な土地について，法定容積率を超える容積率を認めるのであれば，その分に相当する容積は，都市において確保しなければならない緑地上の容積率を地方公共団体から買い取らなければならないとする仕組みを構築することの方が社会的に有意義ではないかと思料する。このような容積の移転制度は，東京駅などの歴史的遺産の上空については認める制度が存在するが[14]，都市に必要な緑地についても活用できるようにすべきではないか。都市内の地域制緑地保全制度について容積率の買取請求制度の整備を検討すべきである。

　次に，都市内の緑地については，所有者の高齢化等によりその維持管理が次第に困難になるものが増加している。所有者等に代わってこれを代替管理し，市民に公開する制度として機能している市民緑地制度への支援の拡充を図ることや現在機能していない都市緑地法の管理協定制度の活用策を検討することが，地域制緑地制度を補完する上で重要である。

　また，都市の中の緑と水については，全体として，都市住民による利用のためのネットワーク化が進められているが，同時に都市の中における自然生態系を考慮に入れたトータルなネットワーク形成を急ぐべきである。都市公園の配置基準（同法施行令第1章）では自然生態系からのアプローチが希薄であるという印象が強い。

---

14)　隣接していない建築物の敷地間でも，容積率の移転ができる制度として特例容積率適用地区制度（都市計画法9条15項，建基法第57条の2）がある。

第22章 大都市の再生と法

第1節　大都市の再編問題

　大都市問題として従来から議論されてきた重要課題の一つは，高度な業務機能に特化した形で一極集中している過密な都心部が存在し，他方で郊外に際限もなく広がっている住宅市街地が存在するという都市構造から生じる様々な問題（例えば遠距離で過酷な通勤問題，昼夜の人口格差と基盤施設の不足問題等）に対してどのように対処していくかということであった。また，薄く広がった広大な市街地の中に，都市の成長期に形成されたため十分な基盤施設を伴っておらず，狭小過密で，災害に対して危険な状況に置かれている大量の劣悪な市街地が存在し，これをどのように改善するのかということも避けて通れない重要な課題として挙げられていた。

　このような大都市の重要課題に対して，極めて大雑把に表現すると，都心部に集中する業務機能を分散し，職住の近接した副都心機能を持つ拠点市街地の整備を図ること，密集市街地の改善のための事業を推進するとともに，郊外住宅市街地の利便と住環境の向上等を図るための交通網整備と環境整備を積極的に展開するというのが従来の基本的な施策の方向であった。

　しかし，これらの施策の実施には膨大な財政支出を必要としたため，着実な進展はあったものの，副都心整備など一部を除いてなかなか目に見える効果が上げられず，長い通勤時間，貧弱な生活環境施設，危険な市街地などは解消されずに現在に至っている。

　今日，大都市の再生という言葉が頻繁に使われるようになっているが，この章では，再生のための施策と法制度を概観し，大都市再生策と従前の大都市対策とはどこが異なるのか，大都市再生策として現在展開されている施策にはどのような問題があるのか等について述べ，今後に残された課題と大都市の再編の目指すべき方向等を明らかにすることを目的

としている。

第2節　1990年代から2000年代の我が国経済と大都市政策の転換

1　バブル崩壊に伴う不良債権の処理

1990年土地関連融資に対して総量規制を実施したことを契機にバブル経済が崩壊して以降，我が国は失われた10年といわれる経済の再建期を迎える。膨大な不良債権の処理が経済対策の最重要課題となり，ゼロ金利政策等が実施されるとともに，地価の急激な下落に伴う資産デフレ対策として土地の有効利用を目指した規制緩和施策が本格的に展開された。その背景には，次のような事情がある。

バブル経済に踊った企業が取得した土地の価格がバブルの崩壊により急激に低下すると，借入金が返済できずに，多くの企業が行き詰まり，利用計画が凍結され，空き地や駐車場としてしか使用できない土地が大量に塩漬け状態となった。バブル期に大量の融資を行っていた金融機関は，土地の担保価値の減少によって不良債権が増大し，自己資金の不足状態に陥り，軒並み企業評価のレベルが大幅に低下し，国際的な資金の借入が不可能になる等の深刻な打撃を蒙った。自己資金比率の増加を目指して，公的資金の導入が行われ，金融機関の救済策が実施された[1]。金融機関は，財務内容の整理のため，貸付債権の整理を行い，本業に収益が見込まれない企業については倒産処理，本業に収益が見込める企業に対しては，債権放棄を行って，借入金を減少させ，借入利子が経営を圧迫しないような措置を講じて，再生させることとした。

しかし，これらの帳簿上の措置がなされても，現実に，塩漬け土地の利用・処分が行われない限り，地価の下落により保有資産の価値の下落は続き，膨大な不良債権処理が行われる後からすぐに，新たな不良債権が生まれてくるという状況が続くことになった。そこで，金融機関を中心とする経済界と政府は，塩漬け状態となっている土地の価格に見合っ

1）　近年のサブプライム・ローン問題で米国でも同様の対策が見られたところである。

た有効利用を図る方向に転換する。そのために，従来の容積率や斜線制限を緩和し，取得価格に見合った高度利用を実現する規制緩和策が実施に移される。

このようにバブル崩壊後の経済再建を図るため，ゼロ金利政策等とともに，経済の活性化を促す規制緩和策の一環として，土地の有効利用と土地利用規制の緩和が実施に移された。

2　規制緩和路線による都市再生策の展開

失われた10年を経て2001年に成立した小泉内閣は，それまでの公共投資を重点的に行う形の経済再生路線を転換し，財政再建を優先し，民間投資主導の都市再生策を正面に掲げて，経済の活性化と図ろうとする。民間投資を都市再生分野に誘導するためには，都市開発・都市計画分野での大幅な規制緩和策を実施し，開発に必要な時間を短縮し，事業の採算性を向上させることが必要とされた。これらを実現するために，都市再生特別措置法が制定され，政府に都市再生本部が設置され，具体的な都市再生プロジェクトが実施に移され，それを支援する形で金融税制支援と都市計画の規制緩和が次々と行われた。他方で，財政再建を目指すために，必要な都市基盤施設の整備は縮減されたため，このような都市再生プロジェクトの多くは，既に十分な基盤施設が整備されている地区に集中した。その後の大都市の地価は，基盤施設の整備がなされているところとそうでないところで大きな差が生じるといういわゆる二極化が進んでいく。

こうした状況が，2000年代当初期に，都市計画の分野において，土地の高度利用，特に，都心部の有効利用に焦点を当てた規制緩和制度が次々と生まれてきた背景事情である。

3　大都市政策の基本方向の転換

このような経済状況の中で，大都市政策のスタンスも大きく変化することになった。従来の大都市政策の基本にあった都心部に集中する業務を分散する方針に代わって，基盤施設の整備された大都市都心部の拠点地区に，様々な大都市機能を集約する形の再生方針が前面に出されることになった。

> **参考** 〈都市再生緊急整備地域〉
>
> 　都市再生特別措置法に基づく「都市再生緊急整備地域[2]」について見ると，東京では 8 地域の殆どが交通基盤施設が既に整備されている駅周辺地区である[3]。

　都市再生を推進するに当たって，従来の大都市政策について大きな転換が行われたことに注目する必要がある。すなわち，これまでずっと都心部に集中する業務機能を副都心や郊外都市へと分散することを基本としてきた考え方が放棄され，都心部に業務機能だけでなく，住機能，商業機能，文化機能などを追加配置することで，都心部を総合的な機能を持った高度利用市街地に改造しようとする考え方に転換が図られたのである。

　このような考え方の転換が図られた背景には，上記のような経済事情に加えて，次のような認識と考え方の変化があった。すなわち，世界的な経済のグローバル化が急速に進展していく中で，我が国の大都市は今後，世界の大都市との間で熾烈な競争を余儀なくされざるを得ないが，バブルの崩壊によって我が国の大都市は国際競争力の低下の危機に直面している。活力を失いつつある大都市を再生し，活発な経済活動を再建するとともに，世界中から多くの優秀な人材を惹きつけるためには，働きやすく，暮らしやすい環境を整備し，魅力ある大都市空間をつくり出し，商業，文化，都心居住に適したものとすることが必要となるが，従来のような単純な業務機能一点張りの都心部のままでは世界の大都市間競争で生き残れないし，業務の分散施策はこれからの大都市には適さない。また，大都市の繁栄なくしては我が国の繁栄はあり得ず，大都市の活力が高まれば，それが地方にも波及し，地方での新しい活力を引き出すことにつながり，大都市の再編に失敗すれば，我が国の将来はない。

---

[2] 都市再生特別措置法では「都市の再生の拠点として，都市開発事業等を通じて緊急かつ重点的に市街地の整備を推進すべき地域」とされる。

[3] 東京駅・有楽町駅周辺地域，環状 2 号線新橋周辺・赤坂・六本木地域，秋葉原・神田地域，東京臨海地域，新宿駅周辺地域，環状 4 号線新宿富久沿道地域，大崎駅周辺地域，渋谷駅周辺地域の 8 地域である。

このような認識と考え方が大都市政策において強く主張された[4]。

第3節　現在の大都市の再編施策の状況

　このような考え方の下に，大都市においては，多くの都市開発プロジェクトが展開された。その基本構造は，転換された大都市政策を実現することを目的とする強い方向性を持った都市開発プロジェクトを，民間企業の手によって実現させようとする形をとる。そのために，政府の再生方針に沿ったプロジェクトを公認し，そのプロジェクトに関しては，従来の土地利用規制を白紙に戻して，企業採算を確保するために規制の緩和を行い，金利の優遇を中心とする支援を行うという仕組みが採られることになる。これが後述する都市再生特別地区をはじめとする都市再生の法制度の基幹部分である。都市再生特別措置法に基づく都市再生緊急整備地域の地域整備方針は2002年から具体的にスタートし，現在もその延長上で多くの開発事業が展開されている。

　一方，従来から大都市の大きな問題となっていた密集市街地をはじめとする劣悪な既成市街地の再編については，再編に最も大きな役割を果たす道路等の基盤施設の整備が，財政の硬直化と健全化を図るための公共事業の削減によって縮減されたため，取り残される形となった。それでも防災上の危険が大きい密集市街地については，密集市街地整備法の整備が行われる形で対応が図られたが，現実には余り進捗が図られているとはいえない状況にある（第25章参照）。このような状況下に置かれた既成市街地についても，その実質的な改編は主として公の手ではなく民間の手に委ねられることになった。民間の手になる都市開発事業は採算がとれるところでしか実施されないため，既に道路等の基盤施設が整備されていて高度利用が可能な地区については，後述する総合設計制度等を活用した形で，民間の高層マンションの建設が進むが，そのような状況に置かれていない多くの地区では，依然として元のままの危険で環

---

[4] 供給面を重視するサプライサイド経済学（ＳＳＥ）の代表的な主張の一つである南カリフォルニア大学のＡ.ラッファーが主張したトリクルダウン理論が背景にある。

境上も問題のある状況が続いている。

　また，住宅市街地が中心の大都市郊外部における再編問題も未だに手が着けられてない状況にある。郊外部においては，既に住民の高齢化が進展し，活力を失いつつあるゾーンが急激に増加しつつあり，廃校となった小中学校，事業を休止した小売店舗や病院，採算性が低下しつつある公共輸送機関など，早急に対応していかなければならない課題が山積しつつあるが，現在は，個別の事案ごとの局地的な対応がなされるにとどまっており，急激に変化しつつある地域として位置付けられたたうえで制度的に総合的な対応が行われているわけではない。今後急速に進む大都市の高齢化問題に対応した市街地再編の検討を急がなければならない状況が生じている。

　このように，現在の大都市では，強力な制度的支援を受けて民間の手による再生が進んでいるゾーンと公的な整備再編が必要であるにもかかわらず放置に近い状況になっているゾーンの二つに明暗がはっきり分かれていると言っていい。大都市の地価の状況を概観しても，基盤施設の有無や都市開発プロジェクトの実施が可能か否かで大きな差が生じているのが見て取れる。

第4節　大都市再生のための空間の高度利用制度の概要

　ここまでに述べてきたところから分かるように，近年，大都市の再生策として，既成の市街地の高度利用を促進するための制度が大幅に拡充されている。それらは数が多く，かつ大変複雑でわかりにくいが，この節ではその主なものについて説明する。

　まず，都市計画法の地域地区に関する都市計画の中に，特定の土地を高度利用する目的で指定されるものとして次のものがある。これらは，第7章においてBのタイプとして整理されたものである。

　　ⅰ　特例容積率適用地区
　　ⅱ　高層住居誘導地区
　　ⅲ　高度地区
　　ⅳ　高度利用地区

第3部　都市法各論

　　ⅴ　特定街区
　　ⅵ　都市再生特別地区
　次に，同じく都市計画上の地区計画制度の中に，高度利用を図るためのものとして次のようなタイプのものが活用されている。これらは，第17章等において誘導的手法を持った地区計画として説明してきたものである。
　　ⅰ　再開発等促進区を定める地区計画
　　ⅱ　誘導容積型地区計画
　　ⅲ　高度利用型地区計画
　さらに，建築基準法に基づく制度として，次のような高度利用を目的とする制度が整備されている。
　　ⅰ　総合設計制度
　　ⅱ　一団地の総合的設計制度
　　ⅲ　連担建築物設計制度
　以上のうち，地域地区の都市計画である高度地区と高度利用地区については第7章で説明したのでそちらを参照されたい。
　また，地区計画に当たる三つのタイプについては第16章・第17章で説明しているので，これもそちらを参照してもらいたい。
　以下では，まず従来から制度化されていた特定街区，総合設計制度を概観した後，最近整備された高層住居誘導地区，都市再生特別地区の仕組みを概観し，最後に容積率の移転に係る制度について説明を行う。

1　特定街区制度と総合設計制度

　この二つの制度の共通点は，敷地内に一定の公開空地を確保した場合に，容積率の緩和を認めるという点にある。このうち，総合設計については，近年超高層のマンションの建設に多用されており，最近の制度改正で「確認型総合設計制度」が導入されて，至る所でこの制度を使った超高層建築物が乱立する傾向にあるが，この制度は周辺土地利用との調整の仕組みを持たないため，周辺地域との紛争が多発している極めて問題の多い制度である。

(1) 特定街区制度（都計法第8条1項4号，第9条19号）

　特定街区は，都市計画法の地域地区の一つで，「市街地の整備改善を図るため，街区の整備または造成が行われる地区について，その街区内における建築物の容積率並びに建築物の高さの最高限度及び壁面の位置の制限を定める地区」とされている。この制度では，その地区に既に定められている容積率や高さの制限等を排除した上で，この都市計画の内容として新たに容積率を定め，建築できる建築物の高さを定めることができる一種のプロジェクト型のスーパー都市計画という性格を持ったものである。都市計画の中で「壁面の位置」を定める必要があり，これが定められると建築物の占める場所が特定されるため，敷地内の空地の位置や規模を確保することができることになっている。

　この制度の歴史はかなり古く昭和36年（1961）に都市計画の地域地区の一つとして制度化されたものであり，商業地域等を中心に業務用の高層建築物を建築するための手法として活用されてきた5)。

　特定街区に関する都市計画の決定は市町村が行うこととされているが，この制度の適用基準や容積率の緩和基準等については，国土交通省の「都市計画運用指針」に沿った形で各自治体において運用基準が定められている。容積率の割増は，次の場合に認められ，有効空地面積の街区面積に対する割合等を勘案する形で割増の程度が定められる。

　　i　地方公共団体がその地区に誘導すべきと考えている用途の建築物を建築する場合
　　ii　市街地環境の向上に役立つ空間を確保できる有効空地が設けられる場合
　　iii　地域整備のための広域的な公共公益施設を整備する場合
　　iv　歴史的建造物の保全等を行う場合
　　v　都市のマスタープランにおいて住宅の立地誘導を図るべき区域の場合で建築物の一定割合を住宅用とする場合等

　なお，この特定街区制度は，道路を挟んで隣接する敷地についても適用があり，その場合各敷地間の容積率移転を可能にしているため，後述

---

5) 東京の霞ヶ関ビル，東京都庁舎などが知られている。

する容積移転制度としても機能する。

(2) 総合設計制度（建基法59条の2）

　総合設計は，建築基準法59条の2の規定に基づき，一定規模以上の公開空地の確保等を条件に特定行政庁の建築許可により形態規制等を緩和（主として容積率割り増し）する制度である。この制度においても容積率の大幅な上乗せが認められるため，市街地の中でこの制度を利用した超高層建築物が急増している。特定街区制度と異なり，都市計画で決められるものではないため，都市計画の決定手続を要せず，周辺の土地利用との調整に問題を有するところがある。許可に当たっては国の許可準則が定められているほか，各地方公共団体によって，その都市の状況に対応した許可要綱等が定められており，公開空地の整備状況だけでなく，その都市の課題に対応した公益施設等の整備等による容積率割り増しが認められている。

ア　容積率の割増と公開空地の確保

　割増率は，基本的に公開空地の面積，位置，形状等の状況，敷地規模，前面道路の幅員等の敷地条件，総合設計の類型によって左右され，さらに，政策的に誘導しようとしている特定の公益施設等が計画されている場合には，その施設の社会貢献度に応じて増加させることが出来る形となっているが，この制度の基本は，単純にいえば，公開空地の提供と引き替えに，容積率を与えるというものであると言える。通常の総合設計の場合，基準容積率の1.5倍かつ200％以内での割増が認められ，市街地住宅総合設計制度の適用があれば基準容積率の1.75倍かつ300％以内，都心居住型総合設計の場合は基準容積率の2倍かつ400％以内の割増が認められる。

イ　建築紛争

　この制度においては，容積率の増加や建築物の高さにより生じる周辺へのマイナスの影響と公開空地の提供等による地域へのプラスの影響との関係が重要なポイントとなるが，そもそも公開空地等の存在が，割増容積率という公共空間の使用と引き替えられるものかどうかという基本的なところで，この制度には説得力が欠けるところがあるという印象が

ぬぐえない。建築物の高さ等の点において地域へ与えるマイナスが大きく，公開空地が余り意味のない形となっている場合，周辺地域との紛争につながるおそれが強くなる傾向にある。

最近の総合設計では，建築物の高さが100メートルを超え，周辺の建築物の水準と調和のとれないものが増加しており，建築紛争につながる状況がしばしばみられる。特に，敷地規模が比較的狭いもの（敷地規模5000㎡未満）については，周辺にとって意味のある有効な公開空地がとれないにも関わらず，周辺状況から突出した高さの建築物が建てられるため，紛争になることが多いようである[6]。

繰り返しになるが，この制度自体は，周辺との調整のための仕組みを内蔵しておらず，都市計画上の制度でもないため，特定街区と異なり，都市計画上の調整は行われない[7]。実際にベースとして定められている都市計画との実質的調整は，国の許可準則及び地方公共団体の許可要綱等に基づいて，特定行政庁が判断する形となっているが，特定行政庁のこの判断は敷地の条件に着目した判断に重点が置かれ，周辺の空間秩序との調和に配慮が払われない仕組みとなっており，この点をカバーするため，低層住宅が卓越している地区などで生じる高さを巡っての紛争防止の視点から，別途，高層建物についてその紛争と調整のための条例を定めて対応している自治体もある。

ウ　確認型総合設計制度

このように，従来から周辺土地利用との調整が問題とされていた総合設計制度であるが，平成14年の建築基準法改正で導入された「確認型総合設計制度」は，許可基準を政令により一律に定め，建築確認により容

---

[6]　「近隣調整による総合設計許可手続の長期化の実態」（藤井，小泉，大方）2002都市計画論文集643頁～。

[7]　特定街区の場合，都市計画として決定されるため，その手続過程において周辺関係者の意見を反映することができることに加えて，都市計画運用指針（平成12年12月28日建設省都市局長通知）において「特定街区は，建築基準法の建ぺい率，高さ等に関する一般的制限規定が適用されないため，都市計画において建築物の位置及び形態を決めるに当たっては。隣地及び周辺市街地との相隣関係に十分考慮し，かつ，都市環境を損なわないよう定めるべきである」とされており，実質的な調整が行われている。

積率を緩和することができるものとされた。しかし，特定行政庁の判断を経ないで一律に形態規制の緩和が行われることに関しては強い批判があり，周辺環境への影響や既存の都市計画との整合などの面で，さらなる紛争の増加が危惧されている。

エ　基盤施設の費用負担

総合設計制度は，高度利用を可能にする基盤施設が存在することが基本条件とされており，建築に当たって基盤施設の整備を伴うことはほとんど無く，地域に貢献する公開空地の提供を前提に容積率の嵩上げを許容しているが，高さ等に関するマイナスばかりでなく，その根底に既存基盤施設へのいわゆるただ乗りという面が認められ，交通の渋滞等を惹起するケースも少なくない。本来はこのような基盤施設に対して大きな負荷を与えるおそれがあるものについては，適切な経済的費用負担を課すべきではないかと考えられる。特定街区制度は，道路等の基盤条件の改善に関する事項を計画の視野に入れている点で，都市への適合性は相対的に高い。

2　高層住居誘導地区制度
（都計法8条1項2号の4，第9条16項）

高層住居誘導地区は，都市計画法の「地域地区」の一つで，大都市の都心部等において，居住機能の低下，人口の空洞化が進展し，職住の遠隔化による通勤時間の増大，公共公益施設の遊休化などの問題が生じている地域に指定され，職住近接の都市構造の実現を目指すことを目的としている地区である。

この制度の目的は，大都市における業務機能，商業機能，文化機能と相まって，都心居住を可能にした総合的な機能を持つ都心部の実現をめざし，大都市都心部における職住近接の実現を目指し，利便性の高い高層住宅の建設を誘導する点にあり，その最大の特色は，住宅の用途に供する部分の面積が延べ床面積の2／3以上である建築物の容積率の最高限度を，都市計画で定められた容積率の1.5倍まで（最高600％）引き上げることができる点にある（建築基準法52条1項5号）。

この地区は，第1種住居地域，第2種住居地域，準住居地域，近隣商業地域又は準工業地域（混在系用途地域）で，容積率が400又は500％と

第22章　大都市の再生と法

定められている地域において定めることができるとされており，都市計画において，「容積率の最高限度」，「建ぺい率の最高限度」及び「建築物の敷地面積の最低限度」が定められるとともに（都計法9条16項），住宅割合に応じた容積率の緩和，斜線制限の緩和，日影制限の適用除外等を行うことができるものである。

　この高層住居誘導地区は，容積率の大幅な上乗せを認めることから，基本的に既に基盤施設が整備されているゾーンに指定されることが原則である。たとえば，街区内の道路のうち過半が8メートル以上の幅員を有している，あるいは水面や緑地に囲まれていて独立性が高く，高層住宅による周辺への影響が少ないゾーンが対象となる。

　この制度の適用実績は，平成18年度末現在，東京都港区，江東区の2箇所である。

　なお，制度創設時の建設省通達[8]によると，大都市のみならず，地方都市の中心市街地の空洞化対策としての活用を示唆しているが，現実に地方都市の中心部の多くは既に人口の集中力を失っているため，容積率の上乗せによる採算性の向上が住宅の供給につながるかどうかは極めて疑問である。

3　都市再生特別地区制度
（都市計画法8条1項4号の2）

　都市の市街地の中には，その都市の再生の拠点として，緊急かつ重点的に市街地の整備を図る必要性の高い地域があるが，平成14年に制定された都市再生特別措置法では，このような都市の再生拠点としてふさわしいゾーンを「都市再生緊急整備地域」として政令で定めることとしている。

　例えば，大規模工場跡地など大規模な土地利用転換が必要な地域，交通結節点の周辺で拠点形成が見込まれる地域，メインストリートに面する地域で建物の更新が見込まれる地域，密集市街地で一体的・総合的再開発が必要な地域，バブルの後放置されている地区，その他大規模民間都市開発投資が見込まれる地域等である。

---

[8]　平成9年9月1日付建設事務次官通達「都市計画法及び建築基準法の一部改正について」（建設省都計発第83号）

335

「都市再生特別地区」は，この都市再生緊急整備地域内で「都市の再生に貢献し，土地の合理的かつ健全な高度利用を図る必要がある区域」に定められるものであり，ａ．都市機能の高度化，ｂ．居住環境の向上を図る（都市再生特別措置法ではこの二つを「都市の再生」とよんでいる）ことを目的としている都市計画法の地域地区の１種である（都市再生特別措置法36条１項）。

都市再生地特別地区においては，都市再生策として民間による都市再生事業を実施することが想定されており，ⅰ．通常の都市計画による規制を排除して，ⅱ．予定される都市再生事業に適した規制に変更する仕組みが組み込まれている。

(1) 都市再生特別地区における土地利用規制の緩和

都市再生特別地区においては，それまで適用されていた容積率制限，斜線制限，日影規制，高度地区の高さ制限，用途規制等が適用除外され，代わりに，その地区において「誘導すべき特別の用途，容積率の最高限度，建ぺい率の最高限度，建築面積の最低限度，高さの最高限度，壁面の位置」を特別に定めることができることになっている（同法36条２項）。地区内で建築される建築物は，都市再生特別地区に関する都市計画に定められた内容に適合したものとすることが要請される（建築基準法60条の２）。

なお，都市再生特別措置法では，都市再生事業を支援するため，都市再生特別地区制度と併せて，ⅰ．その事業を早期に実施できるよう認可の特例措置を置き，更に，ⅱ．事業に対しては，非採算部分についての無利子貸付などの支援を行うこととしており，いわば，政府公認丸抱えの再生プロジェクト支援のための仕組みを設けている。

(2) 都市再生特別地区の決定の現状と特徴

都市再生特別地区は，平成21年６月現在，45地区が決定されており，その多くが大都市都心部である（例外的に高松，岐阜，高槻，浜松）。これら実際に決定されている地区に共通する特徴としては，その殆どが都心部商業業務系の用途地域内であり，高い容積率の指定がなされている

ことで，通常の都市計画では殆ど見られない1000％を超える容積率が指定されていることが多く，なかには1800％（大阪角田町地区）というものもある。

なお，1カ所当たりの面積はかなり小さなものとなっており，極端なものでは，1～数棟の超高層建築物の建築が行われる程度のものが見られる。

(3) 都市再生特別地区の問題点
ⅰ サステナブルな都心部は実現するか

第一に問題として挙げられるのは，この都市再生特別地区によって実現しようとしている公益は何かという点であろう。この制度は，法制度上の建前はともかく，実質的には都心部における商業・業務系の高度利用を実現するためのものと考えられる。大都市都心部の中枢管理機能，広域集客機能を高め，都心部の経済的発展を図る目的で，都心部の土地の高度利用を目指すことが現実には追求されている。

この制度をトータルで見た場合に特徴的なことは，国の主導的な関与（都市再生特別地区の前提となる都市再生緊急整備地域）が認められること，その実現を図るため従来の都市計画を排除してまで極めて高い容積率を確保するスーパー都市計画としての性格が与えられていること，予定されている再生プロジェクト実現のために多くの支援が行われていること等である。

しかし，このような手段を講じて「民間に存在する資金やノウハウを引き出し，それを都市に振り向け，さらに新たな需要を喚起すること」が都市再生を図る上で不可欠であるという認識の上に立って出来上がる都心部については，本当にこの先ある程度の期間にわたって多くの人々を惹きつける魅力ある世界都市としての機能を持ったものになり得るのだろうか。商業ベースで成立している都心部は，単なる一時的な経済的繁栄を目的としたものにすぎず，サステナブルなものとはほど遠いものという印象を懐かざるを得ない。

現在までのところ，都市再生特別地区によって実現したのは，周辺の土地利用と全く調和しない異常に高い容積率を背景にした無秩序な超高

層建築物の誕生，周辺地域の荒廃と環境破壊，無機質な都市景観の出現などである。そこには，周辺地域の活力を奪い，荒廃に追い込む巨塔が見えるだけで，存在しているはずの地域の住民の姿は見えず，世界に通用する都心としてのビジョンも見えず，経済的な価値のみに支えられた使い捨ての容れ物の姿が見えるだけだと思うのは筆者だけだろうか。

ⅱ　周辺との調整

　第二に，この制度が大都市都心部に不可欠なものであるとしても，その実現に当たって，従前適用されていた土地利用規制を排除して高度利用を図ることが予定されている以上，周辺との調整やこの地区を含む地域全体のビジョンとの調整は不可欠であると考えられるが，にもかかわらず，この制度には，そのような調整の仕組みが組み込まれていないことである。

　例えば，都市再生特別地区の前提となる都市再生緊急整備地域の指定にあたっては，関係地方自治体と協議することが規定されているが，都市計画審議会に諮ること，公聴会を開くこと，都市マスタープランとの整合性を図ること，などは規定されていない。緊急整備地域の指定は，政令でおこなわれるために，逆に都道府県や市町村の策定する都市マスタープランやまちづくり条例の方をこれに適合させることが求められることになる。

　この制度が，これからの大都市都心部に期待される「国際的な都市活動・情報受発信の拠点」としての性格を生み出すために必須なものであるとすれば，その場所は本当に必要なところに限定されるべきであり，また，東京圏のリノベーション計画が指摘するように「歴史文化や河川などを含めた自然環境といった面での地域が持つ資産を活用した多様な特色を持つエリアを育成，居住環境面でも大都市中心部ならではの『クオリティ・オブ・ライフ』を実現できる施策を同時に強力に展開すべきである。少なくとも，この制度は，そのような条件を満たしたものとはなっていない。

　特に，都市再生が行われ，高容積によって実現した超高層事務所ビルは，新たな需要を生み出すことにはつながらず，単に周辺の土地利用需要を吸収し，周辺事務所ビルの空洞化を招くことになっており，再生特

別地区以外の他の多くのゾーンにおける衰退という新たな問題を生みだしつつある印象が強い。

iii　ポテンシャルがないところでの活用は難しく，リスクは高い

　既に見たとおり，都市再生特別地区は，一見プロジェクト側にとって極めて有利な形となっているにも関わらず，決定された地区がそれほど多いわけではない。その理由は，大別して二つあると考えられる。

　第一に，この制度の最大の特色である青天井の容積率にふさわしい開発ポテンシャルのある地区がそれほど多くないのではないかということである。都市再生特別地区制度が活用される場合というのは，総合設計や特定街区制度で緩和しうる容積率をさらに上回る容積率が必要な場合であるが，大都市都心部といえども，わざわざこの都市再生特別地区制度を使う必要があるところは少なく，後述するように，この制度より使い慣れ，リスクの少ない総合設計等の方が活用されているのが実情ではないかと思われる。

　第二の理由は，これもこの制度の特徴である「民間事業者の創意工夫が活かされるよう極めて自由度が高い提案を認める」という点が，逆にリスクの高さとなってその活用を抑制しているのではないかということである。この制度では，都市計画が決定された後は建築確認手続（特定行政庁が関与しない場合がある）が残されるだけの形となっているため，事実上，創意工夫を反映した提案が認められるためには，都市計画決定の段階で詳細かつ明確に事業計画が決まっている必要がある。このため，創意工夫に富んだプロジェクトであっても熟度が低い状況にあるものについては，この制度には乗りにくいところがあると考えられる。この点，事業者による提案後6ヶ月以内という短期間で都市計画決定を完了することが義務づけられており，迅速なプロジェクトの実現が第三の特徴となっているこの制度は，逆に長期間にわたる事前協議を必要とし，この制度が予期していた効果を発揮する形とはなっていない。

iv　公共投資の必要性

　質の高い市街地に共通に見られるのは，公共空間が十分確保されていることである。民間企業が行う再生事業の中で僅かばかりの公共空間を整備しただけでは，どんなに魅力的な商業・業務空間を確保しても，質

が高くサステナブルな市街地は形成できない。現在の都市再生策で最も問題だと考えられる点は，民間の開発が公共空間を消費する形で行われていることである。既に述べたとおり，都市再生特別地区の一箇所当たり面積はかなり小さく，既存の都市基盤施設に寄りかかった超高層ビル建築プロジェクトに過ぎないものが多い。現在のこの制度の実情は，計画で謳われている公共空間の整備はお題目の域を出ないものが殆どであり，都市再生の名称にふさわしく，長期間にわたり大都市の都心部に必要な様々な機能を果たすプロジェクトからは著しく距離があるように見える。都心部を構造的に再生していく仕組みとして機能するためには，地域構造を変革できる程度の都市基盤施設の整備が連動して実施される必要がある。

4　容積移転のための制度

低未利用の状況にある土地の有効利用については，その土地の上の空間を有効に利用する場合の他に，その土地をそのままにしておいて，その容積を他の土地に移す形で有効利用することが考えられる。容積の移転を行うことができる制度については，これまで「地区計画」や「特定街区」のところで説明してきたが，それら以外にも幾つかの制度が存在している。

　容積の移転制度は，その土地を含むゾーンが高度利用を図る必要があるところであるにもかかわらず，何らかの事情で，その土地の上の空間の有効利用ができない，あるいはふさわしくないという場合（例えば，歴史的建造物などの恒久的保存を図る必要がある場合等）に有効な仕組みであるが，他方で，容積の移転先の土地の周辺に大きな影響を与え，空間秩序を大きく乱すおそれがあるため，これまでその適用が厳しく限定されてきた。しかし，近年，大都市都心部の貴重な空間を高度利用する必要性が高くなってくるに従い，その弾力的な運用を図る必要が主張され，次第に容積の移転ができる仕組みが増加しつつある。現在，容積の移転が可能な制度としては，次のようなものがある。

　　ⅰ　特定街区制度
　　ⅱ　再開発等促進区を有する地区計画
　　ⅲ　容積率適正配分型地区計画

ⅳ　一団地の総合的設計制度
　　ⅴ　連担建築物設計制度
　　ⅵ　特例容積率適用区域制度
　このうち，ⅰ，ⅱ，ⅲの制度については，既に述べたところであり，それぞれの章を参照していただきたい（特定街区については前記第4節－1－(1)，地区計画については，第15章第5節－3，第16章第3節－2）。
　ここでは，ⅳ～ⅵの制度について概観する。

(1)　一団地の総合的設計制度（建基法86条1項）

　この「一団地の総合的設計制度」は，昭和25年に創設されたもので，複数の建物を一つの敷地にあるものとして，容積率等の規制を行うことにより，実質的に容積の移転を可能にしてきた制度である。
　建築基準法では，一敷地一建築物の原則がとられているが，同法施行令第1条第1項では建築物の敷地を「一の建築物又は用途上不可分な関係にある二以上の建築物のある一団の土地の区域」としており，「一団地内に建築される二以上の構えをなす建築物で総合的設計により建築されるもの」で「特定行政庁がその二以上の建築物の位置及び構造が安全上，防火上及び衛生上支障がないものと認めるもの」については，建築基準法の一連の規定（容積率制限，建ぺい率制限，日影規制，隣地斜線制

図：一団地の総合的設計

いずれの建築物も新規に建築するものであること
（出典：国土交通省資料）

限，接道義務等）の適用について，これらを同一敷地内にあるものとみなす（建基法86条1項）とする規定を置いている。これが「一団地の総合的設計」とよばれるもので，この規定により，二つ以上の土地の間で容積の移転が可能とされてきた。別々に建築すれば二つの敷地に建築される二つの建築物を，同一の敷地内にあるものとして一体的・総合的に設計することにより，二つの敷地に認められる総容積の範囲内で，二つの建築物の容積を自由に設計できるので，結果として二つの敷地間で容積の移転が行われたのと同様の結果が生じることになるのである。

(2) 容積移転を可能にしている考え方

容積の移転を行う場合に最も問題となるのは，容積の移転先の土地においては，一般に認められている容積率を超える建築物が建築されることになるため，周辺環境に大きな影響が生じるおそれがあり，これを広範囲に適用できることにすると，その周辺の空間秩序を大きく乱すおそれがあることである。このため，従来から，このような容積の移転については，その適用要件が厳しく限定されていた。

本来，建築基準法の容積率規制は，その土地の空間利用を行うに当たっての最低限規制という性格を有しているので，容積移転を認めると，容積率規制で担保しようとしている最低限の状況をさらに下回る状況が生じることになる。本来はこのような状況を生じさせるような制度は成立する余地がほとんど無いと考えられるのであるが，容積率規制が敷地単位で適用されるものであることから，隣り合う二つの敷地を一つの敷地と考えることができ，それが公益につながる場合であれば，その間での容積率移転は許容される余地が生まれることになる。従来の容積移転を認める制度は，このような考え方に立って，限定的に使われてきたといえる。先に述べた「特定街区制度」において，複数の敷地を一体の敷地として取り扱うことが公益性が高いとの考えに立ってその間の容積率の移転を認めているのも同様の考え方に立ったものである。

(3) 連担建築物設計制度（建基法86条1項）

平成10年に創設された「連担建築物設計制度」も一団地の総合的設計

第22章　大都市の再生と法

制度と同様の考え方に立っており，その延長上にある制度である。この制度もその根拠規定は一団地の総合的設計制度と同じ建築基準法第86条第1項である。一団地の総合的設計制度が「同一敷地内の複数建築物がいずれも新規に建築されること」を前提としているのに対して，この制度は，現存する既存の建築物の位置及び構造を前提として，全体として採光，通風等の環境の確保ができるよう，新規の建築物の設計が行われる点に違いがある。

　例えば，高度利用を図ることが必要な地域において，隣り合う二つの土地がある場合，幅員の狭い道路に面した土地で建築物を建築しようとしても定められた容積率を使用できないが，幅員の広い道路に面した他方の土地では定められた容積率を使用していない既存の建築物がある場合，この二つの敷地が一団地として認定されれば，道路幅員の狭い敷地部分において，既存建築物が使用していない容積を使うことができることになり，容積の実質的移転が実現する形となっている（下図右下のケース）。

図：連担建築物設計制度（指定容積率400％の商業地域での例）

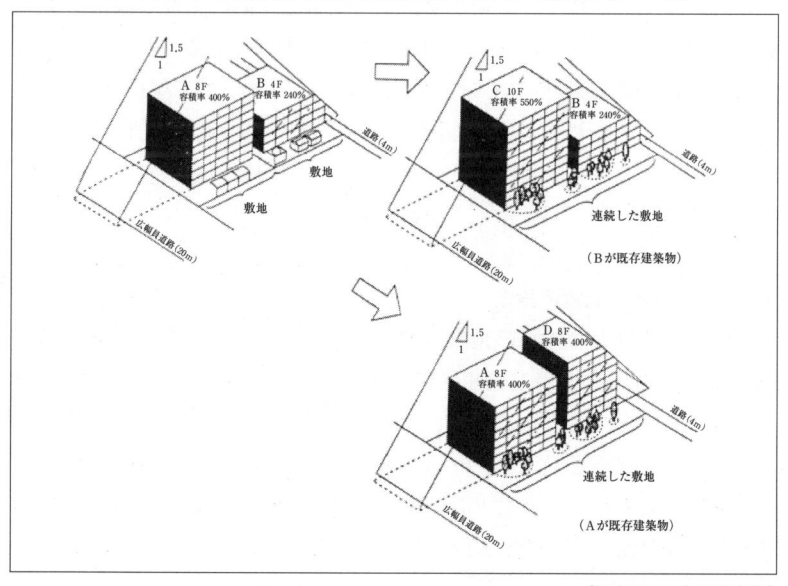

（出典：国土交通省資料）

(4) 特例容積率適用地区（都計法第8条第1項2号の3）
ア 制度の概要
「特例容積率適用地区」制度は，(1)と(3)の制度と異なり，隣接していない建築物の敷地間でも，容積の移転ができる制度であり，平成17年に創設された新しい制度である。

この地区は，都市計画の地域地区の一つであり，低層住居専用地域・工業専用地域を除く用途地域内で，十分な公共施設の整備が行われているにもかかわらず，未利用の状況になっている建築物の容積の移転を促進して土地の高度利用を図る必要がある地区に指定される（都計法第9条第15項）。

この地区内においては，互いに隣接していない土地であっても，二以上の土地を一体としてみなして容積率制限を適用することとし，地区全体の高度利用を実現しようとしているのである。(1)と(3)の制度と異なり，移転先の土地が離れているところから，地区内にある移転元の土地と移転先の土地とが共通の都市基盤施設に支えられており，交通施設をはじめとする都市基盤施設が地区全体に十分整備されていること，移転先の土地に建築される建築物が交通上，安全上，防火上及び衛生上支障がないものとなっていること等の要件を満たすことが必要とされている。

この制度の適用例としては，東京都の「大手町・丸の内・有楽町地区」がある。これは東京駅周辺の大手町・丸の内・有楽町地区（116.7 ha）に定められ，東京駅の上空の容積を，丸の内側の東京ビル，新丸ビル，丸の内パーキングビル，八重洲側のグラントウキョウ等の超高層ビルに移転している。

イ 特例容積率の限度の指定
地区内の二以上の敷地の地権者は，利害関係者の同意を得て，特例容積率（当該二以上の敷地に適用される特別の容積率）の限度の指定を申請することができ，特定行政庁は，その敷地の建築物の利用上の必要性，周囲の状況等を考慮に入れ，それぞれの土地が適正かつ合理的な利用となるなど一定の要件を満たせば，特例容積率の限度の指定を行うこととなっている（建基法第57条の2）。

図：特例容積率適用地区

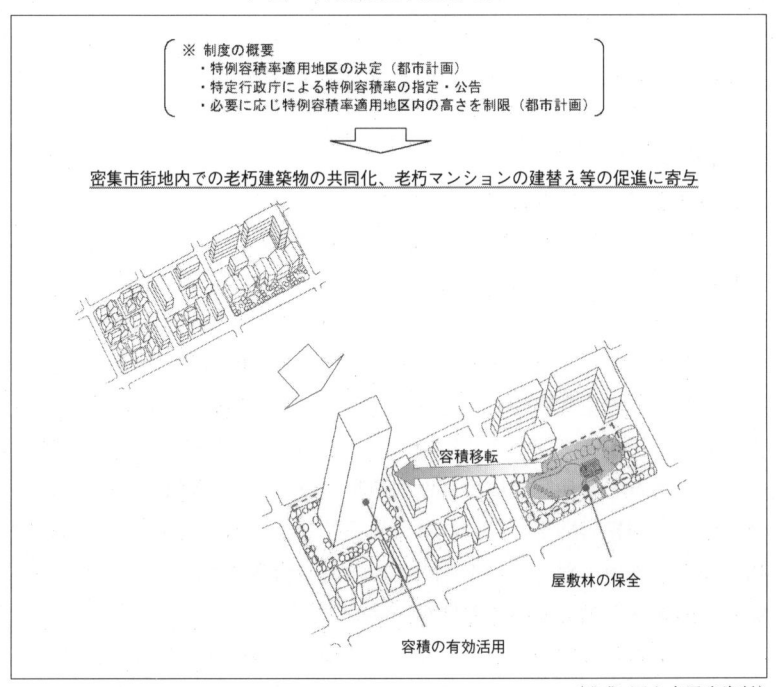

※ 制度の概要
・特例容積率適用地区の決定（都市計画）
・特定行政庁による特例容積率の指定・公告
・必要に応じ特例容積率適用地区内の高さを制限（都市計画）

密集市街地内での老朽建築物の共同化、老朽マンションの建替え等の促進に寄与

容積移転
屋敷林の保全
容積の有効活用

（出典：国土交通省資料）

> **参考** 〈大手町・丸の内・有楽町地区の場合〉
>
> 　大手町・丸の内・有楽町地区の場合では，指定容積率の1.5倍以内，かつ，500％以内で移転が可能とされている。指定容積率は1300％又は900％である。東京駅周辺の場合，主要幹線交通網が整備されており，交通上の負荷を適切に処理可能と考えられているが，更に特例敷地の要件として，東京都は，計画されている建築物により想定される交通上の負荷を適切に処理できる幅員の道路に有効に接することを要求している。

ウ　特例敷地

　容積の移転に関係する敷地は特例敷地とよばれているが，指定容積率より低い数値で特例容積率を適用する特例敷地（移転元の土地）は，次のような敷地である。

　　i　保存，復元を図るべき歴史的建造物
　　ii　良好な街並み景観を形成するため，地区計画で建築物の高さの最

高限度等が定められている区域内の建築物
 iii 社会教育施設や文化的環境の維持等のために必要な文化施設等用途上又は周囲の状況から高い容積率を使用することが望ましくない建築物

エ　制度の評価

　この制度は，実質的に容積率が隣接していない土地に移転することから，米国でＴＤＲ[9]とよばれているものと類似したものとなっており，いわゆる「空中権」の移転と言われることがあるが正確ではない。

　既に述べたとおり，容積の移転先の空間秩序に与える影響が大きいことから，この制度が適用される対象地区は厳しく限定される必要があるが，価値ある歴史的建造物の恒久的保存など，土地の上の空間を空間のまま保全維持する必要がある場合に，その実効ある手段としては評価すべき点がある。この制度は，高度利用を図っていく必要があるゾーンにおいて，特別の対応をしなければ消失してしまうおそれが高い低未利用状態の土地利用の保護に重点を置いて考えるべきであろう。その意味で前記ウの範囲を拡大すべきではない。

　なお，実際には容積率が移転により減少する移転元の土地については，容積増となる移転先の敷地の承役地として地役権が設定する形がとられており，地役権の設定対価が支払われる仕組みとなっている。

> **参考**　〈大手町・丸の内・有楽町地区のケース〉
> 　大手町・丸の内・有楽町地区のケースでは，東京駅の上空の容積の移転の対価として得られた資金を戦災で被害を受けた駅舎を復元するため使用することが予定されているようである。

第5節　再編が進むゾーンと進まないゾーン

　大都市の既成市街地には，産業構造の変化や社会事情の変化によって大量の低未利用地が存在しているが，これらを活用してこれを質の高い市街地に再生することは今後の我が国の大都市にとって極めて重要な意

---

[9] Transferable Development Rightの略語。空中権（Air Right）とは，その敷地の上においてのみ実現できるかどうかという点において異なるものである。

味を持っている。しかし，上述した都市再生プロジェクトの対象となるような規模の大きいものは別として，このような低未利用地の多くは敷地規模が狭く，道路などの都市基盤施設が整備されていないため，高度利用を図ろうとしても困難なところが多い。東京都心3区の計画容積率は平均473％であるが，これに対する実現容積率は222％，計画容積率の充足率は低い。これは，狭小な敷地が多いため実際には容積率を使えないこと，前面道路の幅員が狭小なため容積率の制限がかかっていることの二つが影響していると考えられる。

　また，大都市都心部を中心に実施されている都市再生プロジェクトは，今後の我が国の経済発展を先導する中枢管理機能，広域業務機能等を果たしていくことを目的としているが，基本的に経済対策のためという視点に立ったものであり，主として民間活力の活用を前提とした形で行われている結果として，採算がとれることを前提として都心部の土地の効率的な高度利用に最も重点が置かれたものとなっている。経済的に採算性が成り立つことを前提として行われる都市再生事業では，高度利用を実現するため，大都市都心部の貴重な公共空間が，私的な空間として使われ，公共空間の縮減をもたらしている。大都市の都心部は，極めて限られた貴重な地域であり，公共性が極めて高いゾーンであるにもかかわらず，経済対策のために，限られた空間が費消されている状況が続いている。

　土地所有者が使用できる空間の増大をもたらす容積率の上乗せ，斜線制限の適用除外等は，いずれも都市政策の基本的な柱の一つである「健康で文化的な都市生活」を営むために市街地が最低限備えていなければならない基準を排除することを意味しているが，プロジェクトの採算性を確保することに，市街地の最低限の基準を排除してでも実現しなければならない公益があると考えることは難しい。本来，都心部の市街地がサステナブルで，多様な機能を備え，世界中の多くの人を魅了し，優れた環境を備えた魅力あるものであるためには，それは現在とは全く逆に，最低基準より格段に高い基準をクリアした質の良いものでなければならないと考えられる。高度利用を図る必要があるのであれば，同時に従前の状況より格段に質量ともに優れた公共空間が確保されている必要があ

る。公共投資を行わない市街地再生が本当に適切なのか，といった点を含め，現在の大都市の再生策には依然として大きな疑問を抱かざるを得ない。

　現在の都市再生策の結果，大都市都心部地域は，高収益をもたらす商業業務系高層建築物と高層マンションとが立地するゾーンと，狭小敷地が多く，基盤施設が乏しいといった事情で高度利用が困難なため再編から取り残されたゾーンが併存する状況となっている。後者の取り残されたゾーンでは，建築物の空き室の増加や老朽化，コミュニティの崩壊等が依然として進んでおり，このようなゾーンと再編が進むゾーンが隣り合ってまだら模様の市街地が生じているのが大都市都心部の現状である。

　近年収益性を反映して決まる傾向が強い大都市の地価を見ても，都市再生プロジェクトが実施されるところや高度利用が可能なところでは，収益上昇を反映した形で上昇が見られるのに対して，都市基盤施設の整備が不十分な土地は依然として下落が続く，いわゆる二極化傾向が著しく見られるようになっている。

　経済対策の延長上にあり，強力に支援されたスポット的再生事業に問題があることについては上記に示す通りであるが，これらの再生事業の対象から外れ，取り残された広大なゾーンの再生が今後の大都市にとってはより重要である。狭小敷地が多く，基盤施設が乏しいため，採算性の点で民間開発企業が手を出さないゾーンの再生を行うには，行政の手による基盤施設の整備と地権者による狭小敷地の統合・共同利用化が不可欠である。このようなゾーンに圧倒的に不足しているのは公的空間と基盤施設である。過密な低層建築を整序してゆとりある公共空間を生みだし，この公共空間を使った新しい都市生活のスタイルを提案していく形の都市再生が必要である。高幅員の道路を整備し，民間開発事業を誘導し，大量の建築物の床スペースを生み出し，過密度を高める形の再生は，そこに住み働く人々にとって優しくなく，サステナブルでもない。大都市の市街地でも豊かな緑と水に手が届き，誰もが使うことのできる公共空間が充実し，今後確実に増加する高齢者に配慮した市街地，経済ではなく人を第一に考えた市街地を目指す都市再生に取り組むべきである。

第23章 地方都市の中心市街地の活性化と法

◆ I ◆ 地方都市の中心市街地の現状と課題

第1節　地方都市の中心市街地の現状

　地方都市の中心市街地は，シャッター通りという言葉の通り，空き店舗が目立っており，僅かに日常最寄り品を供給する店舗を残して，多くの店舗が廃止，休業の状況となっている。この状況は，次第に地方小都市から県庁所在都市などを含む地方中心都市にまで及びつつある。

　中心市街地に居住する住民の数も急激に減少しつつあり，その高齢化が進んでいる。かつて活気に溢れ，地域の顔として地域の文化や都市的サービスを担い，交流や娯楽の中心的機能を担ってきた中心市街地は，急速にそれらの機能を失いつつあり，そのベースとなる地域コミュニティ自体さえもが空洞化による崩壊の危機に曝されている。

　地方都市の中心市街地は，既にその都市に居住する住民にとって魅力のあるところではなくなっており，また様々な都市機能の郊外化によって，用のない場所になりつつある。

　中心市街地の衰退は，単なる商店街商業の衰退のみが主因ではなく，市街地の郊外化や周辺地域の購買力の変化など構造的・複合的な要因によるものと考えられ，中心市街地の活性化への対応も総合的なものである必要がある。

第2節　中心部商業の状況

　中心市街地を支えてきた中心商店街の主力は，中小小売業に属する商

店からなっているが，その中小小売業は，近年消費構造等の変化に見舞われ，厳しい状況に直面している。

全国的に見て，中小小売業の商店数は，1982年に172万店のピークを迎えた後，減少が続いている。この減少は，主に個人商店，従業員規模の小さい店舗の廃業・撤退によるところが大きい。近年の中小小売業を巡る状況には次のような環境変化が見られるに至っている。

1　需要側の要因——消費構造，消費傾向の変化

ア　業種・業態へのニーズの変化

第一が家計の消費傾向の変化である。家計支出においては，衣服費，家具購入費，食料費が大きく減少し，交通通信費，教育費，教養娯楽費が大きく拡大している。減少の大きい衣服費，家具購入費，食料費などの対象である商品を販売している店舗（八百屋，魚屋，肉屋，家具屋，洋品店など）は，その多くが中心市街地から姿を消している一方，伸びが大きいサービスの提供をしている店舗（携帯電話販売店，学習塾，ゲームセンターなど）の立地が目立っている。

イ　消費のアウトソーシング化等

消費構造のもう一つの変化として，かつて家庭内で処理されていた洗濯，食事（炊事）などの行為が次第に外部サービスに出されるようになってきているが，これが，素材食料品店の減少，加工食料品店の増加，郊外飲食店の増加，各種サービス提供店の増加につながっている状況が見られる。また，日用品以外においては，単にものを買うのではなく，買う行為を楽しむ，例えば洒落た店で個性的なものを買う，といった傾向が消費者に強く見られるようになりつつある。こうした変化に対応している店舗は減少しておらず，高齢商店主が多い中心市街地の商店はこうした変化に上手く対応できていない。

2　供給側の要因——商業者自身の問題

地方都市の中心市街地の商業が担ってきた商品・サービス提供のうち，買い回り品に関しては，近年個人の嗜好が大きく反映するようになり，多彩な品揃えが必要となってきたため，地方の中小都市の商店による対応には限界があり，今

後もその都市でしか販売できないような個性を反映したものに特化していくことが予想される。

　また，日常必需の最寄り品・サービスに関しては，消費者は，主として「安さ」と「利便性」，それに購入に際して受けられる「サービス」を重視する傾向があるため，車社会に対応した郊外大規模小売店舗の有利性は否めない。中心商店街が比較的対応しやすい地域の消費者のニーズに対応した「サービス」の提供についても，中心商店街を構成する個人商店の大半は現在その担い手が高齢化しており，商業者自身が，消費者のニーズに合った販売のための新たな努力を行うことをせず，旧態依然の店舗で，従前と全く変わりのない活動しかしていない場合が見られ，近隣住民のニーズに応えられておらず，商店街の再生には大きなハードルが存在する。

第3節　地方都市の状況

1　中心市街地の空洞化

　多くの地方都市では，道路網の整備とモータリゼーションの進展によって，中心部から相当遠くまで活動範囲が拡大し，地価の安い郊外部へ住まいが移転する住宅地の郊外化が生じている。総人口の減少に関わらず，市街地が拡散する状況は，現在も止まっておらず，ＤＩＤ（人口集中地区）は拡大，逆に市街地人口密度は低下しており，薄い市街地の拡大が現在も進行している。これに伴い，中心市街地は，急速に居住人口が減少しており（小売業者でさえ店の後ろに住んでおらず，郊外から通ってきているものが多い），最寄り品の販売を行っている小売業の顧客そのものが減少している状況が見られる。

　これに加えて，中心部からは，公共・公益施設が郊外へ移転するケースが相次いでおり，市役所，病院，学校などはその拡充・近代化のために，中心部の敷地を売却して，その資金で郊外に新築移転した（かつて都市計画法では，社会福祉施設，医療施設，学校などは開発許可の対象とはなっていなかったため，市街化調整区域などに自由に立地できた）。この結果，従来，中心部に様々な所用があって来ていた周辺居住者が中心部に来る必然性を失ってきた。

第3部　都市法各論

　中心市街地が活力をなくしてきた基本的な背景には，中心市街地内の人口の減少，居住者の高齢化の進行があり，併せて中心部に用を果たしに来る住民も減少しているなど，実質的な空洞化が進んでいることがあると考えられる。

2　周辺地域の購買力の減少

　地方都市については，中心部商業を支えていた周辺地域の購買力が急速に縮小しているところが多い。地方都市の中心市街地の商業を支えていた圏域内の購買力は，農業の衰退，公共事業の減少等によって急速に低下しており，この結果，中心市街地の商業を支えられなくなっている状況に陥っているところが増加している。

　県庁所在地をはじめとする地方中心都市の場合は，現在まだ周辺の購買力の減少が顕著になっていないが，人口が5～10万程度の地方小都市で他の商圏から独立している場合には，人口そのものの減少に加えて，購買力自体の低下が生じており，雇用の減少，所得の減少に対する対応を行わない限り，中心市街地商業を支えきれない状況が見られるところが増えている。このような場合，現在展開されている中心市街地活性化策の有効性は低い。

　地方都市の中心市街地の衰退には，二つのタイプがあり，①商圏内の購買力は余り減少していないが，商業拠点が郊外化したために，中心部が停滞しているというタイプ（Aタイプ）と②商圏内の購買力そのものが減少しているために，中心部の商業が影響を受けているというタイプ（Bタイプ）では，活性化のための施策の内容が異なると考えられる。現在，中心市街地活性化法等に基づいて中心市街地活性化対策が講じられている多くはAタイプのケースであるが，Bタイプの場合は，より事態は深刻であり，地域産業政策を視野に入れない限り，中心部対策だけでは大きな効果は期待できない。

3　施設計画と土地利用計画の不整合

　近年各地で急速にかつ盛んに行われたバイパスの整備は，中心部に用のない通過交通を捌くためのものであるが，このバイパスの整備計画の作成過程において，中心

部の土地利用とバイパス沿道における土地利用との調整を図るための土地利用計画調整は殆ど行われていない。

　本来，市町村は，このような施設計画が作成される際には，市町村全体の土地利用のマスタープランを見直した上で，全体として想定される将来の街の姿にあった土地利用の調整を行うことが不可欠である。限られた施設整備の効果を都市全体として最大限に活かすとともに，マイナスの影響を最小限にとどめるための調整は，地方都市の将来に大きな影響を与えることから，行政が行わなければならない必要不可欠な作業である。現在，地方都市において生じている商業の郊外化問題の一つの大きな要因は，市町村レベルにおける土地利用行政の欠如にあると考えられる。

4　中心市街地の魅力の喪失

　現在の地方都市の中心市街地は，市民にとって魅力のないどこにでもあるただの街になってしまっている。かつての繁栄の跡を留める建物や街並みが残っている場合はまだしも，どこも同じ〇〇銀座と名付けられた真っ直ぐの通りの両側に，安っぽい映画の書き割りのようなファサードを持った商店が続く街並みになっている。

　また，そこにある商店に並べられている商品も，郊外大規模店に行けばもっと安い値段でより多くのものから選択することができるものが多いから，消費者にとって魅力あるものは少ない。これらの商店街の街並みや売られている商品から，私たちはこれまでと違う新しい生活の仕方（ライフスタイル）を感じることができなくなっており，商店街を中心とする中心市街地は，どこにでもある「もの」の単なる売り買いの場として以上の機能を果たしていない。

　かつて街並みに潤いを与えていた水路には蓋がかけられ，豊かな木陰をもたらしていた樹陰は失われ，市民がお金を払うことなく自分の思い思いの時間を楽しむ場所も見当たらない。現在の中心市街地は，市民に新しく，楽しい都市生活のあり方を提示することもできていないし，豊かな時間を過ごすことができる仕掛けにも欠けているところが多い。経済成長期が過ぎてみれば，経済合理性を追求してきた地方都市の中心部

は，陳腐で，特別な何ものもない場所になりはてている。中心市街地は，市民に魅力を感じさせる機能の形成に失敗したのである。

◆ Ⅱ ◆　地方都市の中心市街地の活性化のための法制度

　地方都市の中心市街地の置かれている状況は様々であり，その活性化のために必要な施策も各都市によって異なるのであるが，中心市街地の活性化のための法制度として通常挙げられるのは，「中心市街地活性化法」「都市計画法」「大規模小売店舗立地法」いわゆる「街づくり三法」と呼ばれているものである。以下では，これらの法制度の内容を概観した上で，その実効性と問題点，その限界等について触れる。

第1節　街づくり三法の制定

1　過去の経緯——中小小売商業保護策の転換

　昭和40年代後半に激化した大型小売店と地元商店街との対立摩擦に対応する形で，1974年に「大規模小売店舗法（通称「大店法」）」が整備され，同法は，その後，約20年にわたって，弱小中小商業者の保護を図るための法制度として機能してきた。昭和60年代に入って，大幅な貿易赤字に苦しむ米国から，日米間の貿易不均衡を是正するため，日本側に対して内需の振興，非関税障壁の撤廃等が要請され，①公共投資の拡大，②土地供給拡大策の推進，③内外価格差の是正，④金融・企業系列の障壁排除，⑤排他的取引慣行の是正，⑥流通制度改革（大店法の改正）の6項目の要求がなされた。このうち流通制度改革に関して，中小商業者の保護を図る大店法はＷＴＯ一般規定に反するとして，1996年米国がＷＴＯへの提訴を行うに至って，2000年大店法は遂に廃止に追い込まれるに至った。

2　街づくり三法の整備

　我が国の流通産業政策の基本は，大量生産体制を達成した生産部門に対して，依然として非近代的な色彩を有していた流通部門の近代化を図ることにあり，大規模小売業との調整を図りつつ，中小小売業の共同化による振興と近代化を進めることに重点

が置かれていた。大規模小売業との調整は，中小小売業が大規模小売業に対抗できるだけの近代化を達成する時間を稼ぐという視点から行われていたと言える。しかし，このような商業機会の調整を通じて中小小売業の保護を図ることは，市場経済に基づく競争原理を否定するもので行うべきではないというのが，米国側の主張するところであった。このような形で否定された大店法に代わって平成10年（1998）に登場するのが，「中心市街地活性化法」「都市計画法（改正）」「大規模小売店舗立地法」（街づくり三法）である。

〈A〉流通商業政策においては，商業機会の調整による中小小売業の直接的保護政策が放棄され，競争力の強化を図る形での振興政策に改めて重点が置かれることになる。この視点から，当時衰退が進んでいた中心市街地について，その整備改善と商業活性化の二つを目的とする「中心市街地活性化法（中心市街地における市街地の整備改善及び商業等の活性化の一体的推進に関する法律）」が制定され，これを核にした政策展開が行われることになった。

〈B〉次に，大規模小売店舗の出店調整については，欧米諸国で行われていた土地利用規制を通じて大規模小売店舗の適正配置を図るという形の調整の仕組みが導入される。この部分については，都市計画法の改正で対処することとなり，市町村が都市計画という土地利用規制手段を活用して，そのコントロールを行うこととされ，その手段として特別用途地区制度の改正が行われた。

〈C〉加えて，大規模小売店舗の出店が行われる場合に，周辺地域の生活環境に与える影響を抑えるため，「大規模小売店舗立地法」によって都道府県がチェックを行う，という仕組みが採られたのである。

3　旧街づくり三法の成果

(1)　旧中心市街地活性化法の現実

平成10年制定の旧中心市街地活性化法の主な特徴は，①中心市街地の活性化に当たって地域の創意工夫を活かせるように，市町村が主導的役割を果たす仕組みを採用したこと，②市街地の整備改善と商業等の活性化が，車の両輪として一体的に講じられることの二点にあったが，実際

には，地域の創意工夫を活かす活性化対策を行うことのできた市町村は少なく，作成された活性化計画の内容はよく似たものが多く，中心市街地商業の直面している問題の本質（生産性の低さや消費者ニーズに合ったサービスの提供等）に取り組むことをせず，アーケード設置やカラー舗装といった比較的取り組みやすい対症療法的施策が目立つものとなった。中心市街地の商業を担っている経営者が既に高齢化や経営難等のために，積極的な姿勢を持ち得なかったことも背景にあったと考えられる。

また，市街地の整備改善策と商業等の活性化策の連携は形だけのものになっており，活性化計画上はともかく，市街地の整備改善よりも郊外の整備の方に重心が置かれていたところが多かった。前述したように，多くの地方都市では，バイパス等の整備や市街地の郊外化が中心市街地の再編整備とは無関係に進められた。このことは，中心市街地の活性化が，建前はともかくとして必ずしもその都市の最重要課題として位置付けられていなかったことを示しており，中心市街地ではなく，中心商店街の活性化としてしか位置付けられていなかったことを意味している。

(2) 都市計画法改正——期待違いの立地コントロール

旧街づくり三法の中で大規模小売店舗の立地をコントロールする役割を与えられていた都市計画法は，この改正後も実質的にその機能を果たせず，郊外部の大規模小売店舗は，ほぼ従来同様実質的な立地規制を受けることなく，各地で積極的な立地展開が行われた。このような状況が生じた最大の理由は，我が国の都市計画・建築法制は，基本的に建築自由の原則に立ち，立地できない用途を規制する方式が採用されており，その中で大規模小売店舗の立地を禁止しているゾーンが極めて限られていたことにあった。

都市計画という手段によって土地利用のコントロールが及ぶ地域（都市計画区域）は，全国土の26%，ほぼ1／4に過ぎず，それ以外の地域では，都市計画による規制はそもそも及ばない。また，都市計画区域の中であれば，全ての地域で大規模小売店舗に対する立地規制が行われているかといえば，市街化調整区域が定められている地域と用途地域が指定されている地域の一部で立地が認められないだけで，それ以外のとこ

ろでは，大規模小売店舗は規制の対象となっていなかった。全国土の僅か1割少しの地域でしか規制ができない状況では，大規模小売店舗の適正配置を実現することができないことは明らかである。なお，都市計画による立地コントロールの手段の強化として行われた特別用途地区制度の改正は，特別用途地区が用途地域が指定されているところでしか指定ができないことから実効性に乏しいものであり，当初からその効果が疑問視されていた。

第2節　街づくり三法の改正——平成18年改正

1　中心市街地活性化法の改正

旧街づくり三法に基づく中心市街地活性化対策の展開にも関わらず，中心市街地の衰退は止まらず，地方中心都市にまで疲弊が及ぶに至って，街づくり三法の改正は避けられない状況となった。この問題を中心商店街に重点を置いて捉えるだけではなく，郊外部と中心部との土地利用調整の側面から都市全体のあり方の問題として捉える必要があるとの考えの下，平成18年，中心市街地活性化法と都市計画法・建築基準法は，大幅に改正される。このうち，改正中心市街地活性化法の主なポイントは，次のような点におかれた。

　i　従来の対策が商業振興策に重点が置かれ，商店街問題が前面にでていたものを，中心市街地の生活空間としての再生を目指したものを中心に据えることとしたこと。

　ii　活性化に意欲的に取り組む市町村に対し，国を挙げて重点的な支援を行うこととしたこと。

　iii　商業関係者だけでなく，多様な関係者の参画によって，総合的な取組ができる仕組みを整備したこと。

具体的には，

　i　政府が決定する「中心市街地の活性化を図るための基本方針」に，新たに「都市福利施設を整備する事業」，「住宅の供給のための事業」，「都市機能の集積の促進を図るための措置」の三つを追加し，中心市街地を「商業空間」としてだけではなく，「生活空間」として再生することを目指すこととした[1]。

ii 市町村が策定する中心市街地活性化基本計画について，内閣総理大臣による認定制度を創設し，認定を受けた基本計画に対して[2]，手厚い支援策を講じる予算措置がとられることとなった[3]。

iii 政府として中心市街地の活性化に関する施策を総合的かつ効果的に推進するため，内閣に「中心市街地活性化本部」が設置され，これまでの経済産業省を中心とする推進体制から，内閣を挙げての体制に移行した。

iv 市町村における中心市街地活性化の取組体制をこれまでの商業振興関係者中心の活性化体制から，多様な関係者が参画する仕組みへと変革し，都市機能の増進を推進する主体（中心市街地整備推進機構，まちづくり会社等）を含んだ「中心市街地活性化協議会」を法制化した。

旧中心市街地活性化法に基づく活性化の仕組みが，ともすれば中心市街地全体或いはその都市全体で取り組むべき課題であるとの認識が薄く，中心商店街の活性化として認識されがちであったことへの省察に基づき，平成18年の中心市街地活性化法の改正は，中心市街地の活性化はその都市が総力を挙げて取り組まなければならない課題であるとの認識の下，そのための仕組みを用意したと理解すべきである。

2 新中心市街地活性化法の問題点

今回の改正については，その基本的考え方（中心商業の振興から生活空間としての中心市街地の振

---

1) この改正に伴って，「中心市街地共同住宅供給事業」の創設（事業者に対して補助を行う地方公共団体に対する国の補助制度），土地区画整理事業の換地特例の拡充（公営住宅用地等を保留地として定めることができる），大規模小売店舗立地法の特例の創設，共通乗車船券の特例の創設が行われた。
2) 認定要件：基本方針に適合していること，中心市街地の活性化に相当程度寄与すること，円滑かつ確実に実施されると見込まれること，特に三大都市圏と政令指定都市以外の地方都市では，特別用途地区の活用による準工業地域における大規模集客施設の立地抑制措置がとられていること。
3) 具体的には，都市機能のまちなか立地，空きビルの再生，賑わい空間施設の整備，これらのコーディネート費用に対する支援制度が予算措置として講じられた。

興へ）は正しい方向転換であると考えられるが，国による市町村への関与については，基本的な問題が存在する。

　a．第一に，活性化計画の認定制度は，国の支援を求めざるをえない地方の実情に便乗したもので，結果として地方の本当の意向を十分に反映できないものとなるおそれがある。東京の目で地方都市の振興を図ろうとすることが繰り返されれば，既に経験した失敗を再び繰り返すことにつながっていく。この認定制度の運用に当たっては，地方のおかれている個別の事情を最も重要なものとして考慮する必要がある。

　b．第二に，このような認定制度は，国の規格・意向に合わない地方の振興策の芽を摘んでしまうことにつながるおそれを有している。つまり，実質的に見て，地方の小都市の中心市街地の活性化は，国の政策対象から切り捨てられるおそれが強い。現実に，中心市街地の衰退に苦しんでいる地方都市はきわめて多く，全国各地の都市でその対策が急務であるにもかかわらず，活性化計画の認定を申請し，それを受けている市町村はきわめて僅かであり，その多くが条件のいい地方都市，いわば優等生の地方都市である。本当に何とか手を打たなければならないのは，国の目から見て十分な活性化対策を講じる力のある「意欲のある市町村」に限られず，コツコツと自分たちでできる範囲の活性化策を考え，積み上げている市町村である。このような地方小都市が切り捨てられることのないような運用が必要ではないかと思われる。

　c．第三に，今回の改正に基づいて展開される活性化対策が，住民にとって魅力のある中心市街地を実現する内容となっているかどうか，特に，新しい都市のライフスタイルの提示，伝統や地域文化との融合等地域の財産の活用，市民にとって豊かな時間を過ごせるための空間や仕組みの提供，周辺農林業との関係の強化等，中心市街地の機能と魅力を創出できるかどうかが，活性化を実現するための最も重要な視点ではないかと思われる。

第3部　都市法各論

3　都市計画法等の改正

都市計画法による大規模小売店舗の立地規制が実効性を持たなかったことに対する対応も含めて，依然として進行する郊外化に歯止めをかける必要から，平成18年，都市計画法，建築基準法の改正が行われた。

i　大規模小売店舗等の立地規制の強化——建築基準法の一部改正

この改正では，これまで大規模小売店舗等の立地が制限されていなかった地域での制限を強化し，第2種住居，準住居，工業の各地域と非線引き都市計画区域の白地地域では，原則として床面積合計が1万㎡を超える店舗等[4]が建築を禁止されることとなった。

この結果，1万㎡を超える大規模小売店舗等が制限なく立地できるのは，商業地域，近隣商業地域，準工業地域の三つの用途地域に限られることとなり，本来大規模小売店舗等が立地すべき商業系用途地域に立地誘導ができる仕組みが整ったといえる。

表：店舗等の建築規制

地域地区		従前	改正後
用途地域	第1種住居専用地域	50㎡以下可	同左
	第2種住居専用地域	150㎡以下可	同左
	第1種中高層住居専用地域	500㎡以下可	同左
	第2種中高層住居専用地域	1500㎡以下可	同左
	第1種住居地域	3000㎡以下可	同左
	第2種住居地域	制限なし	原則禁止，地区計画で可
	準住居地域	制限なし	原則禁止，地区計画で可
	工業地域	制限なし	原則禁止，地区計画で可
	準工業地域	制限なし	制限なし
	近隣商業地域	制限なし	制限なし
	商業地域	制限なし	制限なし
	工業専用地域	禁止	禁止
市街化調整区域		原則禁止	原則禁止
非線引き都市計画区域（白地）		制限なし	原則禁止，地区計画で可

4）　この規制の対象とされる「特定大規模建築物」は，店舗，飲食店，劇場，映画館等の用途に供する床面積（劇場，映画館等については客席の部分）の合計が1万㎡を超える建築物のことをいう。

> **参考** 〈開発整備促進区を定める地区計画（都計法12条の5, 12条の12, 13条)〉
>
> 　今回の改正で原則立地禁止となった地域（第2種住居，準住居，工業の各地域と非線引き都市計画区域の白地地域）については，地域の判断によってスポット的に大規模小売店舗等が立地できる可能性が残された。すなわち，「現に土地の利用状況が著しく変化しつつあり，又は著しく変化することが確実な区域」で，商業等の利便を良くすることが都市全体から見て適切であるという場合には，地区計画の中に「開発整備促進区」を定めて，必要な道路，公園等の公共施設を計画し，これらの用途を適切な場所に誘導することができるようにしたものである。これが，開発整備促進区を定める地区計画による用途規制の緩和制度である[5]。

ⅱ　開発許可制度の見直し（都計法29条, 33条, 34条)

　「社会福祉施設」「医療施設」「学校（大学を除く）」の建設のための開発行為については，これまでこれらの施設が有する公益性等に鑑み，開発許可の対象外となっていたが，中心部に立地していた施設の老朽化，狭隘化に伴い，郊外部の地価の安さを背景に，敷地の拡大と建築費の充足をねらって，市街化調整区域等の郊外部への立地が進み，中心市街地の機能の空洞化の大きな要因の一つとなっているとの批判がなされてきたところである。

　平成18年都計法改正では，これらの施設についても，その開発立地の際に開発許可を受けることを必要とすることとし，コントロールの対象

---

5)　具体的には，
　ⅰ．その区域について，特定大規模建築物の整備による商業等の利便の増進を図ることによって，その都市の機能の増進に貢献することが認められること
　ⅱ．そのために適正な配置及び規模の公共施設を整備する必要があること
　ⅲ．現に土地の利用状況が著しく変化しつつあるか著しく変化することが確実であると見込まれること
等の条件に該当する土地の区域である場合には，開発整備促進区を定める地区計画を策定することができ，その地区整備計画の中で，「誘導すべき用途」と「特定大規模建築物の敷地として利用する土地の区域」を定めることができることになっている。開発整備促進区を定めた地区計画による用途の緩和については，地区整備計画に適合する特定大規模建築物で特定行政庁が支障がないと認めるものの建築が可能になっており，上記の4種の原則禁止地域においても，立地が可能となる仕組みとなっている。

とすることとされた。

　また，国・都道府県等が行う開発行為についても従来は開発許可の対象から外れており，これに対してもその理由も含めて批判が存在していた。この改正では，国・都道府県が行う開発行為についても，開発許可を必要とするとした上で，都道府県知事との協議が成立することをもって，開発許可があったものと見なす規定が置かれることとなった。

　さらに，市街化調整区域内において認められていた大規模計画開発の特例（34条10号イ）については，現在，新たな大規模住宅開発の需要が減少しており，この規定が認められた背景事情が薄れていること，他方で，この規定が当初想定されていなかった大規模小売店舗の立地を含むケースに使われており，都市機能の拡散と市街地の空洞化につながっていることに鑑み，この例外規定は廃止されることとなった。この結果，市街化調整区域において計画的開発を行おうとする場合は，地区計画に基づいて許可が行われるケースに限定されることになった。

4　改正都市計画法の問題点

(1)　大規模小売店舗等の立地規制について

　平成18年改正によって，大規模商業施設等のコントロールと公共施設の郊外化防止の仕組みが導入されたが，前者の規制の対象となる床面積は1万㎡とかなり大きく，この面積では，地方都市の実態に合わず，事実上は，依然として制限なしに近い状況が続いている。実効性を挙げるためには，地方公共団体の条例により，対象施設の規模を適切に下げられるかどうかが問われることになる。

　また，人口が10万に満たないような地方の中小都市の場合，対象規模が1万㎡を超えるような大規模小売店舗等の顧客は，その都市の商圏内に留まらず，周辺市町村を含むより広い範囲からの集客を前提としているのが通常である。このような施設の立地コントロールに当たっては，一市町村だけの問題に留まらず，その周辺市町村の中心市街地にも大きな影響を与えることが想定される。改正後の都市計画法・建築基準法で直接規制ができる対象地域が拡大されたとは言え，ある市町村が立地を認めた場合の周辺市町村への影響を調整する仕組みは存在しない。この

ような広域的立地コントロールを必要とするものについては，現在行われている消極規制（このゾーンには立地できないという規制）は適切ではなく，積極規制（このゾーンにしか立地できないという規制）の形をとるべきであり，商圏を想定した上で最も適切な場所に立地させる仕組みが必要である。現行法制度では，都市施設としての卸売市場，火葬場，と畜場，汚物処理場，ごみ焼却場等については，都市計画においてその敷地の位置が決定しているものでなければ，都市計画区域内で建築することができないこととされているが，大規模小売店舗等についても，その土地利用に関する影響を考慮すると，これらの施設と同様のコントロールの仕組みが必要ではないかと思料する。

なお，平成18年改正では，都市計画区域の外側で，土地利用規制を行うことができる準都市計画区域制度について，その決定主体を市町村から都道府県に引き上げたが，これも広域的視点から立地規制が必要な場合を想定したものである（但し，この場合も消極規制であるため，立地することがふさわしくないゾーンに定めることになり，広範囲に指定することは困難である）。

(2) 市街地の拡大のコントロールについて

今回の改正によって社会福祉施設，医療施設，学校等が開発許可の対象となり，市街化調整区域への拡散の抑止は可能になったが，人口減少下での郊外部への市街地の拡大は依然として続いており，非線引き都市計画区域では，市街地の外延的拡大を抑制することは難しい。線引きを行うか否かの判断が原則として各都市計画区域に委ねられたことにより線引きの撤廃が行われると，人口密度の低い市街地化が進むと思われるが，このことは中心市街地の居住人口をますます減少させ，その高齢化を促進するおそれが強い。

このように市街地の郊外化は中心市街地の衰退の要因の一つであるが，これへの対処は，都市全体の構造をどのように築いていくかという姿勢が問われるところである。中心市街地問題は市街地の拡大を防止し，市街地のコンパクト化を図り，中心部機能の再編を通しての魅力ある中心市街地の実現を図るという視点に立った施策を抜きにしては解決できな

いのではないか。都市計画による土地利用のコントロールと都市基盤施設の計画的整備は，そのための不可欠の手段の一つである。都市計画マスタープランにおいて，あるべき中心市街地の姿，中心市街地と郊外部との関係を明確にした上で，必要な立地規制と基盤投資を実施すべきである。これらの対応は現行の都市計画法の適切な運用により実現が可能であるが，このような姿勢に基づいた明確なビジョンの下にマスタープランが作成され，全ての都市計画の共通目標として取り組むことが必要である。

第3節　地方都市の中心市街地の活性化に向けての今後の方向

　地方都市の中心市街地の活性化に向けての現在の施策の主な概要については，以上の通りであり，まだ多くの問題は残されているものの基本的な制度の枠組みは用意され，各都市が自らの都市の置かれた状況に適した施策を本格的に選択・実施する段階に来ている。今後各都市がこの制度的枠組みを活用して中心市街地の再生に臨む際に留意すべき都市的視点としては，次のような点が挙げられる。

1　地方都市全体の問題としての認識の確立

　既に見てきたように，中心市街地の衰退問題は単に中心商業地の衰退問題にとどまらず，その都市全体の問題である。今後の中心市街地の活性化のための施策は，都市全体で人口減少の続く中で，中心部と周辺部との関係をどのように再構築すべきかという問題意識の下に行われる必要がある。これまで大都市とのつながりを強めてきた農業経営を背景に，都市の中心部と周辺地域とのつながりが希薄になって久しく，地方都市中心部の魅力の喪失と合わさって，地方都市の周辺地域の住民の視野には，中心市街地は用があるときに仕方なく訪れる場所としてしか写らなくなっている。中心部と周辺部のつながりを強化・再構成し，相互にどのような互恵関係を築いていけばいいかを共通認識として確立することがまず必要である。

2　持続可能な中心市街地の経済力の回復

　中心市街地に生じている人口の希薄化，高齢化等の問題の本質は，「過疎化」に他ならない。そこに暮らしている人の生活を支えるだけの生産力・収益がない場合，人はその地域から流出する。地方都市の中心市街地の活性化は，基本的に，居住人口を支えるに足りる雇用を生み出すことに置かないと持続しない。大規模小売店舗等の郊外立地は，中心市街地から雇用力を奪うだけでなく，そこで行われる商業活動の利益を大都市に流出させる仕組みとしても機能する。農業や商業に見られるこのような大都市経済へのつながりをこれ以上強化すべきではなく，大都市へ富が流出してしまう地方経済の仕組みを，地域の中に循環・還流させる仕組みに変えていくことを目指し，地方都市の有している資源を活用できる仕組みを構築することにより，自立的・持続的に存続できる活性化を目指す必要がある。

3　地方都市の中心部の魅力の創成

　現在の地方都市の中心部は，かつて有していた人を引きつける魅力を喪失しているが，これからの地方都市の中心部の再生に当たっては，どのようにすれば再び人を引きつける魅力を持つことができるかを考えて行く必要がある。その一つの方向は，これまでに様々な試みが行われているように，地域資源を掘り起こし，その都市の個性を引き出すことである。ある都市に有効な施策が別の都市にもふさわしいという保証はなく，その都市が置かれている状況，その都市の性格，有している資源等を踏まえて，持続する形での町おこしによる地域の魅力の創成を目指す方向である。もう一つの方向は，その都市に住む住民にとって魅力ある市街地の形成を目指すことである。我が国の街には住民がお金をかけずに楽しく満ち足りた時間を過ごすことができる場所が極めて少ない。住民がそのような時間を過ごせるための装置を作り出す必要性は高い。都市の中心市街地の重要な役割の一つとして，常に新しい都市生活のスタイルを住民に提示しつづける機能を持っている必要があるが，現在の地方都市の中心部は，地方都市に住む住民が魅力を感じる生活スタイルを

提示できていない。大都市の住民が農山村の生活に魅力を見出し始めている時に，地方都市の中心部もこれからの地方都市生活の魅力を模索し，これを提示していく必要がある。財政力に乏しい地方都市にとって新しい装置を模索・整備することは多くの困難が伴うが，国による支援制度も整備されるに至っており[6]，その活用が期待される。

4 その他——大規模小売店舗の閉店

　中心市街地の活性化問題とは直接の関係は薄いが，大規模小売店舗については，立地に際しての問題以外に，閉店に関する問題が存在する。大規模小売店舗については，開店後一定の期間が経過すると採算性が低下する傾向が認められることが報告されており，増床等で対応が行われた後，閉店に至る場合がかなりある。その場合の地域に与える影響は極めて大きいものがあり，周辺地域に居住する消費者は日常生活にも困窮する事態が生じることもある。なかには，住民等が共同で必要な商店の維持運営を行っているところもあるが，このような場合における対応が十分でないと日常生活における利便性が低下し，地域社会が崩壊するおそれがある。現在，このような事態を想定した対応の仕組みは存在しない。大規模小売店舗の立地の是非を判断する立場にある地方公共団体の担当者は，その撤退のことを念頭に置いて対応する必要がある。

5 地方小都市の中心市街地対策

　冒頭に述べたように，現在展開されている中心市街地の活性化対策は，人口が数万程度以下の地方小都市の状況に適したものとはなっていない。中心市街地活性化法に基づく施策も都市計画法等に基づく土地利用コントロール等も，ある程度の活力が残っている都市に対しては効果が期待

---

[6] 「まちづくり交付金」制度は，平成16年都市再生特別措置法の改正により整備されたものであるが，市町村が中心市街地の再生に必要な新しい装置の整備等を可能にするための財政支援制度である。市町村は，都市中心部の再生に必要な事業・事務を「都市再生整備計画」としてとりまとめて提出し，国がその計画に基づいて行う事業等の経費に充てるための交付金の交付を行うとともに，必要な都市計画等の特例…都市計画決定権限の委譲等，都市計画の決定等の要請，道路整備に係る権限の委譲等が行われる。

できる可能性があるが，周辺地域の購買力自体が著しく低下している地方小都市には殆ど効果が期待できない。残念ながら，現在活性化対策が議論されている都市の殆どは，このような小都市ではない。その意味で現在の活性化対策は地方小都市を切り捨てようとしているに見える。既に述べたように，このような問題に対しては，地域を支える産業政策の視点からの取り組みが不可欠であり，都市法で取り扱う範囲を超えている。しかし，現在のように各地で小都市の著しい衰退が生じている現在，地方小都市の生き残り対策は喫緊の課題である。このような都市に対する対策を正面から検討すべきである。

第24章　都市の廃棄物と法

第1節　都市と廃棄物

　現在の都市活動は大量の廃棄物を発生させており，その処理を巡って様々な困難な問題が生じていることは周知のところである。廃棄物については，その処理のあり方等とあわせて，大量の廃棄物を生じさせない都市活動そのものの仕組みの構築が迫られているが，そのためには，基本的に大量生産・大量消費・大量廃棄の社会システムを変える必要がある。しかし，このことは，国民の生活スタイルや水準を根本的に変革することにつながるため，我が国では未だ社会的合意が得られているとはいえない。

　廃棄物の処理に伴う諸問題は，我が国が大量生産，大量消費，大量廃棄を続けていることの必然的結果であり，これらは都市行政が避けて通れない課題である。特に，市場に委ねられた廃棄物処理施設の立地等に伴うフリクションについては，各地で深刻な紛争を生じさせている。

　本章では，廃棄物そのものの減少等に関する施策を取り上げるのではなく，廃棄物の処理に伴って生じている問題を取り上げる。

第2節　廃棄物処理の法制度

　循環型社会の形成を目指して行われている現在の廃棄物対策は，廃棄物の①発生抑制，②循環的な利用（再使用，再利用，熱回収），③適正な処分という優先順位で行われるべきこととされているが（循環型社会形成推進基本法），その最後の部分を担う処分は，廃棄物処理法（廃棄物の処理及び清掃に関する法律）に基づいて行われる。

1　廃棄物の区分と処理責任

　廃棄物処理法は，生活環境の保全及び公衆衛生の向上を図る観点から，廃棄物の処理責任の所在と適切な

処理のための規制等を定めている。

まず，廃棄物は「一般廃棄物」と「産業廃棄物」に区分されるが，その区分については，産業廃棄物についての定義を置いた上で，一般廃棄物は産業廃棄物以外のものを指すという消極的定義となっている。

産業廃棄物は，「事業活動に伴って生じた廃棄物のうち，燃え殻，汚泥，廃油，廃酸，廃アルカリ，廃プラスチック類その他政令で定める廃棄物」及び「輸入された廃棄物」と定義され，前者については現在19種類の廃棄物が産業廃棄物として指定されている。なお，事業過程から生じた廃棄物で産業廃棄物に当たらないものは一般に「事業系一般廃棄物」と呼ばれ，家庭系の一般廃棄物と区別されている。

事業者には，事業活動に伴って生じた廃棄物の適正処理の責任が課せられており（廃掃法3条），うち産業廃棄物については，事業者による「自己処理原則」が明示されている（11条)[1]。

事業系一般廃棄物は，事業者に適正処理責任が課せられているため，自家処理するか，処理費用を負担して他に処理を委託するかしなければならない。オフィスから生じるいわゆる燃えるゴミなどについては，家庭用一般廃棄物と同様に収集処理される場合が見られるが，処理費用は家庭用一般廃棄物とは異なり，事業者が負担責任を負うことになっている。

家庭系一般廃棄物については，国民に排出の抑制，再生利用・分別排出等の協力義務と併せて，なるべく自ら廃棄物を処分する協力義務が課せられているが，通常は市町村によって収集処理されることになっている。

2　廃棄物処理業

廃棄物処理業には，産業廃棄物を扱う業と一般廃棄物を扱う業とに分かれて許可制がとられている。

(1) 産業廃棄物処理業の許可

産業廃棄物の収集，運搬又は処分を業として行おうとする者は，原則

---

[1] 事業者は，その産業廃棄物を自ら処理しなければならない（廃棄物処理法11条1項）。

として業を行おうとする区域を管轄する都道府県知事の許可を受けなければならない（14条）。

　産業廃棄物は，排出者に処理責任があり，自らこれを処理するのを原則（自己処理原則）としたうえで，「産業廃棄物収集運搬業」「産業廃棄物処理業」の許可を受けた業者に処理を委託することができるとしている。産廃業者に委託する場合は，排出者の責任において，法定の事項を盛り込んだ委託契約を書面で締結するとともに，処理完了を確認するための処理伝票（マニフェスト）を発行，回収，照合しなければならない。（マニフェスト制度[2]）　法第12条第5項）

(3)　一般廃棄物処理業の許可

　一般廃棄物の収集，運搬，処理を業として行おうとする者は，当該業を行おうとする区域を管轄する市町村長の許可を受けなければならない。なお，事業過程から生じた廃棄物で産業廃棄物に当たらない事業系一般廃棄物の処理に当たっては，一般廃棄物処理業では事実上対応できない場合があり，現実には産業廃棄物処理業に委ねざるを得ないため，法制度上問題を生じており，法改正が必要との指摘がある。

3　廃棄物処理施設の設置の許可

　廃棄物処理施設については，廃棄物処理法8条（一般廃棄物処理施設の許可）及び15条（産業廃棄物処理施設の許可）に基づき，その設置について許可制がとられている。廃棄物処理施設については，その廃棄物処理施設を設置しようとする地を

---

[2]　マニフェスト制度とは，産業廃棄物の適正な処理を推進する目的で定められ制度である。これは，産業廃棄物の排出者が処理の過程を把握する自己管理制度で，産業廃棄物の運搬又は処理を他人に委託する場合，受託者に対して，その種類・数量，受託者の氏名等を記載したマニフェスト伝票「産業廃棄物管理票」（第12条の3）を交付し，運搬又は処理が終了した場合は，管理票に必要事項を記載してその写しを送付するという仕組みである。伝票がきちんと回収されないと，このマニフェスト制度は機能しないため，法定期間内に回収できなかった排出事業者は届出をしなければならない。これに違反すると排出事業者には罰則もある。なお，マニフェストは，一般廃棄物（事業者によるものも含む）および産業廃棄物であっても委託をせず排出事業者が自ら処理するもの（一般に「自己処理」や「自社処理」などと呼ばれる）には義務付けられていない。

管轄する都道府県知事の許可を受けなければならない。許可基準については，第3節－1参照。

第3節　廃棄物の処理施設の立地問題

　廃棄物は，都市活動に伴って必然的に生じるものであることから，その処理施設は，都市にとって不可欠なものであると考えられる。従って，廃棄物処理施設は公共性の高い施設と位置づけるのが適切であるが，周辺の環境に大きな影響を与えるいわゆる嫌悪施設でもあるため，その立地については，都市の中で最も適切な場所に慎重に定める必要性が高いものである。

1　廃棄物処理法によるコントロール

　廃棄物処理法は，処理施設の設置基準を定めているものの，その立地に関しては周辺の生活環境の保全について適正な配慮がされることを定めるのみで，地域全体の土地利用を考慮に入れた立地規制を行っているわけではない。

　廃掃法は，処理施設の設置許可要件として
　A．施設に関する技術上の基準に適合していることのほか，
　B．生活環境の保全等[3]について適正な配慮がされていること等を定めている。

　このうちBに関しては，施設の許可に際し，
　　i　周辺地域の生活環境に及ぼす影響についての調査結果を記載した書類の添付の義務付け
　　ii　生活環境の保全に関し専門的知識を有する者の意見の聴取
　　iii　1ヶ月間の公衆への縦覧手続
　　iv　市町村長からの意見の聴取
　　v　生活環境の保全上の見地からの利害関係者による意見申立
　　vi　生活環境の保全上必要な許可条件の付加
等ができることを定めている。

　3）　環境省令で定める周辺の施設についての適正な配慮が必要とされている。

> **参考** 〈廃棄物処理施設の生活環境面での周辺との調整〉

廃棄物処理法改正の経緯とその限界
① 廃棄物処理法は1970年の制定当初，処理施設の設置に関して届出制を採用していたが，1991年改正により，許可制に変更され，都道府県知事の許可を受けなければ，処理施設の設置をしてはならないとされるとともに，併せて許可に際して，生活環境の保全上必要な条件を付すことができることとされた。しかし，許可制に変更されたものの，実質的な許可基準としては，技術上の基準に適合さえしていれば許可がなされる形となっていたため，立地地域における実質的調整を行う必要に迫られた地方公共団体では，指導要綱を作成して，これに対応するところが多いという状況が続いていた。
② このような状況下で生じた裁判例として，札幌地判平成9．2．13判決（控訴審札幌高判平成9．10．7）がある[4]。
　本件は，産業廃棄物処理業者が設置しようとした廃棄物処理施設の立地場所が住居，文教施設等に極めて近く，生活環境の保全の観点から不適当であること，周辺住民の同意が得られていないこと，地元市との公害防止協定が締結されていないことを理由として知事が行った不許可処分の取消を巡って争われたものである。知事が行った不許可処分の理由は，いずれも廃棄物処理法15条2項各号の許可基準に該当しないというものではなく，道が定めていた指導要綱の不遵守を理由とするものであった。本件事例は，現実には周辺に極めて大きな影響を与えるおそれが高いと考えられるものであったが，判決は，廃棄物処理法15条の許可は「本来は自由であるはずの私権（財産権）の行使を，公共の福祉の観点から制限するものであるから，右許可に当たって都道府県知事に与えられた裁量は，申請にかかる産業廃棄物処理施設が法律に定める要件，すなわち，廃棄物処理法15条2項各号所定の要件に適合するかどうかの点に限られ，右各号の要件に適合すると認められるときは，必ず許可しなければならないのであって，この点に関する裁量は羈束されている」として，申請が許可基準に該当している以上，不許可処分を行うことはできないとしたものである。
　この判決については，その論理構成に疑問があるが，控訴審においても同様の結論が出され，判決が確定している。
③ 廃棄物処理法の許可基準では，このように立地場所周辺の生活環境の保全上問題があるケースに対応できないという状況を背景に，1997年，再び廃棄物処理法の改正が行われる。この改正の内容は次のようなもの

---

4) 判タ936号257頁

372

である。
　第一に，主として技術基準に適合することのみを定めていた許可基準に，「その産業廃棄物処理施設の設置に関する計画及び維持管理に関する計画が当該産業廃棄物処理施設に係る周辺地域の生活環境の保全及び周辺の施設について適正な配慮がなされたものであること」という1号を追加したことである。
　第二に，許可に際しての手続が追加され，事業者による周辺地域の環境に及ぼす影響の調査の実施とその結果の縦覧，利害関係者による意見書の提出，生活環境の保全上の見地からの関係市町村長の意見の聴取（15条3項～6項），それに，許可をする場合に専門家の意見の聴取（15条の2第3項）が必要とされたことである。
④　上記の改正を含む度重なる廃掃法改正にもかかわらず，産業廃棄物処理施設の設置に関しては，依然として住民との紛争が沈静化したわけではない。
　その最も大きな理由としては，主として次のようなことが挙げられる。
　A．産業廃棄物処理施設の立地は，用地の取得が最もしやすいところで行われ，地域の中で最も適切な場所に立地していることが担保されていないこと
　B．立地に際して実質的に地域との調整が十分に行われているとは言い難いこと
　C．法的に認められた廃棄物以外のものの搬入など民間事業者の管理運営行為に対する住民の不信感が解消されていないこと
⑤　このうち，B．については，上述の1997年改正で，利害関係者の意見の提出，関係市町村長の意見の聴取といった手続がとられるようになったものの，廃棄物処理施設の立地に際しての法的手続としては，地元への説明会の開催，公聴会の開催などが制度化されていないなどの不十分さ[5]に加えて，法に基づく都道府県知事の許可が覊束裁量とされていること，許可要件としては申請者以外の利害を考慮すべきことにはなっていないこと[6]等の理由から，依然として周辺地域との十分な調整機能は担保されていない。また，行政訴訟において周辺住民が許可処分を

---

[5]　その他として周辺環境影響調査の範囲が生活環境等に限定されており，自然環境の保全，土地利用の適合性などは対象外となっていること，利害関係者の意見に対して事業者からの見解書の提出等の回答義務がないこと，利害関係者の意見が許可に当たってどのように反映されるか明らかでないこと等が指摘されている。（参考：村田哲夫「廃棄物処理施設と住民の参加」（都市問題研究52巻11号）73頁。）

> 争う道が極めて狭いことなどから，処理施設の立地により影響を受ける周辺住民が十分な調整を受けることのできない第三者の立場に留まっていることが紛争を深刻化させる大きな要因となっていると考えられる。地方公共団体による指導要綱や条例による様々な対応は，この点をカバーし，許可処分に際して法手続では軽視されている周辺第三者の立場をできる限り反映させることにより，地域との実質的な調整を実現させようとする行政の対応と考えることができる。
> ⑥ また，A. の処理施設の適正な場所への立地については，廃棄物処理法では基本的にこれを処理できる構造とされておらず，地域全体の土地利用計画で処理すべきものと考えられている。このような構造は，大規模小売店舗の立地などと類似したところが見受けられる。土地利用の面からは次に述べる都市計画法等のコントロールの対象となってはいるものの，大きな制約条件下にあるため，別途廃棄物処理施設の立地のコントロールを図る仕組みが不可欠である。

2 都市計画法等によるコントロール

廃棄物の処理施設は，都市にとって不可欠な施設であることにかんがみ，都市計画法上の都市施設として，都市計画にその位置を定めることができることとされている（都計法11条）。そして，都市計画区域内においては，原則として，その位置が決定されている場合を除いて，それ以外の場所に建築することが禁止されている（建基法51条）。これは，廃棄物の処理施設が前述した性格を有するものであるところから，都市の中で立地に適した場所に設置することが必要であると考えられているからである。

(1) 都市計画法等によるコントロールの問題点

しかし，この立地規制制度には，二つの大きな問題点が存在する。
　ⅰ　第一は，都市計画区域外には，この規制の効力が及ばないこと
　ⅱ　第二は，民間事業者の処理施設が都市計画で定められることは殆どないこと

---

6) 行政手続法10条（第三者の利益等を考慮すべきことが法令において許可等の要件とされている場合に第三者の意見を聴く機会を設けるよう努めなければならないとするもの）の適用に関しての厚生省の解釈（平成5年衛産36号厚生省産業廃棄物対策室長通知）

ⅰの点については，我が国の土地利用規制制度の基本となっている都市計画制度は，都市としての規制を必要とする区域である都市計画区域に限って適用され，都市計画区域外には射程が及ばない。他方，都市計画区域の外側の土地利用を規制する制度は，建前はともかく一部の地域（例えば農振農用地区域，保安林等）を除いて，都市的土地利用に関しては比較的緩い規制しか行われていないため，廃棄物処理施設の立地が可能なところが多い。

　ⅱの点については，現在，かなりの数の廃棄物処理施設が都市計画決定されているが，その殆どが公的な処理施設で，民間事業者の事業に係る処理施設が都市計画決定される例はほとんど無いのではないか。その理由は必ずしも明確ではないが，しばしば違法な行為が伝えられ，地域環境を損なうことの多い施設の実態が認識されていること，利潤の追求を行う産業活動から生じた廃棄物の処理責任を考慮すると都市計画決定を行ってその敷地の取得に収用権を与えてまで処理施設の確保を図ること[7]は住民感情として受け容れがたいと感じられていること，などがこの背景にあるのではないかと思われる。

(2) 廃棄物処理施設の都市計画区域外への立地拡散

　廃棄物処理施設は，いわゆる嫌悪施設であるため，立地予定地区周辺の住民等から極めて厳しい反対を受けることが多い。このため，民間の廃棄物処理施設の多くは，厳しい規制が及ばない都市計画区域外に立地場所を求めることになり，その結果として，都市が生み出す廃棄物の多くを，都市の外側の区域が引き受けることとなっている。このことは，都市計画区域外に存在する豊かな自然環境を大きく損ない，水源地域の汚染，農山村地域の生活環境の破壊などをもたらす一因となっている。

3　地方公共団体による条例等による対応

　このような状況下で，都市から生じる廃棄物を引き受けさせられている地域に生じている様々な問題に対応す

---

[7]　土地収用法では，地方公共団体が設置する産業廃棄物の処分場は収用ができる事業の中に含まれているものの，民間事業者が設置するものは含まれていない。

るため，地域の側では，法制度に直接基づく手段以外の手段を活用して，様々な対応を行っている。その例として次のようなものがある。

　ⅰ．廃棄物処理施設の立地を直接コントロールするため，水道水源の保護などを目的とした条例による規制などを行うもの
　ⅱ．直接立地をコントロールするのではなく，立地に当たって関係する分野との事前調整を行わせるため，指導要綱や条例などに届出・事前協議のための手続きを規定するもの

(1)　廃棄物処理施設の立地を直接コントロールする条例等

　廃棄物処理法・都市計画法等のところで見たように，産業廃棄物処理施設に関する現行法に基づく規制の手続の中では，処理施設の立地により大きな影響を受ける住民や地域に最も近い公共団体である市町村には殆ど権限が与えられておらず（許可権者である都道府県知事に意見を述べることができるだけである），また指導要綱による事前調整では，地域にとって極めて重要な土地利用秩序が大きな影響を受ける場合にも，これを拒否できないという状況にある。

　このため，市町村の中には，地域に重大な影響をもたらす場合の立地抑制と実質的な地元との調整を目指して，条例に基づいた規制を行うところが増えている。

ア　水道水源保護条例

　その一つのタイプとして，水道水源保護条例がある。既に述べたように，産業廃棄物処理施設は，山間・山麓部の谷間附近に立地されることが多いが，その地域は地域住民にとって最も関心が強い水道水源となっていることが多いところから，水道水源となっている地域に限定して，産業廃棄物の処理施設の立地を制限することができるよう，条例を制定する例が増えている。

　その嚆矢となったのは津市の水道水源保護条例[8]であるが，飲用水の保護を通じた住民の安全・健康の確保の視点から，水源地域における廃棄物処理施設等一定の施設の立地規制を行っている。

8）　昭和63年2月に制定されている。

その仕組みは，市が審議会の意見を聴いて「水源保護地域」を指定し，その水源保護地域で「対象事業（砕石業，砂利採取業，産業廃棄物処理業）」を行う者に対し，事前協議と住民への周知措置を講じる義務を課す形をとっている。事前協議において，対象事業を行う事業場の中に，「規制対象事業場（水道に係る水質を汚濁し，又は汚濁するおそれのある事業場として認定されたもの）」があるとされた場合，その設置が禁止されることになる。認定に当たっては，審議会の意見を聴くことになっている。事業者が協議に応ぜず，周知措置等をとらない場合は，勧告が行われ，勧告に従わないときは，対象事業の一時停止命令が発せられる。津市の水道水源保護条例においては，違反に対し，6月以下の懲役を含む罰則の適用によって実効性が担保されている。（この条例に問題があるとすれば，条例のレベルで規制対象事業場の認定基準が明らかにされていない点であろう。平成元年に制定された伊東市の水道水源保護条例では，津市の条例の基本構造を採用した上で，水道水源保護地域において対象事業場を設置する場合の事業計画基準を詳細に定めており，事業者の事業計画がその基準に適合しない場合には，変更命令が出せることになっている。）

　水道水源保護条例のもう一つの例として，木更津市の例を挙げる。木更津市小櫃川流域に係る水道水源の水質の保全に関する条例では，水道水源保護地域を指定した上で，廃棄物の最終処分場とゴルフ場を対象として，そこから公共用水域に排出される「排出水」の水質を規制しようとするもので，対象事業場の区分に応じて定められた排水基準に適合しない場合には設置計画の変更命令が出される形となっている。変更命令に従わない事業者に対しては罰則の適用が予定されている。排水規制の形をとっていることから，事業場設置後も排水基準不適合に対しては改善命令が予定され，変更命令同様，罰則で担保されている。このタイプの条例の場合，水質汚濁防止法との抵触が問題となる可能性があるが，水道水源保護地域に限定された横出し・上乗せ規制であることから，排水基準に合理性が認められれば，水道法2条1項に基づく条例として違法性が問題となることは少ないと考えられる。

> **参考** 〈阿南市水道水源保護条例事件〉

　これらの水道水源保護条例のうち，津市の条例と同じタイプである「阿南市水道水源保護条例」に基づく規制対象事業場の認定処分が争われた事例として，徳島地裁平成14．9．13判決[9]がある。本件は，阿南市が指定した水道水源保護地域内に産業廃棄物の管理型最終処分場を設置する廃掃法の許可を受けた事業者が，阿南市から同条例に基づく規制対象事業場に認定する旨の処分を受け，事業場の設置を禁止されることになったため，その認定処分の取消を求めたものである。

　判決は，まず「本件条例による管理型最終処分場の設置に対する規制は，適正な処理による産業廃棄物の処理を通じて生活環境の保全等を図るという目的こそないものの，処理施設に起因する人の生命又は健康への被害を伴うおそれのある水質の汚濁を防止するため，技術上の不備があると認められる施設の設置自体を禁止するという点においては，廃棄物処理法及びその委任を受けた政省令による規制と目的を同じくするものと解するのが相当である」として，本件条例と廃棄物処理法が同一の目的にでたものとした上で，廃棄物処理法が本件条例による別段の規制を容認しているかどうかについて検討を行っている。この点については，「本件条例は，上記の（廃棄物処理法に基づく）都道府県知事の審査権限と同じ権限を阿南市の機関である管理者（被告）に対しても付与することになる。このように，都道府県知事と市町村長が同一事項について二重に審査をする制度を設けることは，申請者に過度の負担をかける結果となり相当でない上，廃棄物処理法が…（中略）…市町村長と都道府県知事の役割分担を明確に規定していることにかんがみても，およそ同法が想定しているものとは考えがたい事態であるといわざるを得ない。加えて，地域の必要に応じて規制する必要がある場合には，廃棄物処理法15条3項により，都道府県知事にその条件を付す権限が与えられていることをも考慮すると，本件条例は，少なくとも産業廃棄物の管理型最終処分場に適用される限りにおいて，同法の容認するところではなく，同法15条1項ないし3項に違反して無効である」として本件処分を取り消している。

　本判決に対しては，批判が多い。特に，本件条例と廃棄物処理法とが同一の目的に出たものとする点については，本件条例と同一の目的を定めている紀伊長島町の水道水源保護条例に基づく処分が争われた名古屋高裁平成12．2．29判決[10]が「廃棄物処理法は，産業廃棄物の排出を抑制し，産業廃棄物の適正な処理によって，生活環境の改善を図ることを目的とする

9）　判例自治240号64頁。
10）　判例タイムズ1061号178頁。

のに対し，…（中略）…紀伊長島町が住民の生命と健康を守るため，安全な水道水を確保する目的で同町が制定した本件条例とではその目的，趣旨が異なるのであるから，本件条例が前記廃棄物処理法に反して無効と言うことはできない」としている点から見ても，疑問のあるところである[11]。本件の場合は，本条例と廃棄物処理法は同一の目的に出たものではないとしたうえで，廃棄物処理法の目的と効果を阻害するものでないかが判断されるべきところであったと考えられる。この立場に立ったものとして，後述する宗像市環境保全条例に関する福岡地裁平成6．3．18判決[12]がある。

また，本判決では，同一事項について二重に審査をする制度を設けることが申請者に過度の負担をかけること，廃棄物処理法では都道府県知事と市町村長の役割を明確に規定していることをもって，廃棄物処理法をいわゆる最大限規制立法と考え，本件条例が15条に違反する理由としているが，産業廃棄物処理事業者の負担と処理施設の立地によって影響を受ける住民の生命・健康と申請者の負担とを比較衡量すると，このような理由で廃棄物処理法の規定が全国的に一律の内容の規制を行わなければならないとすることには疑問がある。

イ　環境保全条例

　水道水源保護条例が，住民の生命・健康の確保という視点から，水道水源地域に限定して産業廃棄物等の立地を規制しようとしているのに対して，水源の保護という特定目的に限定せず，より広範に自然環境や生活環境の保全を図るための条例を制定し，その規制対象の一つとして産業廃棄物処理施設について規制を行うタイプのものに環境保全条例がある。

　このタイプの特色は，市町村全域を規制対象とし，廃棄物処理施設に限らず，地域にとって重大な影響をもたらす開発行為や建築行為等について，市町村への届出と事前協議を行わせ，地域の独自の基準を設けて規制を行うという形をとっている。この場合，その規制は，国の法令との関係では，いわゆる横出し或いは上乗せ規制となることが多いため，

---

11)　同旨，村上博「阿南市水道水源保護条例違法判決事件」（判例自治244号109頁）なお，この事件は，同条例において認定基準が定められていないことを理由に手続違法があるとして平成18年1月30日高松高裁で控訴が棄却されている。

12)　判例自治122号29頁

事業者との間で争いが生じることがある。その代表的なものが前出の福岡地判平成6．3．18（宗像市環境保全条例事件）である。

　本件は，環境保全条例に基づき，市域全域において産業廃棄物処理施設の設置の届け出制（いわゆる横出し規制）をとっていた宗像市の市長が，廃棄物処理法の適用を受けない中間処理施設を設置しようとした産業廃棄物処理業者に対して，自然環境の保全・紛争の防止上の必要から，その中間処理施設の設置届出に対して設置廃止勧告を行ったところ，事業者がその廃止勧告処分の無効確認を求めて争ったものである。判決は，廃棄物処理法との関係で，本条例による産業廃棄物処理施設に対する規制と廃棄物処理法の規制とは，その規制目的を異にするとしたうえで，本件条例の適用いかんによっては廃棄物処理法の規制の目的と効果を阻害することになるとして，本件条例を廃棄物処理法違反とした。判決の述べるところは，「条例上の規制は，もっぱら自然環境の保全及び自然環境に係る事業者と市民の間の紛争を予防する観点から一般的に産業廃棄物の処理施設の設置等の抑止を図るものであるから，その目的の貫徹を図ろうとする限りにおいて，必然的に同法の法目的の実現が阻害される関係にあることは明らかというべきである」として，両者はその目的を異にするものの，条例による規制が廃棄物処理法の目的の実現を阻害する関係にあるとした上で，「条例8条の『自然環境の保全又は紛争の予防を図るための措置が必要であると認めるとき』という文言を，…『著しく自然環境を破壊する具体的危険があり，かつ，極めて深刻な紛争を生ずるおそれがある場合』等に限って規制を施す趣旨のものであるという…ような合理的な限定解釈は行い得ないと解するのが相当である」として，本条例による規制は，同法15条による規制の法目的と効果を阻害すると結論づけている。

　この判決についても批判がある。条例による廃止勧告基準が不明確であることから立地が広範に拒否される可能性があることをもって，過度に法の目的と効果を阻害することにつながるとするのは問題がある。条例に基づく処分の基準については，阿南市水道水源保護条例事件の控訴審である高松高判平成18．1．30においても，条例において認定基準が定められていないことから手続違法を理由に認定処分を取り消しているが，

地域における様々な事情に対応できていない廃棄物処理法の仕組みを考えると，自然環境に対する影響についてどの程度の具体的な基準を予め定めておくことが適切かは一概に判断できない点があり，定性的な基準とならざるを得ないところがあるため，条例の適用に当たって具体的な状況に応じた的確な判断が要求されることにならざるを得ない。

ウ　土地利用規制条例

　繰り返しになるが，廃棄物処理施設は都市にとって必要不可欠な施設であり，それ故に廃棄物処理法では，産業廃棄物処理施設の設置等に対する規制に関し，処理施設に起因する環境の悪化の防止という要請との調和を保ちつつ，処理施設による産業廃棄物の処理を通じて生活環境の保全及び公衆衛生の向上を図るという二つのファクターを同時達成する考えに立っている。

　しかし，他方，処理施設が立地する地域の側に立つと，後者のファクターのみが重視され，なぜこの場所なのか，もっと適切な場所があるのではないか，この場所は単に事業者にとって用地取得が容易であるという場所にすぎず，都市全体にとっての総合判断が行われていないのではないか，というような疑問が生じ，また，実際に周辺地域に対する影響を考慮したとは考えにくいケースもあり，両者の間の溝は埋まらないことが多い。既に述べたように，この問題は，嫌悪施設の立地に係る土地利用調整の側面を有しており，どこかに立地しなければならない以上，最も適切な位置に立地するためには，（現行法制度のように都市計画区域でしか規制が及ばない形ではなく）地域全体の土地利用計画においてこの問題を取り扱うことが不可欠になると考えられる。

　この視点に立って，住民の参画を得て，市町村全域をカバーする土地利用計画を作成し，その土地利用計画に基づいて，不適切なゾーンへの産業廃棄物処理施設等の立地をコントロールし，適切なゾーンへの立地を誘導するという仕組みを備えた条例が考えられる。このタイプの条例は，廃棄物処理施設にとどまらず，市町村の土地利用に重大な影響を及ぼす施設についてその立地をコントロールし，地域が望む土地利用を実現することを目的とする。現在のところ，このような土地利用計画を中心とする仕組みを内容として定めた条例は極めて例外的な存在である。

このタイプの条例における問題は，計画作成の過程で顕在化する利害を調整するために，首長や住民の高い意識と住民自治の経験などが必要であり，直ちにどの市町村でも実現できるものではないという点にある。

(2) 廃棄物処理施設の立地に伴う利害調整に必要な事前協議等のための条例，要綱等

このタイプの条例・要綱には，市町村レベルのものと都道府県レベルのものがあるが，両者はややその目的を異にしている。

市町村レベルにおいて多く見られるものとしては，廃棄物処理法において特別の権限行使を認められていない市町村が，事業者に事前協議を義務づけるもので，立地に伴い地元に生じる不利益の実質的調整を図ることに重点が置かれている。民間の産業廃棄物処理施設の設置については，その設置，運営に不安を抱く住民が多いことから，その設置に伴う問題の実質的解消を図ることが地域の行政に責任がある市町村にとっては必要である。立地予定場所周辺の環境の保護等の視点から，住宅や学校等からの距離，廃棄物搬入に当たってのチェック，水質検査の実施等施設の設置・運営に伴う条件について協議できる機会を設けることにより，実質的問題を解消させる目的を有している。このタイプのもので問題とされるのは，協議に際して周辺地域住民の合意書の添付を義務付けているものである。住民合意がとれない場合に，協議不調として市町村の意見書を出さない，道路占用許可等を出さない等の事実上の非協力がなされるとすれば問題になろう。都道府県の指導要綱に関しての裁判例であるが，同意書の添付なしになされた許可申請に対して，不受理又は不許可とした行為に対して争われた事件群について，判例は，指導要綱により付加された要件を満たさない許可申請に対して不許可処分を行った事例及び申請を受理しなかった事例に対して，違法という判断を行っている。その例として，宇都宮地判平成3年2月28日（同意書なし申請の受理の拒否違法），札幌地判平成9年2月13日，札幌高判平成9年10月7日（同意書が取れない状況の不許可処分違法）。仙台地判平成10年1月27日（処分保留は不作為の違法）等がある[13]。こうした同意行政については，その問題化に伴い，地方公共団体の中には，廃棄物処理施設の設置の可否を住民投票条例による住民投票に係らしめるところがでてきて

いる。また，これらの要綱・条例による処理施設に対する規制に関しては，事業者からの訴訟も数多く起こされており，廃棄物処理法等との関係で違法性が争われる状況が生じている。

　他方，都道府県レベルのもので条例の形をとっているものは，主として産業廃棄物処理施設の設置に際して，説明会の開催，意見書の提出，事業者による見解書の提出，知事による意見の調整，紛争のあっせん，環境保全協定の締結に関する助言など手続面での措置の充実を図り，紛争の予防を図ることを目的とするものである[14]。これらは市町村のものとは異なり，廃棄物処理施設の設置を前提として，地域との間の調整の手続を定めるためのものであり，地域にとって致命的なダメージを与えるような廃棄物処理施設の設置を抑制する機能を果たすものと期待されているものではない（逆に絶対反対の場合にも設置を認めざるを得ないところがある）。

4　廃棄物処理施設の立地コントロールのあるべき法制度

　廃棄物処理施設に留まらず，嫌悪施設の中には，都市にとって必要不可欠なものが存在する。それらの施設の中には，都市の中に立地することが必ずしも適切でないものもある。このため，都市の土地利用のみをコントロールすることになっている都市計画の仕組みでこれらの立地をコントロールすることは難しい。都市計画の仕組みを使って的確なコントロールを行えるようにするためには，都市計画区域が市町村の全域をカバーしている必要がある。また，たとえ都市計画区域が市町村の全域をカバーしたとしても，立地のコントロールを市町村のみで決定できることとした場合には，このような嫌悪施設を市町村の縁辺部で，隣接する市町村に近いゾーンに立地させることも考えられる。その場合，隣接する市町村にとっては，

13）　宇都宮地判平成3年2月28日（判時1385号43頁），札幌地判平成9年2月13日（判タ936号257頁），札幌高判平成9年10月7日（判時1659号45頁）。仙台地判平成10年1月27日（判時1676号43頁）

14）　兵庫県，福岡県，香川県の条例（産業廃棄物処理施設の（設置に係る）紛争の予防及び調整に関する条例）参考

問題になるケースもあり得る。嫌悪施設に限らず，例えば大規模小売店舗のように市町村の範囲を超えて他の市町村にも影響を与える広域的施設の場合，その立地コントロールは，市町村と都道府県が協議して行う必要がある（都市計画区域内で産業廃棄物処理施設を設置する場合の都市計画は，都道府県が定めることとなっている）。

　都市計画法によるコントロールを使わず，適切な立地コントロールを実現しようとすれば，前述した土地利用規制条例による方法を採用するか，あるいはその施設の設置を規制している法制度の中に立地コントロールの仕組みを導入するしかない。

　前者の場合，地方公共団体の自主条例の形によらずに，法制度上に根拠を持ったものと位置付けるためには，国土利用計画法の中にそのような土地利用規制条例を作成できる根拠となる規定を置き，その内容の適切さを担保するための規定と作成のための適正手続きに関する規定を整備することが考えられる。その場合，立地に関して広域的な判断が必要な場合は，都道府県の関与が必要となろう。

　また，後者の場合，廃棄物処理法の中に，廃棄物処理施設の設置許可に当たって，適切な立地場所をコントロールできる仕組みを組み込むことが考えられる。例えば，産業廃棄物処理施設の場合は，都道府県が産業廃棄物処理計画を定め，その中に処理施設の立地場所に関する事項を定めることとする形などが考えられる。

　このような計画上の対応を想定すると，立地に伴い不利益を被る地域と施設の実現により利益を享受する地域との間で，その公平を担保するための外部費用の調整制度の必要も視野に入ってくると考えられる。

第4節　住民側からの訴訟

　廃棄物処理施設の立地を巡って提起される訴訟としては，設置に伴う行政処分に対して提起される行政訴訟と施設の設置・使用などを差し止めることを求める民事訴訟がある。

1　行政訴訟

産業廃棄物処理施設が設置される場所の周辺住民

第24章　都市の廃棄物と法

が，その設置に伴う行政処分の取消を請求することができるかという点については，前橋地判平成2.1.18（群馬県産業廃棄物処理業許可事件15））をはじめとして，かつてはいわゆる「反射的利益説」に立ったものが多く，周辺住民には「法律上保護された利益」が認められず原告適格がないという理由により，請求が却下されているのが殆どだったといってよい。しかし，最近になって，廃棄物処理法の規定は「付近住民の生命身体の安全等を個々人の個別的利益として保護すべきものとする趣旨を含む」ものとして，原告適格を認める判決がでるようになってきている。その例として，大分地判平成10.4.27（大分県野津原町産業廃棄物最終処分場事件16））及び横浜地判平成11.11.24（小田原市産業廃棄物処分業許可事件17））がある。但し，原告適格が認められたとしても，都道府県知事が行う産業廃棄物処理施設の設置許可処分に違法性が認められる場合はなかなか想定しにくい（許可権者は許可に際して慎重な態度であることが多いことと併せて，許可処分自体が覊束裁量行為とされていること）ので，周辺住民が許可処分の取消訴訟において勝訴するケースは余り多くないことが予想される。

2　民事訴訟

① 次に，廃棄物行政とは少し離れるのであるが，産業廃棄物処理施設の設置により，周辺に水質汚濁等の影響がでるおそれが強い場合，民事訴訟によりその差し止めを求める場合がある。既に見たとおり，廃棄物行政が適法に行われたとしても，周辺に被害を及ぼすおそれがある場合には民事上適法とは必ずしも言えない。行政訴訟の分野では対応が限られている周辺住民は，廃棄物処理施設の設置に対して，工事の差し止めを求めることが多い。このケースで有名な事件として，仙台地決平成4.2.28（宮城県丸森町産業廃棄物処分場事件18））がある。この事件は，宮城県丸森町の自己所有森林内に安定型の産業廃棄物処

---

15)　判例時報1365号50頁
16)　判例自治188号82頁
17)　判例自治202号42頁
18)　判例時報1429号109頁

分場の設置を計画している債務者に対して，周辺住民がその操業の差し止めを求めたものであるが，飲用・生活用に供する水の確保を人格権として位置づけ，その侵害が生じる高度の蓋然性が認められるとして，仮処分を認容した。最近の同種の決定として水戸地決平成11.3.15（水戸市全隈町産業廃棄物処分場事件[19]））がある。

② 「廃棄物処分場の建設・設置，操業をめぐる民事裁判例」のうち，仮処分申請事件は，全体の約9割を占めており，認容の判断が出たもの4割強であると言われている。裁判例から見た認容の判断基準としては，

　i 被害の有無，態様，程度を中心に判断がなされている。まず，飲料水，生活用水に影響を及ぼす場合には，差し止め請求が認められており，住民の生命・健康に影響を及ぼすおそれが大きいものについては，認容がなされる。その際，被害が受忍限度を超える蓋然性があることを要するとするものが多い。

　ii 被害発生の蓋然性の有無の判断材料として，同種施設の稼働による被害発生状況の検討がなされる場合がある。また，安定5品目以外の物質の混入可能性（分別，搬入チェック体制）や安定5品目にも有害物質が含まれる可能性も指摘されている。さらに，マニフェスト制度については，適正かつ十分に機能しているかどうかの疑問は払拭し得ないとして高い評価は与えられていない。

　iii 代替地の可能性の有無が判断材料として加えられることも多いが，必ずしも差し止め請求を判断する際の基準の一つとして十分に機能しているわけではない。

　iv 環境アセスメントについては，それを義務付ける法制度がないことから，判断基準として独立の意味を持たせないものから，重要な判断要素として位置づけるものまで，判例は分かれているが，学説では，ア．環境アセスメントの欠如だけで差止めが可能とするもの，イ．差止めを認めるためには，環境アセスメントの欠如と被害の発生又はその蓋然性の両方が必要とするもの，ウ．環境アセスメント

---

[19] 判タ1053号274頁

の欠如は被害発生の蓋然性を推認させるとするもの，に分かれている。

第5節　不法投棄問題

(1)　不法投棄対策

廃棄物処理法によれば，何人もみだりに廃棄物を捨ててはならないとされ，違反すると5年以下の懲役又は1000万円以下の罰金又はこの併科がされる。

また，法に基づく処理基準に適合しない処分が行われた場合，処分を行った者等に対して改善命令を行い，処理の方法の変更等の必要な措置を講ずることにより廃棄物の適正処理を確保することができる。さらに，生活環境保全上支障が生じ，又はそのおそれがある場合には，処分を行った者，その関与者，適正な監督を怠った排出事業者等に対し，措置命令を行い，その支障の除去又は発生の防止のために必要な措置を講ずるように命ずることができることとされている。

このような厳しい規制が行われているにもかかわらず，規制を逃れ，山間部等に廃棄物が不法投棄される場合があり，投棄者が特定できない或いは特定できても倒産等によって原状回復責任を果たさせることができないという場合も多い。特に産業廃棄物については，廃棄物ではないという名目で大量の廃棄物が堆積され，周辺の生活環境，自然環境に大きな影響を与えている例も見られる。このような産業廃棄物の不法投棄の防止のため，産業廃棄物を発生させた者から，収集運搬受託者を通じて，処理受託者に至る廃棄物の流れを，把握できるように管理票（マニフェスト）制度が整備されていることについては前述した（12条の3〜6）。

また，不法投棄によって堆積された廃棄物を除去するための費用負担に関して特別の制度が整備されるに至っている。

なお，不法投棄された事案の相当部分が許可業者の手によるものであることが明らかになっているが，これは，廃棄物の処理費用が適切に支払われていないことにも一因があることを窺わせる。排出者が本来必要

とされる廃棄物の処理費用を負担していない状況が背景にあると思われる。

(2) 排出者の責任

受託処理業者の不適正処理により不法投棄が生じた場合に、排出者がどこまで責任を負うかが問題となる。実際の事件では、廃棄物の内容を確認することによって排出者を特定することはできても直接の投棄者が特定できなかったり、処理業者に資力がなく撤去費用の負担などを負いきれなかったりすることが多いからである。

都道府県の産業廃棄物担当部局は、排出者の管理状態などを精査し、問題があれば「排出者として責任あり」として、撤去費用などの負担を求めるが、原則として、特に定めのない限り、過失がない者には民事上の責任は発生しない（民法709条「過失責任の原則」）ため、排出者に過失がないと認められる場合は、不法投棄などがあった場合でも、排出者が民事上の法的責任を負う根拠は存在しないとされる。

(3) 特定産業廃棄物に起因する支障の除去等に関する特別措置法

平成9年の廃棄物処理法改正前（平成10年6月以前）に不法投棄された廃棄物については、都道府県等が行う対策費用に対して、国庫補助および地方債の起債特例などの特別措置による財政支援を行うことが定められている。これは、2003年度から10年間の時限立法である。

特定支障除去等の事業について、地方負担額に対する充当率は70～75％で、その元利償還金の50％について交付税措置が行われる。

第25章　都市の災害と法

第1節　都市と災害

　災害[1]と災害の発生原因となる現象とは必ず結びつくものではない。激しい地震が発生しても，大洪水が生じても，それが人が住まない未開の原野である場合には被害が生じないため，災害には当たらない。多数の人や膨大な財産が集積している都市においては，大規模で異常な自然現象ではなくとも甚大な被害に結びつくことがあり，社会に対して重大な影響を及ぼすことがある。その意味で，災害への対応をどのように行うかは，都市政策の主要な課題の一つである。

　ところで，自然災害は都市の中で最も脆弱な部分を狙い撃ちするように発生することが多い。平成7年に発生した阪神淡路大震災は，老朽化した建築物が建ち並び，高齢で低所得の市民が多く居住する劣悪な密集市街地に甚大な被害をもたらし，多くの死傷者が生じた。被害は，物的なものに留まらず，都市のライフライン・システムにも大きなダメージをもたらし，都市機能そのものが失われたり，長期間にわたって停止する結果をもたらした。地域社会は崩壊し，被災地となった地域の復興には長い時間と膨大な費用が必要となった。

　災害対策の基本を定めている災害対策基本法においては，「防災」を次の三段階に分けて規定している。

　ⅰ　災害を未然に防止すること（災害予防）
　ⅱ　災害が発生した場合における被害の拡大を防ぐこと（災害応急対策）
　ⅲ　災害の復旧を図ること（災害復旧）

1）　災害対策基本法において「災害」とは暴風，豪雨，豪雪，洪水，高潮，地震，津波，噴火その他の異常な自然現象又は大規模な火事若しくは爆発その他その及ぼす被害の程度においてこれらに類する政令で定める原因により生ずる被害をいう（第2条1号）」とされる。

この中で最も重要な意味を持つのは災害の予防であり，都市の脆弱な部分を改編し，耐災化を進め，被害を未然に防ぐことが最も望ましい施策であるのはいうまでもない。しかし，予防対策には長い時間と膨大なコストがかかる場合が多く，また完全に災害を予防することは不可能である。このため，災害が発生した場合にその被害を最小限に留めるための施策（災害応急対策）は不可欠であり，また被災した都市基盤施設や住宅，崩壊した都市システムを迅速かつ的確に復旧するための施策（災害復旧対策）も都市の再建にとっては重要な意味を持つことになる。

第2節　都市における災害予防策

　都市における災害予防策として，重要と考えられる柱は，次の諸点である。
- ⅰ　被害が予想される区域の明示と利用規制
- ⅱ　防災施設の整備等
- ⅲ　被害が予想される施設・建築物の耐災化
- ⅳ　地域の防災力の向上

1　被害が予想される区域の明示と開発・利用規制

　都市の中には，災害が生じる危険性が他の場所より相対的に高いところが存在するが，できる限り災害に遭わないようにするためには，そのような場所を明示し，開発を規制したり，土地利用をコントロールしたり，災害に対する警戒避難体制を整備しておくことが必要となる。

(1)　災害危険区域制度

　この制度は，建築基準法第39条に基づくものである。地方公共団体は，「津波，高潮，出水等による危険が著しい区域」を，条例で「災害危険区域」として指定し，必要な建築制限をかけることができることになっている。津波，高潮，出水等については，これまでの被災経験と理論値から危険性が著しく高いゾーンを具体的に定めることが可能であり，そ

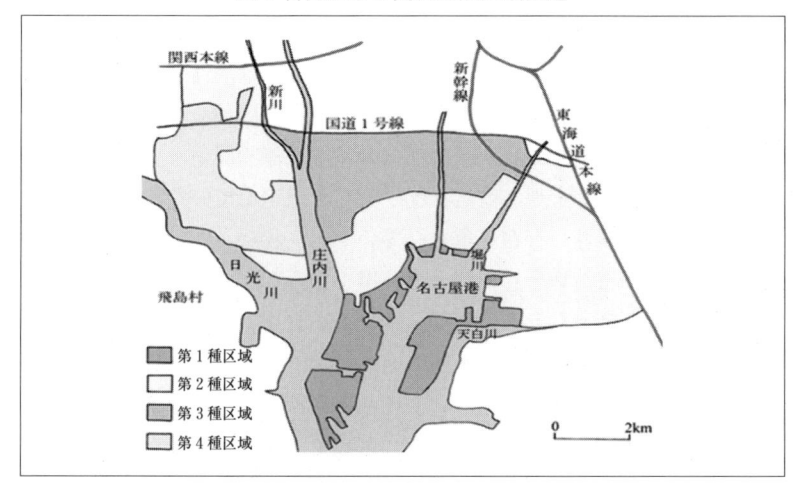

図：名古屋市の災害危険区域指定

れぞれの区域に見合った建築の禁止や建築物の構造面での規制を行うことが必要であることから、災害の未然防止のための規制を可能にする制度として整備されているものである。

しかし、この災害危険区域については、その建築制限が土地所有者等の安全の確保を図るものであることから、規制に伴う補償措置が伴っておらず、財産権との調整の難しさから地方公共団体が指定を躊躇する傾向が強く、実際には必要があるにも関わらず指定がされないという状況になっている。現在、災害危険区域の指定が行われているのは、全国で17区域、面積にして7060haに過ぎず、しかもその大半は1959年の伊勢湾台風によって高潮被害を受けた名古屋市南部の臨港部である。なお、制限内容も建築物の建築を全面的に禁止するものではなく、床の高さを規制する形のものとなっている。

(2) 危険ゾーンの市街化区域からの除外基準

都市計画法上概ね10年内に優先的かつ計画的に市街化を図るべき区域として定められる「市街化区域」内に災害の危険のあるゾーンが含まれないようにするため、市街化区域内の土地の安全の確保を図る観点から区域区分に関する都市計画を定めるに当たっては「溢水、湛水、津波、

高潮等による災害発生のおそれのある区域」を原則として含まないようにすることとされている（都市計画法施行令第8条1項2号ロ）。

　しかし，実際には，市街化区域にはこのような危険性の高い土地が多く含まれているのが現実である。これは，市街化区域・市街化調整区域制度が整備された当時の我が国の都市の状況と深く関係している。人口等が都市に集中し，土地の需給状況が著しく逼迫していた状況下では，多くの者が，危険性の存在を承知していても，稀にしか生じない災害を避けることより市街地としての土地利用を行うことの方が価値があると判断した結果と考えられる。実際，本来であれば大きな差が生じるはずの危険性のある土地と安全な土地の間には，さほど大きな価格評価差が生じてこなかったし，生活上の利便性や事業採算性が安全性より優先して考えられ，多少の危険性には目をつぶって市街化が進められたのである。特に住宅地については，大方の勤労者世帯が手に入れることができる住宅地の価格が極めて高額な状況が長い間続いたため，所得の少ない世帯が安全性や居住環境に問題があることを承知の上で（或いは知らされずに，安いというだけで）このような土地を取得していた状況が背景に存在したと考えられる。

　現在，我が国の都市は成長期から安定成熟期に移行し，かつてのような都市への人口等の集中は殆ど見られなくなり，都市における土地の価格は比較的安定して，収益性等実際の利用を前提とした形で評価されるようになってきた。このような状況下においては，その土地が有している性格が強く価格に反映することとなるが，その中で災害に対する脆弱性，危険性は大きなマイナス評価要因であり，今後，そのような土地は急速に価値を減じていくことになると考えられる。

(3)　浸水想定区域とハザードマップ

　我が国の都市は河川によって生成された沖積平野に位置していることが多く，常に洪水の危険に直面している。多くの人命と蓄積された財産を洪水から守るため，治水ダムの建設，堤防の強化，遊水池の整備等様々な治水対策が展開されてきているが，他方で市街化の進展による洪水流量の増加によって，いまだに多くの河川は整備途上にあり，その完

成までには長い時間と膨大な費用が必要な状況にある。

　このような状況下において，洪水による被害をできる限り少なくするため，洪水氾濫時に想定される浸水区域図（浸水想定区域図）を公表する制度が平成13年の水防法の改正によって整備されるに至った。この制度は，国土交通大臣・都道府県知事が，河川の洪水防御に関する計画の基本となる降雨によりその河川がはん濫した場合に浸水が想定される区域（水深を含む）を浸水想定区域として指定するものである（水防法14条）。

　現在，この制度は，大河川と主要な中小河川までを対象としているが，平成17年の水防法の改正により，具体的な避難等の活動と結びつけることによって，災害予防上より効果的な仕組みに改善された。具体的には，浸水想定区域ごとに，地域防災計画の中に，「洪水予報等の伝達方法，避難場所その他円滑かつ迅速な避難の確保を図るために必要な事項，浸水想定区域内に地下街等や高齢者等災害時要援護者の利用する施設がある場合洪水予報等の伝達方法」を定めなければならないとされ，浸水想定区域を含む市町村長に，浸水想定区域図にこれらの事項を記載した印刷物の住民等への配布等を義務付けている（水防法15条）。これは，「洪水ハザードマップ」と呼ばれている。

　津波や火山の爆発による被害が予想される地域についても，現在，地域防災計画に基づいて（或いは事実上）ハザードマップが作成されつつある。これらの危険地域に係るハザードマップについては，洪水ハザードマップのように法に直接根拠規定を持つ制度ではないものの，万一の場合迅速な避難ができるよう，災害情報の緊急伝達体制の整備や避難計画を立てる努力がなされ，人的被害を最小限に抑える効果を上げている例が見られる（例えば北海道有珠山[2]）。但し，この制度は強制力を持たないため，現実の避難の実施に当たって強制力を必要とする場合は，災害対策基本法に基づく警戒区域制度等の適用が必要となる。

---

[2]　平成12年3月に噴火した有珠山には，有珠火山防災マップが作成されており，噴火前の円滑な避難を可能にした。噴火時には住民の避難は完了しており，1名の犠牲者も出さなかった。

(4) 崖崩れ等の危険区域における規制
ア 宅地造成等規制区域
　都市の中には，降雨等により崖崩れや土砂の流出が生じるおそれがある場所がかなり存在する。そのような場所で宅地造成に関する工事がずさんに行われると人命に関わる災害が生じるおそれが大きい。このため，宅地造成に伴い災害が生じるおそれが大きい市街地等で，造成工事について規制を行う必要がある区域については，都道府県知事によって「宅地造成工事規制区域」が指定され，造成工事に関する規制が行われている[3]。すなわち，宅地造成工事規制区域内において宅地造成に関する工事を行おうとする場合は，工事着手前に，都道府県知事の許可を受けなければならず，政令で定める技術基準に適合しない工事計画に対しては許可がなされないことになっている（宅地造成等規制法第8条）。

イ 土砂災害特別警戒区域
　急傾斜地の崩壊，土石流，地滑りといった土砂災害によって家屋が埋没するなどの被害が発生するおそれのある区域は全国に極めて多く存在する[4]。このような危険箇所については，危険性のより高いところから重点的に防災対策工事等が実施されているにも関わらず，その解消にはほど遠く，逆に，市街化の進展により，住宅がそのような場所に近接して建設される動きが止まらないことから，現在でもそのような場所は増加しつつあるのが実情である。

　このような場所については，ⅰ．（これ以上危険箇所を増やさないため）開発行為が行われることそのものを制限し，ⅱ．建築物の構造を規制し，同時に，ⅲ．警戒避難体制の整備を図ることが不可欠である。

　このため，都道府県知事は，土砂災害が発生した場合に住民に危害が及ぶおそれがある区域で警戒避難体制を整備すべき区域を「土砂災害警戒区域」に指定することができることとされ，指定がなされると市町村防災会議が市町村地域防災計画に必要な警戒避難体制を定めることに

---

[3] 平成19年10月1日現在，全国で宅地造成工事規制区域に指定されている面積は，102万6861haである。

[4] 土砂災害危険箇所は全国で約52万箇所あり，そのうち5戸以上の住宅がある箇所が11万箇所ある（国土交通省調）。

なっている。さらに，建築物に被害が及び住民に著しい危害が生じるおそれがある区域については，「土砂災害特別警戒区域」に指定し，一定の開発行為の制限（都道府県知事の許可），居室を有する建築物の構造の規制を行うことができることとなっている。なお，都道府県知事は，特別警戒区域内の建築物の所有者等に対して，その建物の移転等土砂災害を防止する上で必要な措置を勧告できることになっている。

　我が国において災害により命を落とすケースで最も多いのがこの土砂災害である。既に述べたように，ⅰの開発行為の制限を行うことは現実に所有者の強い抵抗などがあり困難であることが多い。さらに，高齢者等を収容する福祉施設などは山の麓に近い沢の出口附近に立地することがしばしば見られる。このため，この種の災害に関しては，ⅲの警戒避難体制の整備が極めて重要になる。しかし，防災に責任を持つ市町村の中には，早めの避難勧告の発動をためらい，避難が遅れて人命が失われるケースが後を絶たない。これらの規制制度は制度そのものや体制の整備がなされるだけでは十分でなく，その運用に当たる人の姿勢や能力も大きな問題なのである。

2　防災施設の整備等

　1の土地利用等のコントロールが，災害にできる限り遭わないようにする消極的な意味での災害予防であるのに対して，災害を実際に生じさせない，あるいは災害を軽減するという積極的な災害予防として，災害から国民を保護するためのハード面での防災施設の整備がある。

　風水害の場合は，治水・治山施設の整備が，地震の場合は，都市の防災化（避難地・避難路の整備，密集市街地の再編等）がこれにあたる。ハード面での防災施設の整備を行うに当たっては多様な制度が整備されているが，その推進には膨大な費用と長い時間が必要であり，その間の市街化の進展との競争になることもあり，災害に対して100％安全な状態を求めることは不可能に近い。

　ここでは，これらの各種の制度の概要説明を行うのではなく，河川を例に，その整備を進めるに当たっての基本的な考え方を述べ，国等の責務に関して触れるに留める。

(1) 河川等の整備

都市を洪水から守るためには，一定の確率で生じる洪水を河川によって流下させたり，途中で貯留したりして，カットすることが必要になるが，そのために，基本高水流量[5]に対応して，河川の計画的な整備を図る必要がある。

河川については，治水，利水，環境の三つの視点から総合的管理が要請されており，水系ごとに，「河川整備基本方針」が定められ，その中で治水に向けての方針と目標が定められる仕組みとなっている。

河川整備基本方針の中では，
 ⅰ．その河川の保全と利用に関する基本方針（洪水等の災害の発生の防止・軽減，河川の適正な利用，河川環境の整備・保全に関する方針）
 ⅱ．基本高水流量，主要地点の計画高水流量，維持流量等河川の整備の基本となる事項

が定められ（河川法16条），その基本方針を受けて，計画的に河川の整備を実施する必要がある区間については，「河川整備計画」が定められるが，その場合，降雨量，地形，地質等によりしばしば洪水による災害が発生している区域については，災害の発生を防止し，災害を軽減するために必要な措置を講じるよう特に配慮しなければならないこととされている。

ア　整備途上にある河川の管理責任

ところで，我が国の大河川の治水整備水準は，我が国の河川が急勾配であることもあり，100〜200年に一回の洪水に対応できることを目標に河川の整備が進められているが，現在の段階では，概ね30％台の整備率に留まっている（全国値は公表されていない）。

このような整備途上にある河川において，洪水による被害が発生した場合，その被害に対して河川管理者がどのような責任を負うかについて

5）　基本高水流量は，河川が人工的な施設で洪水調節が行われていない状態を想定し，すなわち流域に降った計画規模の降雨（時間当りの降雨量等から決められる。通常は大河川の場合100年〜200年に1回の割合で発生する洪水を想定して決められる。）がそのまま河川に流れ出た場合の河川流量を表現している。これに対して，基本高水流量から各種洪水調節施設での洪水調節量を差し引いた流量を「計画高水流量」という。

は，大東水害訴訟の最高裁判決[6]が次のような基本的な考え方を明らかにしているので，少し長いが引用する。

① 「河川は，……自然の状態において公共の用に供される物であるから，……人工的に安全性を備えた物として設置され管理者の公用開始行為によって公共の用に供される道路その他の営造物とは性質を異にし，もともと洪水等の自然的原因による災害をもたらす危険性を内包している」。(従って)，「河川の通常備えるべき安全性の確保は，管理開始後において，予想される洪水等による災害に対処すべく，……治水事業を行うことによって達成されていくことが当初から予定されているものということができる」。

② 「この治水事業は，もとより一朝一夕にして成るものではなく，しかもこれを実施するには莫大な費用を必要とするものであるから，結局，原則として，議会が国民生活上の他の諸要求との調整を図りつつその配分を決定する予算のもとで，各河川につき過去に発生した水害の規模，頻度，発生原因，被害の性質等のほか，降雨状況，流域の自然的条件及び開発その他土地利用の状況，各河川の安全度の均衡等の諸事情を総合勘案し，それぞれの河川についての改修等の必要性・緊急性を比較しつつ，その程度の高いものから逐次これを実施していくほかはな」く，「その実施にあたっては，当該河川の……改修等のための……計画を立て，緊急に改修を要する箇所から段階的に，また，原則として下流から上流に向けて行うことを要するなどの技術的な制約もあり，更に，流域の開発等による雨水の流出機構の変化，地盤沈下，低湿地域の宅地化及び地価の高騰等による治水用地の取得難その他の社会的制約を伴うことも看過することはできない」。――（治水事業の諸制約条件）

③ 「河川の管理には，以上のような諸制約が内在するため，……未改修河川又は改修の不十分な河川の安全性としては，右諸制約のもとで一般に施行されてきた治水事業による河川の改修，整備の過程に対応するいわば過渡的な安全性をもって足りるものとせざるをえ

---

6) 最判1小昭和59.1.26（民集38巻2号53頁）

ない」。——（過渡的安全性）
④ 「河川管理の特質に由来する財政的，技術的及び社会的諸制約……によっていまだ通常予測される災害に対応する安全性を備えるに至っていない現段階においては，当該河川の管理についての瑕疵の有無は，過去に発生した水害の規模，発生の頻度，発生原因，被害の性質，降雨状況，流域の地形その他の自然的条件，土地の利用状況その他の社会的条件，改修を要する緊急性の有無及びその程度等諸般の事情を総合的に考慮し，前記諸制約のもとでの同種・同規模の河川の管理の一般水準及び社会通念に照らして是認しうる安全性を備えていると認められるかどうかを基準として判断すべきである」。——（判断基準）
⑤ 「既に改修計画が定められ，これに基づいて現に改修中である河川については，右計画が全体として右の見地からみて格別不合理なものと認められないときは，その後の事情の変動により当該河川の未改修部分につき水害発生の危険性が特に顕著となり，当初の計画の時期を繰り上げ，又は工事の順序を変更するなどして早期の改修工事を施行しなければならないと認めるべき特段の事由が生じない限り，右部分につき改修がいまだ行われていないとの一事をもって河川管理に瑕疵があるとすることはできない」。

以上の考え方については，河川が自然公物であることから特殊な制約条件の下で管理されざるを得ず，整備途上の河川について要請される安全性は，過渡的な安全性をもって足りるものとするという部分は首是できるものの，問題となるのは④の基準である。この点について疑問を指摘する意見が多いが，その多くは，この考え方の下では，結局，現状を是認することにしかならないというものである。

瑕疵の有無を判断するに当たって④に掲げられている諸事情を総合的に勘案する必要があること自体に問題があるわけではない。問題は，「同種・同規模の河川の管理の一般水準及び社会通念に照らして是認しうる安全性を備えていると認められるかどうか」という基準にあるが，この基準は財政的，技術的，社会的，時間的な諸制約から見て問題がないかどうかをチェックするための消極的な基準としての機能を果たすに

過ぎない。この基準に加えて，河川管理の責任は，当該箇所の置かれている具体的な危険度に対して，諸制約の下で最大限の治水努力が払われているかどうかによって，判断すべきものと考える。

イ　改修済み河川等の管理責任

なお，上記の整備途上の河川に対して，改修済みの河川について，洪水による被害が発生した場合，その被害に対して河川管理者がどのような責任を負うかについては，多摩川水害訴訟の最高裁判決[7]が次のような考え方を示している。

①　「工事実施基本計画[8]に準拠して改修，整備がされ，あるいは右計画に準拠して新規の改修，整備の必要がないものとされた河川の改修，整備の段階に対応する安全性とは，同計画に定める規模の洪水における流水の通常の作用から予測される災害の発生を防止するに足りる安全性をいうものと解すべきである。」──（計画上の安全性）

②　「改修，整備がされた河川は，その改修，整備がされた段階において想定された洪水から，当時の防災技術の水準に照らして通常予測し，かつ，回避し得る水害を未然に防止するに足りる安全性を備えるべきものである」

③　水害が発生した場合，それが改修，整備がされた段階においては予測することができなかったものであるが，改修，整備の後に生じた河川及び流域の環境の変化，河川工学の知見の拡大又は防災技術の向上等によって，災害発生時までにはその予測が可能となったものである場合には，河川管理には諸制約が存在し，その危険を除去又は減災する措置を講じるには相応の時間を必要とするから，（大東水害最高裁判決の判旨同様）諸事情及び諸制約を考慮した上，危険の予測が可能となった時点から当該水害発生時までに，予測し得た危険に対する対策を講じなかったことが河川管理の瑕疵に該当するかどうかを判断すべきものである。

改修途上の河川と改修済みの河川との違いは，改修済みの河川の場合，「工事実施基本計画に定める規模の洪水を前提として予測される災害の

7）　最判１小平成 2.12.13（民集44巻9号1186号）
8）　現在では「河川整備計画」

発生を防止するに足りる安全性」が，未改修の河川の場合は「諸制約のもとで一般に施行されてきた治水事業による河川の改修，整備の過程に対応するいわば過渡的な安全性」が，それぞれ欠如しているかどうかが基準とされている。

3 地震被害が予想される建築物等の耐災化，密集市街地の改善等

　地震災害に対する予防策の場合，地震そのものを防御・制御することはできないため2のような防災施設の整備はありえず，また1に述べた災害危険区域のようなゾーンを定めた規制も難しいため，専ら地震によって被害を受ける建築物自体の耐震・耐災化，市街地そのものの耐災化を図る形での対応にならざるを得ない。

(1) 建物の耐震化

　建築物については，建築基準法により「自重，積載荷重，積雪荷重，風圧及び水圧並びに地震その他の振動及び衝撃に対して安全な構造のものとして，所定の基準に適合するものでなければならない（建基法20条）」とされており，これに基づき耐震基準が定められている。

　耐震基準については，いわゆる新耐震基準（1981年6月1日以降に建築確認を受けた建築物から適用されている）によって建築された建物が阪神大震災においても被害が少なかったことから，それ以前に建築された建物の建て直しや耐震改修の実施が急がれている。

　この新耐震基準の考え方は，建物の寿命のうちに一度発生するかどうかという地震（震度6程度）に対しては一定程度の被害が生じたとしてもその建物が倒壊に至らないよう，人命を確保することを目標とし，それに至らない中程度（震度5程度）の地震の際には柱や梁などの構造部材に大きな被害が生じないようにすることを目標としているものである。

　現在，全国に存在する住宅4700万戸のうち，新耐震基準によらない建物は約1850万戸存在しており，うち1150万戸が耐震性が不足していると推計され，その耐震化が急がれている。特に近い将来地震が発生する可能性の高い地域においては，その耐震化は焦眉の急であり，地方公共団

体による耐震診断費用の助成，耐震改修費用に対する助成等が行われているが[9]，耐震改修に要する費用が高額であること，老朽化した建物の所有者には高齢者が比較的多く，費用の調達上のハードルが高いこと等から，現実には殆ど効果を上げられていない。少なくとも，夜間就寝するための寝室，日常いる時間の多い居間などに限定して，それらが一瞬で崩壊しないよう，低額でできる補強方法を開発普及させる必要がある。

　ところで，個人等が所有する既存建物については，それが他人の生命や財産に危害を与えることが明白な場合を除き，その耐震改修を義務付けることは難しい。地震災害の場合，それがいつ発生するか分からないのだから，その被害を防止することを目的とした耐震化の義務付けは大方の理解を得ることが困難だろう。これらの建物の耐震化は，原則としてその所有者等の判断と責任において行うことにならざるを得ず，仮にそれが倒壊したとしても，その責任はその所有者等が負うことになる。この点については，被災した住宅の再建に対する責任とも関連するが，後述する。

(2)　耐震改修の促進に関する法律

　上記の個人等が所有する既存建物についての一般的な責任原則とは異なり，多くの市民或いは災害弱者等が利用する施設建築物等については，その耐震性の欠如は，直接多くの者の生命等に影響を与えるおそれがある。このため，一定の建物については，既存のものであっても耐震性の確保が要請される。平成7年に制定された「建築物の耐震改修の促進に関する法律（耐震改修促進法）」によれば，

　　ⅰ　災害時に重要な機能を果たす必要のある建築物（例えば医療施設）
　　ⅱ　災害時に多数の者に危険が及ぶおそれのある建築物（例えば劇場）

等[10]については，その所有者に対して，耐震改修の努力義務が課せら

---

9)　国土交通省の調査によれば，戸建て住宅の耐震改修に対する補助制度を設けている市区町村は全体の48%，耐震診断に対する補助制度を設けている市区町村は68%となっている（平成21年4月現在）。

れている（6条）。

　また，地震に対する安全性の向上を図ることが特に必要な一定の特定建築物（施行令5条1項）で一定規模以上のもの（施行令5条2項）については，必要な耐震改修等が行われていない場合，その所有者に対し必要な指示が可能となっている（7条）。

　耐震改修促進法は，社会通念上耐震性を備えていなければならないと考えられる一定の建築物について，耐震改修の努力義務を課し，一定の場合には指示を行うこともできることになっているが，現実には，耐震改修に要する費用がネックとなって，はかばかしい進捗を見ていない。最も耐震改修が急がれる建築物である小中学校について見ても，公立の小中学校約12万7千棟のうち，耐震性を有するものは約7万9千棟，6割強であり（平成20年度文部科学省調査），病院については，耐震基準を満たしているものは約5割，災害拠点病院でも全体の6割を切っている状況にある（平成20年厚生労働省調査）。

　これらの重要施設に関しては，耐震化の促進のために，国の補助制度の充実改善が行われているが，劇場，集会場，百貨店，宿泊施設などについては，債務保証，税制上の優遇等の支援が行われているだけであり，飛躍的な進捗は期待できない。これらの建築物については，耐震性能を有しているかどうかについての一般の関心は強く[11]，これらの耐震化を強力に推進するためにも，これらの建物が耐震基準へ適合しているか

---

10)　耐震診断を受け，必要に応じて耐震改修を行うよう努力義務が課せられている「特定建築物」として，ⅰ　学校，体育館，病院，劇場，観覧場，集会場，展示場，百貨店，事務所，老人ホームその他多数の者が利用する建築物で政令で定めるものであって政令で定める規模以上のもの　ⅱ　火薬類，石油類その他政令で定める危険物であって政令で定める数量以上のものの貯蔵場又は処理場の用途に供する建築物　ⅲ　地震によって倒壊した場合においてその敷地に接する道路の通行を妨げ，多数の者の円滑な避難を困難とするおそれがあるものとして政令で定める建築物であって，その敷地が前条第三項第一号の規定により都道府県耐震改修促進計画に記載された道路に接するものが規定されている。

11)　東京都が平成20年に行った建物の耐震化に関する世論調査によれば，公共建築物の中では病院を優先して耐震化すべきとするものが8割を超え，多くの者が利用する建物の中では百貨店やスーパーを耐震化すべきとするものが約8割となっている。

どうかを一般に公開する制度を検討すべきであろう。

(3) 市街地の防災化——密集市街地の改善

　地震に対する災害予防策としてこれまで講じられてきた市街地の耐災化策としては，
- ⅰ 「広域避難地，広域避難路などの整備」
- ⅱ 「耐火建築物への建替え」と地区内の道路・オープンスペースなどの「公共施設」を一体的に整備する事業（市街地再開発事業，住宅地区改良事業，密集市街地整備事業等）などがある。

　かつて地震災害に対する基礎的なハードの都市防災対策は，「広域避難地，広域避難路などの整備[12]」と「防火地域，準防火地域の指定」による建築物の防火性能の向上に主眼がおかれていた。これは，我が国における最大の地震災害である関東大震災による死者の多くが「大震火災」によるものであったため，地震によって生じる市街地の同時多発火災への対処が最も重要であると考えられてきたことが背景にある。

　現在でも，大震火災対策の重要性は変わっていないが，戦後最大の震災となった阪神淡路大震災では，建物の崩壊による被害が顕著になるとともに，それが火災と合わさって「密集市街地」に極めて大きい被害が生じた。密集市街地は，道路が狭く，老朽化した木造建築物…特に木造賃貸住宅……が建て混み，敷地が狭小で，公園等の空地が殆どないという特色を有しており，耐震・耐火建築物への建替えと地区内に公共施設を一体的に整備する事業を行い，耐震と防火機能の確保を図ることの必要性が高いことが痛感された。

　これらの密集市街地の再編対策としては，従前から市街地再生型の土地区画整理事業，住宅地区改良事業，市街地再開発事業等が行われてきていたが，密集市街地は，小規模な敷地と輻輳した権利状況にあるのが普通であり，特に低所得の高齢者が居住する木造賃貸住宅が多い地区では地区内の権利調整と借家人への対応が難しく，事業の実施が困難であ

---

[12] 避難地・避難路については，地震防災対策特別措置法等に基づき整備基準が定められており，広域避難地については周辺市街地が大火になった場合における安全性の視点からその規模が定められている。

ること，膨大な事業費用が必要であること等の理由で，現実には，必要な地域のうち僅かな部分でしか行われておらず，それも極めて長い期間を要し，遅々として進んでこなかったという状況にあった。こうした事情を背景に，平成9年「密集市街地整備法（密集市街地における防災街区の整備の促進に関する法律）」が制定された。

(4) 密集市街地整備法

「密集市街地整備法」は，様々な理由で再編が難しい密集市街地について，再編の障害となる状況を解消しうる様々な仕組みを備えたものとなっており，法制度の仕組みが複雑でわかりにくい。とりあえず法の仕組みを概観すると，以下の通りである。

　ⅰ　防災街区整備方針と防災再開発促進地区

都市計画区域においては都市計画に「都市再開発方針等」を定めることとなっているが，その内容の一つである「防災街区整備方針」では，特に一体かつ総合的に再開発を促進すべき地区として「防災再開発促進地区」を定めることとされている。この「防災再開発促進地区」は，密集市街地[13]で，地震や火災が発生した場合に延焼のおそれがあり，避難が困難な状況にある地区（法律上の語句を使うと特定防災機能[14]が確保されていない地区）の改善を図る必要から，防災街区の整備を図る（特定防災機能が確保された状況にする）ために定められるものである。

この防災再開発促進地区については，次に述べる建築物の建替えの促進のための諸措置が講じられる。なお，防災街区整備方針では，防災再開発促進地区と併せて，特定防災機能を確保するために必要な防災公共施設の整備等の整備計画の概要が定められる。

　ⅱ　防災再開発促進地区内の耐震建築物への建替え

防災再開発促進地区内では，老朽木造建築物を耐火建築物に建て替え

---

13) 密集市街地とは当該区域内に老朽化した木造の建築物が密集しており，かつ，十分な公共施設がないことその他当該区域内の土地利用の状況から，その特定防災機能が確保されていない市街地をいう（密集市街地法2条1号）。

14) 特定防災機能とは火事または地震が発生した場合において延焼防止上及び避難上確保されるべき機能を言う（密集市街地法2条3号）。

ることを促進するため，地方公共団体から認定を受けた建替計画に基づいて行う共同・協調建替え事業に対して補助制度が整備されている。

　また，防災再開発促進地区内に，地震時に著しい延焼被害をもたらす可能性が高い老朽建築物（延焼等危険建築物）が存在する場合には，地方公共団体の長はその所有者に対して，「除却勧告」を出すことができることになっている。この除却勧告を受けたのが賃貸住宅の場合，その所有者は「居住安定計画」（居住者の居住の安定の確保及び延焼等危険建築物の除却に関する計画）を策定し，市町村長の認定を受けることができることになっていて，認定を受ければ，居住者は，公営住宅等への入居，家賃の減額，移転費用に対する補助を受けることができる。

　　iii　特定防災街区整備地区

　密集市街地内で，地震や火災が発生した場合に延焼のおそれがあり，避難が困難な地区（特定防災機能が確保されていない地区）については，防災都市計画施設の整備と併せて，特定防災機能が確保された防災街区の整備を図る必要があるが，そのための建築制限を課す必要がある地区として，都市計画に「特定防災街区整備地区」を定めることができることとされる。

　特定防災街区整備地区は，防火地域又は準防火地域内で定められ，延焼の防止と避難の円滑化のため，建築物の敷地面積の最低限の制限，壁面の位置の制限が課せられるとともに，防災都市計画施設と一体となって延焼を拡大させないための建築物の制限として，防災都市計画施設に面する間口率の最低限度や建築物の高さの最低限度を定めることができることになっている。なお，この地区の整備のための事業として，後述する「防災街区整備事業」制度が整備されている。平成19.3.31現在，この地区は，東京都板橋区，大阪府岸和田市の2地区に指定されている。

　　iv　防災街区整備地区計画

　「防災街区整備地区計画」は，老朽化した木造建築物が密集し，十分な公共施設もないため，地震や火災が発生した場合に延焼のおそれがあり，避難が困難な密集市街地内の地区において，道路・公園等の空地系の公共施設の整備とその周辺の建築物の耐火構造化を促進することで，延焼の防止，避難機能の確保を図ろうとする地区計画の一種である。

この防災街区整備地区計画は，通常の地区計画と異なり，これを定めることができる区域が次の要件を満たす区域に限定されている。
　ア　特定防災機能（地震や火災が発生した場合に延焼防止・避難確保のために必要とされる機能）を確保するだけの公共施設がなく，適正な規模で配置された公共施設を整備する必要があること
　イ　特定防災機能に支障をきたしていること
　ウ　用途地域が定められていること
　この地区計画においては，通常の地区計画において定められる種類，名称，位置，区域，区域の面積のほか，防災街区整備地区計画の整備に関する方針，地区防災施設の区域及び「防災街区整備地区整備計画」を定めるものとされている。
　地区防災施設は，火事または地震が発生した場合に一次避難路等としての機能や延焼防止機能を確保するため，整備すべき主要な道路，公園等の施設のことで，地区施設と異なり，防災街区整備地区計画には必ず定めることとされる。
　この地区防災施設のうち，建築物や工作物と一体となって延焼防止機能や避難機能を果たすよう計画されるものを「特定地区防災施設」といい，その整備とあわせて建築される建築物等の整備と特定地区防災施設の区域を定めた部分を「特定建築物地区整備計画」と呼んでいる。地区防災施設に沿って建築物の耐火構造化を促進し，道路と耐火建築物等が一体となって地区の延焼防止機能，避難機能を確保しようとするものである。この「特定建築物地区整備計画」では，建築物の構造に関する防火上必要な制限，間口率の最低限度，建築物の高さ，容積率の最高限度・最低限度，敷地面積・建築面積の最低限度，壁面の位置の制限，壁面後退区域における工作物設置の制限等，延焼防止機能や避難機能を果たすために必要な事項を定めることができることとされている。
　防災街区整備地区計画の区域内において，土地の区画形質の変更，建築物等の新築・改築・増築または移転，建築物等の用途の変更等を行う場合には，それら行為に着手する日の30日前までに，市町村長に対する届出が必要とされており，以上に述べた諸規制に適合しない場合は勧告の対象となる。

Ⅴ　防災街区整備事業

　防災街区整備事業は，密集市街地において，老朽化した建築物を取り壊し，敷地を共同化して防火性能を備えた建築物に建替え，併せて防災公共施設の整備を行うことを目的としている事業である。敷地の共同化と建築物の建替えについては，権利変換手法が用いられ，事業区域内の土地・建物等の権利は，権利変換計画に基づき，原則として，共同化した敷地と新たに建築される建築物の床の権利に変換することになる。

　この事業は，都市計画に定められた「特定防災街区整備地区」と「防災街区整備地区計画」の内容を実現する事業であることから，これらいずれかの地区で行われること等（耐火・準耐火建築物の割合が全体の１／３以下，建築基準法に抵触している建築物の数・面積が全体の１／２以上であり，狭小過密等の不健全な土地利用がなされている等）が事業の区域要件となっている。

　本事業の施行者となれるのは，個人，防災街区整備事業組合，事業会社，地方公共団体，都市再生機構，地方住宅供給公社であり，事業に当たっては，事業計画等の作成費用，建物の除却費用，エレベーターなど共同施設の整備費用，生活道路等の整備費用等に対して補助がなされる。

4　地域防災力の向上

　大規模な災害が生じた場合，応急対策に当たる行政がカバーできる範囲には限界がある。例えば，大震災時に発生する同時多発火災すべてに消防が対応することが不可能なように，災害の規模が大きいほど，行政が対応できる範囲は被害に対して相対的に小さくなる。防災責任が課せられている行政側が現実に対処できる範囲が限定されざるを得ない結果，被災地においては，被災者個人，あるいは被災地のコミュニティなどが，本来国・地方公共団体が行わなければならない災害応急対策などをカバーする様々な防災行動を行わざるを得ず，また実際に行っている例は枚挙に暇がない。阪神淡路大震災の際に，倒壊した建物の下敷きになりながら助かったケースの殆どが自力であるいは家族・隣近所の人々による救助だったという事実は，地域社会による防災活動の重要性を改めて浮き彫りにした。災害に備えて十分な訓練，防災機材の装備，要援護者情報の把握等を行っている地域とそうでない

地域とでは，災害時に大きな差が生じるのが現実である。

　地域社会の持つ防災力による応急活動等は，行政が行う「公助」と区分され，「自助」，「共助」と呼ばれ，特に共助の担い手としての自主防災組織等の充実・強化は，災害予防の柱の一つと位置付けられるに至っている。地方公共団体による組織化の推進により，阪神淡路大震災時に4割強であった自主防災組織の組織率は現在では7割を超え，急速に向上しつつある。

　しかし，このような表向きの数字とは別に，実質的な地域防災力として見た場合，このような動きには幾つかの問題が指摘される。

　第一に，組織率が急速に増加している反面，既存の町内会や自治会に自主防災組織の看板を掲げただけの形のものとなっているものが多く，実質的に見て地域防災力の向上を伴わない実態となっていることである。

　第二に，都市部の地域社会は空洞化が進みつつあり，地域社会の防災活動も高齢者や女性がその殆どを担う実態が見られることである。

　第三に，地域住民による防災行動については，災害対策基本法をはじめとする法律上の規定に基づいたものとして明確に位置付けられているとは言い難い面があり，通常は，地域防災計画等の中で，総括的・抽象的，或いは極めて曖昧な形で，自主防災組織などに期待される役割として位置づけられているに過ぎないのが実情である。

　第四に，近年の行政側の姿勢に，本来「公」が担わなければならない任務を，協働という名の下に地域社会に肩代わりさせ，行政のスリム化を図ろうとする動きが見られることである。

　法的には，第三及び第四の点が問題である。災害予防，災害応急対策，災害復旧の各段階において，「行政」が行うべき対策行動については法律上の規定が置かれているが，「個人」が自らの責任で行うべき範囲については必ずしも明確になっているとは言えず，地域社会が担う部分などは殆ど何の規定も置かれていない。また，行政が担うべき部分を地域社会が行った場合に生じる様々な問題については，未解決なままである。

　そもそも，災害対策における「公助」「自助」「共助」のあるべき区分とその考え方については，これまで十分な検討が行われてきておらず，このため，実際の災害対策の実施段階においても，十分な調整がなされ

ないまま，それぞれが当面できることを実施するといった状況が依然として続いており，総合性や連携性や補完性に甚だ欠けた防災対応が行われているのが現実である。

これらの問題は，いずれもこのままだと実際の災害時に担うことが期待されている地域防災力が十分に発揮されないという結果をもたらすおそれがある。

今後は，自主防災組織をはじめとする地域防災力を正面から認め，その法制上の位置付けを明らかにし，行政が担う防災活動との関係を明確にすることが必要である。

第3節　災害時の応急対応体制

災害が発生した場合にその被害を最小限に留めるための施策（災害応急対策）は人命に直結する部分が多いことから大変重要な役割を担うものである。特に，多くの人が生活を営み，稠密な活動が行われている都市においては，災害に続く二次的被害を防止軽減するためにも応急対策の迅速かつ的確な実行は不可欠である。

1　災害応急対策の主体

災害応急対策は，主として行政を中心とした「公」の手によって行われるのが普通である。災害対策基本法は，災害対策の責任主体として「指定（地方）行政機関」「指定（地方）公共機関[15]」「都道府県」「市町村」を掲げ，防災計画の作成を義務付け，各種の災害応急対策の実施規定の主体として位置づけている（災対法第1章，第3章，第5章）。災害対策は，住民に最も近い市町村が第一次的責任を担うものとされ，都道府県は市町村では対応が難しい広域的な対応等の役割を担う形となっている。

---

15) 指定公共機関とは，独立行政法人，日本銀行，日本赤十字社，日本放送協会その他の公共的機関及び電気，ガス，輸送，通信その他の公益的事業を営む法人で，内閣総理大臣が指定するものをいい，指定地方公共機関とは，地方独立行政法人及び港務局，土地改良区その他の公共的施設の管理者並びに都道府県の地域において電気，ガス，輸送，通信その他の公益的事業を営む法人で，都道府県知事が指定するものをいう。

第3部　都市法各論

2　災害応急対策の種類と改善

災害応急対策は，ⅰ．災害が発生する直前の段階でのもの，ⅱ．災害発生中の段階でのもの，ⅲ．災害発生直後の段階のものに区分される。

ⅰに属する主なものとしては，気象情報・災害情報の伝達，避難勧告・避難指示・避難の誘導等，警戒区域の設定，避難所の開設，防災施設の点検，補強等，実働部隊の出動準備等があり，ⅱに属する主なものとしては，消防，水防，救急・救助，救難・救護，警備，交通規制，緊急輸送，緊急通信等が挙げられる。また，ⅲに属するものとしては，被災者に対する災害救助等がある。

それぞれの災害応急対策は，それぞれの応急対策実施主体の防災計画の中で具体的に定められ，どのような状態が生ずればどのような対応を行うかが事前に検討され，適切な実施が可能なように，準備（防災組織体制の整備，訓練の実施，防災資材の準備等）を整えておくこと（災害予防）が義務付けられている。

後述するように，阪神淡路大震災以降，災害応急対策の実施に関しては，各組織において検討が加えられ，その改善が進んだと言える。しかし，その主なものは，ⅰとⅱに属するものであり，ⅲの災害救助法に基づく災害救助には見るべき改善がないように思われる。従前から，災害救助法の現物給付方式に関しては，被災者ニーズに合わない，最低限の生活確保の考えの下に実施される救助と現在の生活水準との格差が大きい，長期の避難を必要とする災害の場合には対応できないといった多くの問題点が指摘されているにも関わらず，依然として現物給付方式を続け，食料と安全しか確保されない劣悪な生活環境の避難所の改善も行われず，長期の避難生活に対する対応も行われていない。現物支給方式をとり続けている背景には，被災者に対して「もの」の代わりに金銭を支給すれば，災害救助の目的外の使用が行われるという判断があるのではないか。だとすれば，被災者のニーズに応じて様々なものやサービスを購入することができるチケットの形での支給（バウチャー制度）も検討すべきではないか。

また，ⅰやⅱに属するものについても，災害時に具体的な即応体制が

第25章　都市の災害と法

とられているものはいまだに多くはなく，広域的な体制については具体化していないことが多い。さらに，応急対策については，その実施にあたる担当者の対応力に大きく左右されるところがあるが，市町村の段階では十分な経験と知見を有する者が適切に配置されているところは必ずしも多くない。例えば，避難勧告などについて見ても，いつどのような段階でこれを発動するかは，地域の実情と災害危険を知悉した経験豊かな担当者が不可欠であるにも関わらず，このようなポストを定期的な人事異動の対象にしているような例が見られるが，災害応急対策の段階では，制度の整備がなされるだけでは不十分なのである。

3　災害応急対策の実施体制

災害時の応急対策の多くは，市町村，都道府県の行政部局，消防，水防，警察の各機関，海上保安庁，自衛隊等の実働機関，医療機関等によって担われており，緊急事態に対しては強制力を背景に実施されることが多い。

災害応急対策の実施段階では，予期せぬ事態が生じることが多く，災害対策に当たる機関は機動的な対応を行うことが必要になる。また，災害の規模が大きくなればなるほど，現有体制で可能な限りの対応を実施するためには，災害時に応急対策に当たる各機関が相互に連携をし，最大限の力を発揮することが要請される。このため，応急対策を実施するに当たっては必要に応じて都道府県・市町村は，災害対策本部を設置して対応することができることになっている。国の場合は，非常災害が発生した場合には非常災害対策本部，著しく異常かつ激甚な非常災害が発生した場合には緊急災害対策本部を設置して対応がなされる仕組みとなっている。

最近の都市型の大災害であった阪神淡路大震災の際には，予め定められていた防災計画上の実施体制が計画通りに働かず，また実際に生じた事態に十分な対応ができなかったため，災害応急対策体制の抜本的な見直しが強く指摘されるに至った。その後，国や地方公共団体においては，防災計画そのものの見直しと同時に，災害応急対策の実施体制を現実に実施可能なものへと改善してきており，その後に生じた災害対応を見る限り，即応体制は的確に機能しており，次第にその成果が現れつつある。

4　災害応急対策段階での地域社会の役割

現実に災害が発生した場合，応急対策の実施を担う機関だけでは，十分な対応を迅速かつ的確に行うことが難しい場合がある。例えば，避難等に関する具体的な情報を，それを必要とする市民に確実に伝達することは，行政側だけでは極めて難しい。また，寝たきりの高齢者や障害者等災害時に支援を必要とする要援護者全員を行政が的確に避難させることも不可能に近い。特に，大規模な災害が発生した場合等には，法律上応急対策の実施にあたることとされている機関だけではできることが限られるのが現実である。このような場合，被災者は自力で災害に対処せざるを得なくなるが，被災者個人で対応できることもまた限られており，地域社会の各員が互いに力を合わせて対応することが大変重要になる場合がある。阪神淡路大震災以降，地域社会の持つこのような役割を重視すべきであるという再評価の声が高まり，国においても自主防災組織の設立に力を注ぐようになったが，残念なことにその組織率は地域によって大きく異なり，特に都市では地域社会そのものの空洞化によりその機能を果たすことが期待できなくなりつつあるところもある。自主防災組織の設立が単なる町内会の看板のかけ替えに留まることなく，実質的に防災力を備え，的確に機能するものへ再編するため必要な措置を検討すべきであろう。また，法的にも，自主防災組織の位置付けは必ずしも明確ではなく，その活動のハードルとなっている面も見受けられる。都市の地域防災力の向上のためには法的整備も必要であることについては既に述べた。

第4節　災害復旧

1　災害復旧に対する支援制度の考え方

災害を受けた地域が元の姿を取り戻すためには，
　a．その地域を支えていたインフラ・ストラクチュアの復旧，人の活動が行われる場である市街地や地域社会の復旧などが必要である
　　…公共ベースの復旧
　b．個人の生活や住居等の復旧，その地域で行われていた生業や経済

活動等の復旧などが必要である——私人ベースの復旧

　我が国の法制度においては，災害復旧段階における公的支援は，その対象が基本的に公益性の高いものに限定される形となっており，個人の生活の復旧のようなbに属するものが公的な「直接支援」の対象となることは極めて限定されている。その背景には，地理的条件等から災害多発国である我が国では，被災者が被る損害は膨大な額にのぼり，これを公的に支援・救済することには慎重な姿勢をとらざるを得なかったという事情がある。

　bに属するもののうち，個人財産に係る災害復旧に関しては，農地・農林水産業用施設等が直接支援の対象とされているが[16]，これは昭和20年代の農業が公共土木施設，公立学校等と並んで国家的見地から重要な位置付けがなされていた事情等が背景にあった例外的なもので，一般的には，低利な公的資金の融通という手段による支援[17]と税の減免等の措置による支援が行われるに留まっていた。個人の私有財産に関しては，自由かつ排他的に利用処分できる以上，原則としてその維持も復旧も自己責任の範囲と考えられ，このレベルの復旧再建は自力で行うことが原則とされ，その被害が社会的に大きな影響をもたらす場合等に限って間接的な救済支援が行われるというのが，長い間我が国の復旧段階の公的支援の形であった。

　また，個人の生活の再建に関しては，被災者等に対する見舞金としての性格を有している災害弔慰金等の支給を別にして，自力では生活再建が困難と考えられる被災者に対する低利資金の供与の形で限定的に行われている状況にあった[18]。

2　インフラの復旧

　1－aに属するインフラ施設が被災した場合，地域の生活活動，生産活動に大きな支障が生じる。その早期復旧は

---

16)　農林水産業施設災害復旧事業費国庫補助の暫定措置に関する法律（昭和25年法第169号）第三条等に基づく災害復旧事業に対する補助

17)　旧住宅金融公庫による災害復興住宅融資，旧農林漁業金融公庫，旧政府系中小企業金融三機関等による災害融資制度等が行われていた。

18)　災害援護貸付金，生活福祉資金貸付等である。

その地域の諸活動の前提となるもので，大変重要な意味を持つことから，国の負担又は補助の対象となる場合が多い。「公共土木施設災害復旧事業費国庫負担法」に基づく公共土木施設に対する支援措置をはじめとして，公立学校，空港，鉄道，公営住宅等に対しては法制度に基づいた支援が行われており，それ以外のものに対しても予算上の支援措置が講じられている。また，その災害が激甚なものである場合は，「激甚災害に対処するための特別の財政援助等に関する法律」に基づき，地方公共団体の負担を軽減するために特別の財政援助を行うなどより手厚い支援が行われることになっている。

3 市街地の復旧——建築禁止と復興土地区画整理事業

(1) 被災地の建築規制

市街地が大きく被災した場合，被災市街地における無秩序な建築を防止し，秩序ある復興を図る必要がある。このため，都市計画上の必要或いは土地区画整理事業の実施の必要から，区域を指定し，1ヶ月の期間を限って[19]，建築物の建築を制限し，又は禁止することができることになっている（建基法84条）。

> 参考
>
> 非常災害があった場合，その発生から1ヶ月間は，国や地方公共団体が災害救助のために建築する応急仮設建築物又は被災者が自ら使用する延べ面積30㎡以内の応急仮設建築物については，建築基準法の規定を適用しないこととなっている（85条1項）[20]。但し，3ヶ月を超えてその建築物を存続させる場合は特定行政庁の許可が必要であり，最長2年以内で存続が認められる（同3項）。

(2) 被災市街地復興推進地域と復興土地区画整理事業

大規模な災害を受けた市街地については，緊急にその復興を図るため，「被災市街地復興特別措置法」に基づき，都市計画に「被災市街地復興推進地域」が指定され（5条），復興を図るための市街地の整備改善の

---

19) 特定行政庁は，さらに1ヶ月間以内でその期間を延長することができる（建基法84条2項）。
20) 防火地域内については，この限りでない。

方針を定めた「緊急復興方針」が定められる。

　市町村は，この緊急復興方針に従い，土地区画整理事業等の実施，必要な公共用施設の整備，地区計画等の都市計画の決定等の措置を講じなければならないとされている（6条）。この土地区画整理事業については，「被災市街地復興土地区画整理事業」として，復興共同住宅区等の特別の規定が置かれ，小規模な敷地の解消，宅地の共有化等，復興に必要な共同住宅の建設の促進が図られている（第三章）。なお，被災市街地復興推進地域内では，最長2年間，土地の形質の変更，建築物の建築が制限され，都市計画に適合する開発や容易に移転除却ができる自己居住用の一定の住宅等を除き，原則として都道府県知事の許可がなされないことになっている（7条）。

4　被災者個人の生活の復旧

(1)　当面の住居の確保

　居住している住居が被災して住むところを失った被災者は，被災直後は避難所での生活を余儀なくされるが，その後，被災地が落ち着きを取り戻すに従って，安定した生活を取り戻すために恒久的な住居の確保が必要となる。

　応急仮設住宅は，災害救助法に基づいて提供されるものであるが，これは，被災者全員に平等に行われる災害救助法の給付の例外として，その対象が当面自力では住居を確保できない被災者に限定されており，「二次的救助」とよばれているものである。応急仮設住宅の入居期間は原則として2年間とされ，被災者はそれまでに恒久的住居を確保しなければならない。この意味で，この措置は，復旧対策としてではなく，災害応急対策として位置付けられている。応急仮設住宅については，プライバシーも確保されない劣悪な避難所生活からの脱出という点で，入居当初被災者には歓迎の気持ちが強いが，もともと2年間の応急的住居であるため，質的に長い居住に耐えられるようにはできておらず，夏季あるいは冬季に入居者からの不満が大きい。また，設置から撤去までにかかる費用も大きく，戸当たり400万円程度を必要とし，2年後には廃棄物として処理されるのが通常である。被災地に適切な賃貸住宅が存在す

るような場合には，賃貸住宅の入居に必要な家賃の支給方式の方が適切な場合もあり，現物給付方式にこだわらずバウチャー方式の導入などを検討すべきであろう。

(2) 生活の再建のための支援制度

個人被災者が被災後生活の再建を行おうとする場合の支援制度としては，低利の資金を借りることのできる融資制度と再建に必要な金銭の給付を受けることができる「被災者生活再建支援法」に基づく支援金の給付制度がある。

低利融資制度の主なものとしては，家財住居の損壊を受けた者の生活の建て直しのため災害弔慰金法に基づいて行われる災害援護資金貸付制度と低所得で通常の貸付制度の利用が難しい被災者に対する生活資金の貸付を受けることができる生活福祉資金貸付制度の中の災害援護資金がある。

生活資金の融資を受ける形の公的支援は，たとえ低利であっても返済をしなければならないことから，返済能力に欠ける被災者には借入そのものが困難な場合が多い。

阪神淡路大震災では，都市の最も脆弱な部分である老朽化した住宅の多い密集市街地が被災したことから，返済能力の低い低所得・高齢の被災者が大変多くなり，それまでの低利融資中心の公的支援制度では対応できない深刻な状況が見られるに至った。経済的理由等によって自力では生活の再建が困難な状況にある被災者が，自立した生活を開始するため必要な資金を給付する目的で平成10年に創設されたのが，「被災者生活再建支援法」に基づく支援金の給付制度である。

創設当初のこの制度は，応急生活から自立した生活への移行に必要な経費等に充てるための金銭を，100万円を限度に，都道府県が拠出した「被災者生活再建支援基金」から住宅被災者に対して支給する（うち1／2は国の補助）というものであったが，その後平成16年改正で，住宅の解体・撤去，整地費用，住宅の建設・購入のための借入金の利息，ローン保証料，住宅再建を断念し民間賃貸住宅に入居した場合の家賃等居住関係経費に充てることが認められ（居住安定支援制度），併せて支給

限度額も300万円（うち居住安定支援金200万円）に増額された。その後，平成19年改正で，支援金の使用用途の制限が撤廃され（住宅本体の再建・取得にも使用できることになった），被災世帯の年収制限等が撤廃されて，今日に至っている。この改正で，支援金の性格が，自立した生活の再建が困難な被災者に対する支援金から，住宅に被害を受けた被災者に対する見舞金に変化している。

(3) 生活再建のスタートとしての恒久的な住居の確保

　災害で住居を失った被災者が恒久的な住居を確保することは，その生活を再建する上で極めて重要なことである。被災者に対する住居確保のための支援施策が適切に行われ，被災者が元の街に戻り，地域社会が再建されるに至らないと街は復興しない。

　被災後の生活再建にあたって被災者の住居に対するニーズは様々である。低所得のため，自力では住居の確保が困難な状況に置かれている者，従前居住していた戸建て住宅の再建を目指している者，マンションの被災により，その修理・建て替えを模索する者，住宅の再建・取得を諦め，賃貸住宅への入居を希望する者等，被災世帯の所得や年齢，家族構成，仕事との関係など，どのような住居の確保を希望するかは，実に様々な状況にあり，これに対してどのような公的支援が必要であり，適切なのかについては現在でも様々な議論があるところである。次に被災後の恒久的な住居の確保に対する現行の支援制度を概観する。

ア　持家再建のための支援制度

ⅰ　まず，被災した持ち家の再建を支援するための低利融資制度として，住宅金融支援機構（旧住宅金融公庫）の「災害復興住宅融資制度」がある。この復興住宅融資制度は，相当程度の所得があり，返済能力を有している被災者にとっては大変重要な支援制度である。しかし，この制度は低利とはいえ返済を前提とするものであるから，被災者の返済能力が低い場合には活用が難しい。その一つが，被災者が高齢者である場合に借入できる額が制限されていることである。これは返済との関連でやむを得ないところもあり，親子で返済する制度も用意されているが，的確な担保を前提に，災害の場合は年齢

による借入限度額の制限は外すべきであろう。もう一つが，被災した住宅の建設・取得に際して既に金銭の借入を行っていた場合には，その返済が免除されるわけではないので，被災者の返済負担が大きくなる，いわゆる二重ローン問題である。この場合も被災者の返済能力が問題となるが，その場合，一定期間負担の軽減を図るために返済の据え置きという措置が行われることもある。なお，本制度の問題ではないが，都市に多い集合住宅，いわゆるマンションが被災した場合は，様々な環境条件に置かれている居住者の合意を形成することが極めて難しい場合が多く，再建そのものが決まらない場合が多い。今や都市における新規居住形態の主流となりつつあるマンションであるが，その被災後の再建ルールを早期に整備する必要性は極めて高い。

ⅱ　返済を前提とする低利融資制度の他に，従前より被災者からの強い要請があった住宅本体の取得費用に対する直接支援（金銭給付）として，「被災者生活再建支援法」に基づく支援金の給付制度が存在する。この制度は，前述の通り，本来，自力では生活の再建が困難な状況に陥っている被災者の生活再建費用を支援する制度として平成10年に誕生したものであったが，平成19年改正によって使用用途の制限が外されたため，住宅本体の再建・取得にも使えるようになったものである。最高支給額は300万円とされているが，同時に所得制限も外されたため，支援の必要がない富裕層の住宅再建に対しても，公費で支援するという極めて問題のある制度となっている。

イ　賃貸住宅入居者への支援制度

次に，持ち家の再建を断念した場合あるいは従前の住居が民間賃貸住宅である場合は被災した住宅に代えて新たな賃貸住宅に入居する形で恒久的住居を確保することが多い。この場合にも，賃貸住宅への入居の際に必要とされる一時金や家賃について，前述した被災者生活再建支援法に基づき給付される支援金が使用できることになっている。

ウ　復興公営住宅への入居制度

自力では民間賃貸住宅への入居も難しい低所得の被災者に対しては，災害復興公営住宅制度により，公営住宅が建設され，提供される。公営

住宅の家賃については，応能応益家賃制度がとられているが，公営住宅の家賃を支払えない低所得の被災者に対しては，地方公共団体の条例で家賃の減額措置が行われる場合がある。

(4) 生業の再建等

災害によって，店舗や工場等が損壊し，生業の継続が困難になった被災者，土砂の崩壊などで立入りが制限され，農業の継続ができなくなった被災者，勤め先が休廃業したため，収入の途が断たれた被災者など，災害によって生活手段を失った場合，再び安定した生活を復活するためには，収入の確保のための生活手段の建て直しが必要となる。これがうまくいかないと地域から人が離れ，地域そのものが衰退していく。

これらの状況のうち，生業の再建に関しては，低利資金の融資の形で公的な支援が行われるのが普通である。被災中小企業者への低利融資制度として，被災者は，日本政策金融公庫の災害復旧資金貸付，災害復旧高度化融資を受けることができ，信用保証協会による信用保証の特例措置も存在する。また，被災農林漁業者等に対する低利融資制度としては天災融資法による農業協同組合等からの天災資金融資として，施設復旧融資，経営維持融資等がある。

これに対して，勤め先等が休廃業した場合に職を失った被災者に対しては，前述の被災者生活再建支援法による支援金の給付，生活福祉資金貸付等があるが，被災者生活再建支援法の金銭給付は，災害によって住宅が被災したことが要件とされており，住宅被災がない場合や軽度な場合には支援金は支給されない。また，生活福祉資金の災害援護資金貸付については，低所得で他からの融資が困難な場合に限定されており，この分野における被災者の生業の建て直しに対する支援措置は，カバーできる領域が狭いという問題点を有している。

5 地域社会の再建と復旧・復興計画

災害によって失われるものは，住民の生命，住居，財産，インフラ施設等だけではなく，住民の地域からの離脱によってコミュニティが崩壊し，医療，福祉，教育といった地域社会を支えていたシステムが大きく変化する場合がある。こ

れらの再建も，個人の生活再建の上ではなくてはならないものである。公共施設等が復旧し，個人がその生活や住宅を再建しても，地域社会が崩壊していたのでは，被災者は元の生活を取り戻すことができない。

　しかし，現行の災害復旧関係制度は，被災した個人や企業の再建，被災した公共施設・重要施設の復旧を支援することを目的としているものが殆どであり，こうした地域社会のコミュニティやその活動の仕組みを再建するための支援制度はほとんど無いといって差し支えない。このため，被災地では，元の地域社会が再建できずに被災者がバラバラになってしまうという事態が生じることが少なくない。しかし，ハードな施設の再建とは異なり，人と人との結びつきから成っている地域社会の再建に何が必要なのかは，現在でも明らかにされていないし，おそらく地域によってしなければならないことが異なっていることが予想される。このため，地域社会の再建というフェイズにおいては，支援に当たって，地域の事情と地域の意向を的確に反映させることが極めて重要となる。

　被災地の復旧・再建にあたっては，被災地の将来を見通し，計画的で迅速な取組みを行う必要があるため，殆どの地域で復旧・復興計画が策定されるのが普通であるが，その対象に地域コミュニティの再建等に必要な措置を柱として掲げ，被災者の声を反映させることは重要なことであり，復旧・復興計画に基づいた施策に対して，災害の規模に応じた一定の額の範囲内の財政上の支援を行うことが不可欠である。

　現行災害対策基本法では，災害復旧に第6章として一つの章が割かれているが，数か条が置かれているのみで，その実質的内容は乏しい。一定規模以上の災害の場合，被災地方公共団体に「災害復旧・復興計画」の策定を義務付け，災害規模等に応じた財政支援のための「復興基金」制度の法制度化が必要であろう。

【索 引】

あ 行

一団地の総合的設計……………341
委任条例……………………255
営造物緑地……………………300

か 行

開発許可………………47, 第17章
開発許可基準………………207〜211
開発許可規模要件………………205
開発行為………………………25, 203
開発自由の原則…………………29
開発整備促進区…………………180
外壁の後退距離…………………93
確認型総合設計…………………110
河川整備基本方針………………396
河川整備計画……………………396
仮換地……………………………155
環境保全条例……………………379
換　　地…………………………151
換地計画…………………………154
換地照応の原則…………………154
換地処分…………………………156
換地設計…………………………155
緩和型地区計画…………188, 196
規制緩和…………………………326
既存公共施設の管理者との協議……212
既存不適格建築物………………119
北側斜線制限……………………105
狭義の都市計画制限……………128
近隣商業地域……………………56
区域区分…………………………第5章
計画高水流量……………………396
計画なければ開発（建築）なし……29, 60
景観行政団体……………………273
景観協定…………………………289
景観計画…………………275〜278
　　──区域……………………273
景観形成基準……………………276
景観重要建造物…………………287
景観重要公共施設………………288
景観重要樹木……………………287
景観整備機構……………………291
景観地区…………………………74

──の認定制度…………………281
形態意匠の制限………276, 279, 281, 284
形態規制…………63, 第9章, 第10章
減価補償金………………………151
建築確認…………………………第11章
建築協定…………………………62
建築自由の原則…………………5
建築主事…………………………113
建築物の敷地面積の最低限度規制……92
減　　歩…………………………149
建ぺい率…………………………90
権利変換…………………………166
権利変換計画……………………165
権利変換処分……………………166
公開空地……………………330, 332
公開緑地…………………………299
公共減歩…………………………150
工業専用地域……………………56
工業地域…………………………56
工事完了検査……………………117
工事完了公告……………………216
高層住居誘導地区………………334
高度地区……………………74, 101
高度利用地区……………………72
高度利用地区型地区計画………191
国土利用計画……………………11

さ 行

災　　害…………………………389
災害応急対策……………389, 409〜412
災害危険区域……………………390
再開発等促進区…………177〜180
災害復旧……………389, 412〜420
災害予防……………389, 390〜409
最大限規制………………………262
先買権……………………………138
産業廃棄物………………………369
市街化区域…………………43〜53
市街化区域内農地………………50
市街化調整区域……43〜53, 208
市街地開発事業…………………146
市街地再開発事業………………162
事業系一般廃棄物………………369
事業制限…………………135〜138

索　引

事業認定……………………………138
事業予定地内における建築の制限……134
自主条例……………………………255
自主防災組織………………………408
市町村マスタープラン………………32
指定確認検査機関…………………113
指定容積率……………………………95
私道の位置指定………………………84
私道の廃止変更………………………86
指導要綱……………214〜216, 245〜250
市民緑地……………………………318
斜線制限……………………………102
集団規制・集団規定…………………17
収用適格事業………………………138
準景観地区…………………………285
準工業地域……………………………56
準住居地域……………………………58
準都市計画区域………………………28
準防火地域……………………………71
商業地域………………………………56
消極規制………………………………59
小公共…………………………………5
新住宅市街地開発事業…………146〜148
新耐震基準…………………………400
水道水源保護条例…………………376
清　算…………………………152, 156
生産緑地・生産緑地地区
　　　　　………………51, 76, 308〜313
整備，開発及び保全の方針…………33
是正措置命令………………………118
積極規制………………………………59
絶対高さの制限………………99, 100
接道義務………………………………83
線引き…………………………………32
前面道路幅員による容積率制限……95
増換地………………………………155
総合設計……………………………332
創設換地……………………………155

た　行

第1種市街地再開発事業……………161
第1種住居地域………………………58
第1種中高層住居専用地域…………57
第1種低層住居専用地域……………57
第2種市街地再開発事業……………161
第2種住居地域………………………58
第2種中高層住居専用地域…………58

第2種低層住居専用地域……………57
大規模小売店舗法…………………354
大規模小売店舗立地法……………355
大規模の修繕………………………112
大規模の模様替え…………………112
大公共…………………………………5
耐震改修・耐震改修の促進に関する
　法律………………………………401
大東水害訴訟………………………397
高さに関する規制……………第10章
宅地造成等規制区域………………394
宅地並み課税……………………50, 309
多摩川水害訴訟……………………399
単体規制・単体規定………………26, 80
地域性緑地…………………………300
地域地区………………第6章, 第7章
地区計画………………第15章, 第16章
地区計画手続条例…………………181
地区施設………………………175, 186
地区整備計画………………………175
駐車場整備地区………………………77
中心市街地………………349, 351, 353
中心市街地活性化基本計画………358
中心市街地活性化法…………354〜359
通常生ずべき損失…………………228
伝統的建造物群保存地区……………75
道路斜線制限………………………102
道路に関する規制………………82〜87
飛換地………………………………154
徳島市公安条例……………………261
特定街区……………………………331
特定防災街区整備地区……………405
特定防災機能………………………404
特定用途制限地域……………………69
特別工業地区…………………………68
特別用途地区…………………………67
特別緑地保全地区…………………306
特例容積率適用地区………………344
都市基盤施設…………………………8
都市計画基礎調査…………………125
都市計画区域…………………第3章
都市計画区域マスタープラン……32〜37
都市計画事業…………………………17
都市計画施設………………………124
都市計画白地区域……………………48
都市計画審議会………………………15
都市計画制限………………………128

422

索　引

——と補償……………128〜134, 第18章
都市計画に関する基本的な方針………37
都市景観……………………………267
都市公園……………………313〜317
都市再生……………………326, 335〜340
都市再生緊急整備地域………………327
都市再生特別措置法…………………326
都市再生特別地区……………………335
都市施設……………………………124
都市地域………………………………12
土砂災害特別警戒区域………………394
土地区画整理事業……………148〜161
土地利用基本計画……………………11

な 行

2号施設……………………………178
2項道路………………………………85
二層性都市計画………………………31

は 行

廃棄物処理業………………………369
廃棄物処理施設……………………370
廃棄物処理法……………………368, 371
ハザードマップ……………………392
日影規制……………………………107
被災市街地復興推進地域……………420
被災者生活再建支援法………………416
非線引き都市計画区域…………………48
必要最小限規制・原則……………5, 59
風致地区…………………………73, 303
復興公営住宅………………………418
復興住宅融資………………………417
復興土地区画整理事業………………414
不法投棄……………………………387
文教地区………………………………68
壁面線……………………………91, 96
防火地域………………………………72
防災街区整備事業……………………407
防災街区整備地区計画………………405

防災街区整備方針……………………404
防災再開発促進地区…………………404
保存樹・保存樹林……………………321
保留地減歩…………………………150

ま 行

マスタープラン……………………第4章
街づくり……………………………第19章
街づくり三法………………………354
街づくり条例……………………251〜266
街並み誘導型地区計画………………192
密集市街地…………………………404
密集市街地整備法…………………404
密度に関する規制…………………第9章
緑の基本計画………………………302
緑の政策大綱………………………301
ミニ開発……………………………205

や 行

誘導容積型地区計画…………………188
容積移転…………………………340〜346
容積適正配分型地区計画……………189
容積率……………………………94〜99
用途規制……………………………第6章
用途地域……………………………第6章
用途別容積型地区計画………………191
予定道路……………………………186

ら 行

立体道路……………………………193
良好な景観…………………………267
緑地協定……………………………319
緑地保全地域…………………………76
緑化施設整備計画……………………320
緑化地域……………………………319
隣地斜線制限………………………104
例外建築許可制度……………………58
歴史的風土特別保存地区………………75
連担建築物設計……………………342

423

〈著者紹介〉

生田長人（いくた おさと）

1947 年	三重県生まれ
1965 年	大阪府立岸和田高等学校卒業
1969 年	京都大学法学部卒業，建設省入省
1987 年	京都府出向(企画調整室長・企画調整局長)
1991 年	鹿児島県警察本部長
1994 年	環境庁大臣官房総務課長
1996 年	総理府阪神淡路復興対策本部事務局次長
1998 年	国土庁土地局長
1999 年	国土庁防災局長
2000 年	退官後、東北大学大学院法学研究科教授

「市街地開発における公共施設整備費用と公私間での負担区分のあり方に関する研究」自治研究 66 巻 3 号（1990 年）

「事業制度における開発利益吸収の方法と限界について」他（開発利益社会還元問題研究会編著）『開発利益還元論――都市における土地所有のあり方』（日本住宅総合センター、1993 年）

「土地利用規制立法に見られる公共性」〈藤田宙靖・磯部力・小林重敬代表〉（土地総合研究所、2002 年）

「被災住宅の再建等に対する公的支援と災害復興計画について」法学 70 巻 2 号（2006 年）

「土地利用規制法制における地域レベルの公共性の位置づけについての考察」〈稲葉馨・亘理格編〉『行政法の思考形式』藤田宙靖博士東北大学退職記念（青林書院、2008 年）

「被災者・被災地に対する再建支援の法制度についての考察」法律時報 81 巻 9 号（2009 年）

都市法入門講義

2010 年 3 月 30 日　　　　第 1 版第 1 刷発行

著　者　　生　田　長　人
発行者　　今　井　　　貴
　　　　　渡　辺　左　近
発行所　　信山社出版株式会社
〒 113-0033 東京都文京区本郷 6-2-9-102
Tel 03-3818-1019
Fax 03-3818-0344
info@shinzansha.co.jp
出版契約 №2010-6035-01011　　Printed in Japan

©生田長人, 2010 信山社　印刷・製本／松澤印刷
ISBN 978-4-7972-5448-8 C3332
分類 323.936　都市計画法、地方自治法
禁コピー 2010　P448.b1000